软件开发视频大讲堂

Linux 运维从入门到精通

明日科技　编著

清華大学出版社
北　京

内 容 简 介

《Linux 运维从入门到精通》从初学者角度出发，通过通俗易懂的语言、清晰明了的操作步骤，详细介绍了 Linux 系统管理与运维相关的技术。全书分为 3 篇，共 19 章，包括运维工作、服务器、Linux 系统、Linux 文件目录命令、Linux 软件安装、Linux 文本编辑、用户和用户组、文件管理与进程、Linux 文件系统、Linux 磁盘管理、Linux 网络、防火墙、FTP 服务器的搭建与应用、NFS 服务器的搭建与应用、搭建 Tomcat 应用服务器、企业级 Nginx 应用服务器搭建、搭建基于 LAMP 架构服务、Linux 数据服务、Linux shell 脚本等内容。本书所有知识都结合具体应用场景和操作步骤进行介绍，可以使读者轻松领会 Linux 系统运维的精髓，快速提高运维技能。

本书可作为系统运维入门者的自学用书，也可作为高等院校相关专业的教学参考书，还可供开发人员查阅参考。

图书在版编目（CIP）数据

Linux 运维从入门到精通 / 明日科技编著. —北京：清华大学出版社，2023.8
（软件开发视频大讲堂）
ISBN 978-7-302-64328-9

Ⅰ. ①L… Ⅱ. ①明… Ⅲ. ①Linux 操作系统 Ⅳ. ①TP316.85

中国国家版本馆 CIP 数据核字（2023）第 143702 号

责任编辑：贾小红
封面设计：刘　超
版式设计：文森时代
责任校对：马军令
责任印制：宋　林

出版发行：清华大学出版社
网　　址：http://www.tup.com.cn，http://www.wqbook.com
地　　址：北京清华大学学研大厦 A 座　　邮　　编：100084
社 总 机：010-83470000　　邮　　购：010-62786544
投稿与读者服务：010-62776969，c-service@tup.tsinghua.edu.cn
质量反馈：010-62772015，zhiliang@tup.tsinghua.edu.cn
印 装 者：大厂回族自治县彩虹印刷有限公司
经　　销：全国新华书店
开　　本：203mm×260mm　　印　　张：19　　字　　数：507 千字
版　　次：2023 年 9 月第 1 版　　印　　次：2023 年 9 月第 1 次印刷
定　　价：79.80 元

产品编号：103271-01

前 言

Preface

丛书说明：“软件开发视频大讲堂”丛书第1版于2008年8月出版，因其编写细腻、易学实用、配备海量学习资源和全程视频等，在软件开发类图书市场上产生了很大反响，绝大部分品种在全国软件开发零售图书排行榜中名列前茅，2009年多个品种被评为“全国优秀畅销书”。

“软件开发视频大讲堂”丛书第2版于2010年8月出版，第3版于2012年8月出版，第4版于2016年10月出版，第5版于2019年3月出版，第6版于2021年7月出版。十五年间反复锤炼，打造经典。丛书迄今累计重印680多次，销售400多万册，不仅深受广大程序员的喜爱，还被百余所高校选为计算机、软件等相关专业的教学参考用书。

“软件开发视频大讲堂”丛书第7版在继承前6版所有优点的基础上，进行了大幅度的修订。第一，根据当前的技术趋势与热点需求调整品种，拓宽了程序员岗位就业技能用书；第二，对图书内容进行了深度更新、优化，如优化了内容布置，弥补了讲解疏漏，将开发环境和工具更新为新版本，增加了对新技术点的剖析，将项目替换为更能体现当今IT开发现状的热门项目等，使其更与时俱进，更适合读者学习；第三，改进了教学视频，为读者提供更好的学习体验；第四，升级了开发资源库，提供了程序员“入门学习→技巧掌握→实例训练→项目开发→求职面试”等各阶段的海量学习资源；第五，为了方便教学，制作了全新的教学课件PPT。

Linux 系统正式推出后，受到了世界各大公司与开发人员的热烈欢迎与支持。在过去的 20 年里，Linux 系统主要被应用于服务器端、嵌入式开发和 PC 桌面三大领域，其中服务器端应用是重中之重，本书将对 Linux 服务器端运维相关内容进行详细讲解。

本书内容

本书提供了 Linux 系统运维的所有知识，并详尽地介绍了通过虚拟机安装运行 Linux 系统的方法，让初学者轻松应对各种环境安装问题。共分为 3 篇，大体结构如下图所示。

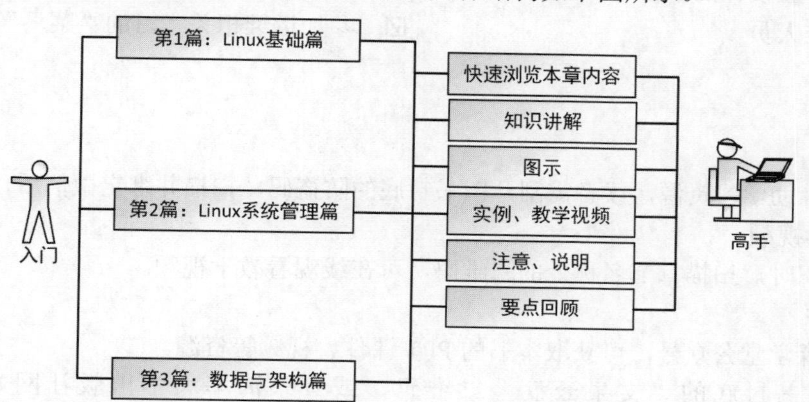

第 1 篇：Linux 基础篇。本篇通过运维工作、服务器、Linux 系统三个方面内容的介绍，让初学者对 Linux 的世界有一个整体认知，并结合大量的图标、案例等，使读者快速理解相关知识点，为以后深入学习 Linux 运维奠定坚实的基础。

第 2 篇：Linux 系统管理篇。本篇对 Linux 系统中重要的概念与核心命令进行了详细介绍，如文件目录、软件安装、文本编辑、进程管理、磁盘管理、网络管理等，针对每个知识点都有实例演示与操作步骤，让读者在实践中轻松理解抽象的命令与概念。

第 3 篇：数据与架构篇。本篇详细讲解了数据服务器、文件服务器的搭建与应用及 shell 脚本的编写。本篇内容是 Linux 系统中的高级应用，也是做 Linux 运维必备的技能。本篇由浅入深，详细地讲解了相关原理与操作步骤，让读者能够深入掌握 Linux 运维相关知识的底层逻辑。

本书特点

☑ **内容全面，讲解细致**：全面、细致地展示 Linux 运维的知识，结合当前流行的 Linux 系统版本，使用操作扩展更方便的虚拟机运行，针对热门的技术实现形式进行实操演练。

☑ **配套视频，讲解详尽**：为便于读者直观感受运维的全过程，书中基础知识部分章节都配备了视频讲解（共 19 集，时长 7 小时），使用手机扫描正文标题一侧的二维码，即可观看学习，能快速引导初学者入门，感受运维的快乐和成就感，进一步增强学习的信心。

☑ **步骤详细，联系实际**：本书各章节在讲解技术概念与专业术语时，采用结合实际应用的方式，或采用比喻的方式，让读者快速理解概念，在实例的操作步骤中，每一步都有截图与操作反馈。全书共计有 93 个应用实例。

☑ **归纳总结，注重实操**：在每章最后都有要点回顾，帮助读者总结本章重点和难点内容，书中的每个命令都有相应的实操案例，而且在每个实操案例中都融入了大量的实操经验与技巧说明。

读者对象

☑ 初学系统运维的自学者
☑ 大、中专院校相关专业的老师和学生
☑ 做相关毕业设计的学生
☑ 系统运维人员
☑ 系统运维爱好者
☑ 相关培训机构的老师和学员
☑ 初、中级系统运维开发人员
☑ 参加运维相关实习的“菜鸟”

本书学习资源

本书提供了辅助学习资源，读者需刮开图书封底的防盗码，扫描并绑定微信后，获取学习权限。

☑ **同步教学视频**

学习书中知识时，扫描章节名称处的二维码，可在线观看教学视频。

☑ **获取资源**

清大文森学堂

关注清大文森学堂公众号，可获取本书的 PPT 课件、视频等资源。

读者扫描图书封底的“文泉云盘”二维码，或登录清华大学出版社网站

（www.tup.com.cn），可在对应图书页面下查阅各类学习资源的获取方式。

致读者

本书由明日科技 Linux 运维团队策划并组织编写，明日科技是一家专业从事软件开发、教育培训以及软件开发教育资源整合的高科技公司，其编写的教材既注重选取软件开发中的必需、常用内容，又注重内容的易学、方便以及相关知识的拓展，深受读者喜爱。其编写的教材多次荣获“全行业优秀畅销品种”“中国大学出版社优秀畅销书”等奖项，多个品种长期位居同类图书销售排行榜的前列。

在编写本书的过程中，我们始终本着科学、严谨的态度，力求精益求精，但疏漏之处在所难免，敬请广大读者批评指正。

感谢您购买本书，希望本书能成为您 Linux 运维路上的领航者。

“零门槛”运维，一切皆有可能。

祝读书快乐！

编　者

2023 年 9 月

目 录

Contents

第1篇 Linux基础篇

第2篇 Linux系统管理篇

第 3 篇 数据与架构篇

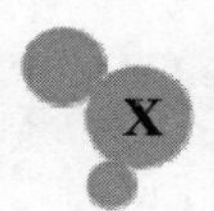

第 *1* 篇

Linux 基础篇

本篇通过运维工作、服务器、Linux 系统 3 个方面的内容的介绍，让初学者对 Linux 的世界有一个整体认知，并结合大量的图标、案例等使读者快速理解相关知识点，并为以后深入学习 Linux 运维奠定坚实的基础。

Linux基础篇

- 运维工作：了解运维工作岗位的工作内容与范围
- 服务器：了解服务器的原理、选择及应用场景
- Linux系统：学习Linux系统的发展史、掌握Linux系统的安装与配置

第 1 章

运维工作

大多数用户都知道计算机软件程序、手机软件 App 都是由软件开发工程师研发的，然而很少人知道要保障这些程序安全稳定地运行需要另外一个幕后工作者，他的工作内容对用户来说是不可见的，但他的工作却影响着每个程序的稳定运行。这一章我们将为您揭示运维工作的详细内容。

本章知识架构及重点、难点内容如下：

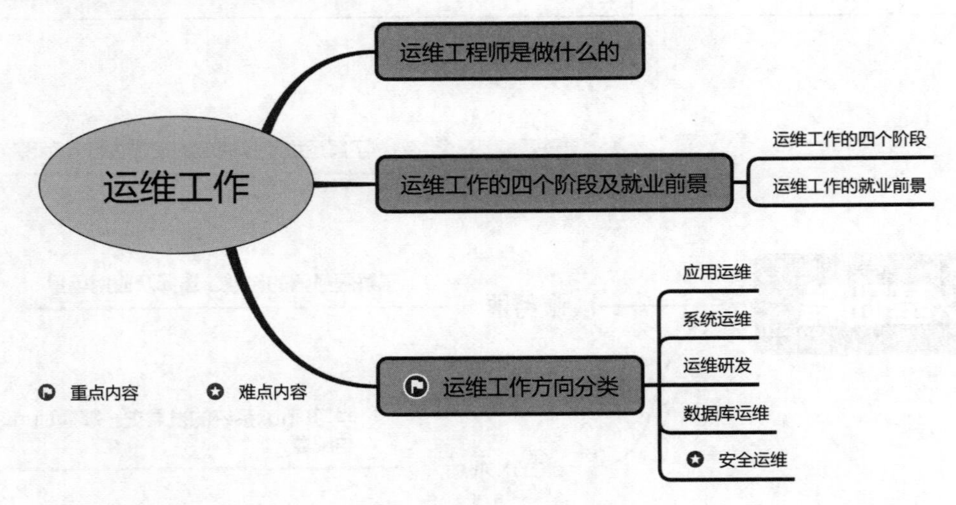

1.1　运维工程师是做什么的

运维工作是做什么的？在很多人眼中，运维就是修电脑的、装网线的。其实不然，随着互联网、移动互联网时代的到来，越来越多的互联网产品、平台、软件如雨后春笋般涌现。在软件用户数量、功能数量不断激增的情况下，如何保障产品稳定运行是各大互联网公司在产品发布之后面临的又一大难题，例如，前几年春节我们在网上购买火车票，每到春节前夕登录 12306 网站就会卡住，或是打不开网站页面，造成用户体验差，如图 1.1 所示。在诸如这种问题的背景下就诞生了运维工程师的岗位。

互联网运维工作以服务为中心，以稳定、安全、高效为三个基本点，确保公司的互联网服务业务能够 7×24 小时为用户提供高质量的服务。运维人员需要对公司产品所依赖的基础设施、基础服务、线上业务进行稳定加强和日常巡检，从而发现服务可能存在的隐患，对产品整体架构进行优化，以提升运行性能，屏蔽常见故障，通过多数据、多设备接入来提高业务的高可靠性、容灾性。运维岗位人员需要关注业务运行的各个层面，以确保用户能够安全、完整地访问在线业务。运维人员还需要对网络设备、服务器、操作系统的运行状况进行监控，对系统和业务数据进行统一存储、备份和恢复，以及对企业自身核心业务系统运行情况的监控与管理。

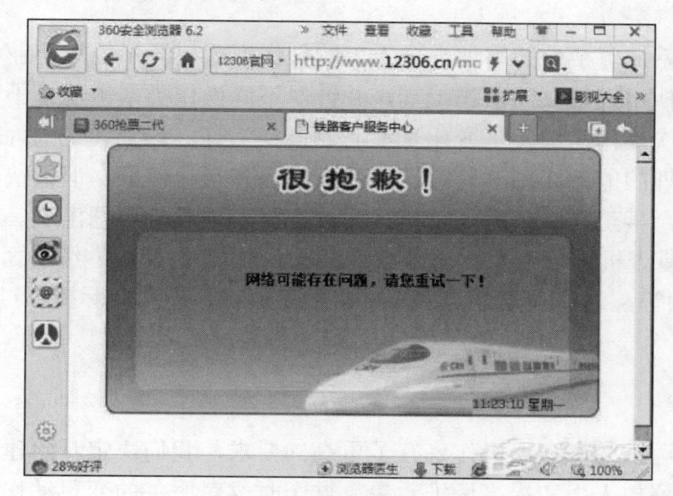

图 1.1　网站打不开

1.2　运维工作的四个阶段及就业前景

1.2.1　运维工作的四个阶段

早期的运维团队在人员较少的情况下，主要是进行数据中心建设、基础网络建设、服务器采购和服务器安装交付工作，几乎很少涉及线上服务的变更、监控、管理等工作。那个时候的运维团队更多的属于基础建设的角色，能提供一个简单、可用的网络环境和系统环境即可。随着业务规模的增大，基础设施由于容量规划不足或抵御风险能力较弱而导致的故障也越来越多，运维人员需要借助相应的工具及批量化操作去应对各种各样的问题。我们将运维工作从早期到后期分为四个阶段：手工管理阶段、工具管理阶段、平台管理阶段和系统管理阶段。四个阶段的运算效率与规范机制如图1.2所示。

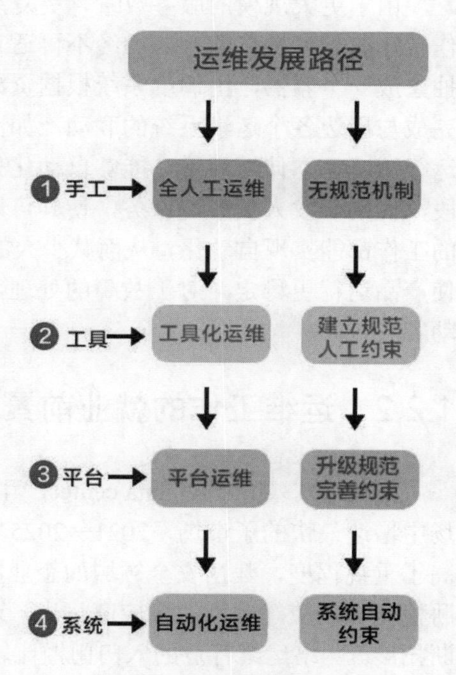

图 1.2　运维的四个阶段

1. 手工管理阶段

由于业务流量不大，服务器数量相对较少，系统复杂度不高，因此对于日常的业务管理操作，运维人员更多的是逐台登录服务器进行手工操作，属于各自为战，每个人都有自己的操作方式，缺少必要的操作标准、流程机制，如业务目录环境都是各式各样的。

2．工具管理阶段

随着服务器规模、系统复杂度的增加，全人工的操作方式已经不能满足业务的快速发展需要。因此，运维人员逐渐开始使用批量化的操作工具，并针对不同操作类型出现了不同的脚本程序。但各团队都有自己的工具，每次操作需求发生变化时都需要调整工具。这主要是因为对于环境、操作的规范不够，导致可程序化处理的能力较弱。此时，虽然效率提升了一部分，但很快又遇到了瓶颈。操作的质量并没有太高的提升，甚至可能因为批量执行而导致更大规模的问题出现。于是，运维人员开始建立大量的流程规范，如复查机制，先上线一台服务器观察 10 分钟后再继续后面的操作，或一次升级完成后至少要观察 20 分钟等。这些主要还是靠人来监督和执行，但在实际操作过程中往往执行不到位，反而降低了工作效率。

3．平台管理阶段

在这个阶段，对于运维效率和误操作率有了更高的要求，我们决定开始建设运维平台，通过平台承载标准、流程，进而解放人力和提高运维质量。这个时候对服务的变更动作进行了抽象，形成了操作方法、服务目录环境、服务运行方式等统一的标准，如程序的启停接口必须包括启动、停止、重载等。通过平台来约束操作流程，如上面提到的上线一台服务器观察 10 分钟，这里就可以在平台中强制设定暂停检查点，在第一台服务器操作完成后，需要运维人员先填写相应的检查项，然后才可以继续执行后续的部署动作。

4．系统管理阶段

由于更大规模的服务数量、更复杂的服务关联关系、各个运维平台的林立，导致原有的将批量操作转化成平台操作的方式已经不再适合，因此需要对服务变更进行更高一层的抽象。将每一台服务器抽象成一个容器，由调度系统根据资源使用情况，将服务调度、部署到合适的服务器上，从而自动化完成与周边各个运维系统的联动，如监控系统、日志系统、备份系统等。通过自调度系统，根据服务运行情况动态伸缩容量，能够自动化处理常见的服务故障。运维人员的工作也会被前置到产品设计阶段，协助研发人员改造服务，使其可以接入自调度系统中。在整个运维的发展过程中，我们希望所有的工作都能实现自动化，从而减少人的重复工作，降低知识传递的成本，使运维交付更高效、更安全，使产品运行更稳定。对于故障的处理，我们也希望由事后处理变成提前发现，由人工处理变成系统自动容灾。

1.2.2 运维工作的就业前景

根据 IDC（internet data center，互联网数据中心）预测，未来五年中国将成为网络安全三大一级市场中增速最快的子市场，2021—2025 年复合增长率将超过 20%。在需求层面，企业对数据安全问题提高了重视程度，数据安全领域的企业服务供应商得到了较大的发展空间，包括云服务、网络安全、威胁检测与响应等领域的供应商将进一步“基础设施”化，公司的数量将持续增加，其细分领域也将不断拓展。网络运维行业的入门门槛比较低，比较注重工作人员的技术和项目经验，不存在 IT 行业的 35

岁危机的说法。网络运维是一个比较宽泛的概念，具体发展的方向又可以分为路由交换、云、安全、人工智能等，因此也是没有“天花板”的。网络运维在当下有着不错的发展前景，不存在因为年龄被优化的风险，不过薪资和未来发展取决于个人的技术和项目经验，如图 1.3 所示。

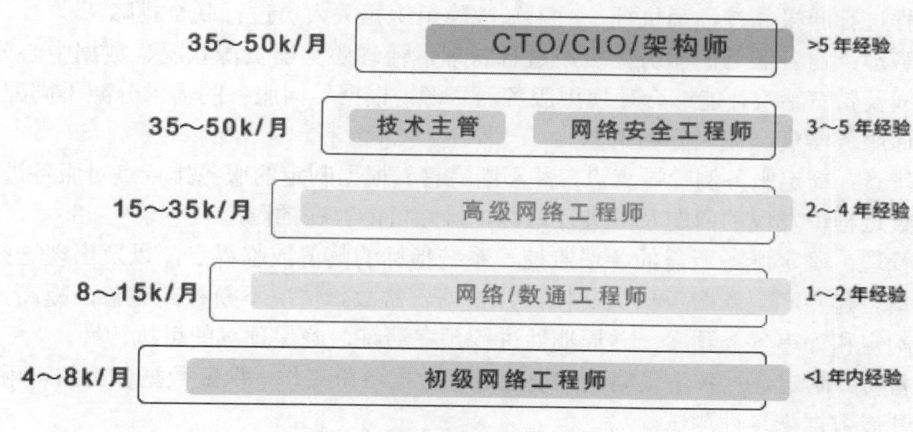

图 1.3　运维岗位收入趋势

1.3　运维工作方向分类

运维的工作方向比较多，随着业务规模的不断发展，越成熟的互联网公司运维岗位会划分得越细，当前很多大型的互联网公司在初创时期都只有系统运维，而后随着服务规模、服务质量的要求，也逐渐进行了工作细分，运维的工作分类如图 1.4 所示。

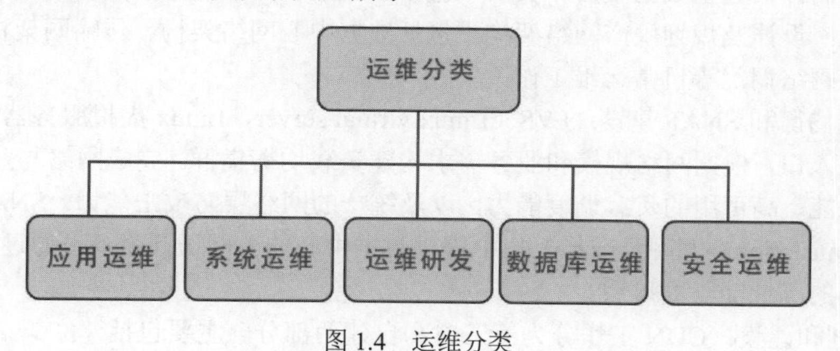

图 1.4　运维分类

1.3.1　应用运维

应用运维负责线上服务的变更、状态监控、容灾和数据备份，以及对服务进行例行排查、故障应急处理等工作。详细的工作职责如下所述：

☑　设计评审：在产品研发阶段，参与产品设计评审，从运维的角度提出评审意见，使服务满足运维准入的高可用要求。

☑　服务管理：负责制定线上业务升级变更及回滚方案，并进行变更实施。掌握所负责的服务及服务间关联关系、服务依赖的各种资源。能够发现服务缺陷，及时通报并推进解决。制定服务稳定性指标及准入标准，同时不断完善和优化程序和系统的功能、效率，以提高运行质量。完善监控内容，提高报警准确度。在线上服务出现故障时第一时间响应，对已知线上故障能按流程进行通报并按预案执行，对未知故障组织相关人员进行联合排障。

- ☑ 资源管理：对各服务的服务器资产进行管理，梳理服务器资源状况、数据中心分布情况、网络专线及带宽情况，能够合理使用服务器资源，根据不同服务的需求分配不同配置的服务器，以确保服务器资源被充分利用。
- ☑ 例行排查：制定服务例行排查点，并不断完善。根据制定的服务排查点对服务进行定期检查。对排查过程中发现的问题及时进行追踪，排除可能存在的隐患。
- ☑ 预案管理：确定服务所需的各项监控、系统指标的阈值或临界点，以及出现这些情况后的处理预案。建立和更新服务预案文档，并根据日常故障情况不断补充完善，提高预案完备性。能够制定和评审各类预案，并周期性进行预案演练，确保预案的可执行性。
- ☑ 数据备份：制定数据备份策略，按规范进行数据备份工作。保证数据备份的可用性和完整性，定期开展数据恢复性测试。

1.3.2 系统运维

系统运维负责 IDC、网络、CDN（content delivery network，内容分发网络）和基础服务的建设（LVS、NTP、DNS），以及资产管理，服务器选型、交付和维修。详细的工作职责如下所述：

- ☑ IDC 建设：收集业务需求，预估未来数据中心的发展规模，从骨干网的分布、数据中心建筑，以及 Internet 接入、网络攻击防御能力、扩容能力、空间预留、外接专线能力、现场服务支撑能力等方面评估选型数据中心。负责数据中心的建设、现场维护工作。
- ☑ 网络建设：设计及规划生产网络架构，包括数据中心网络架构、传输网架构、CDN 网络架构等，以及网络调优等日常运维工作。
- ☑ LVS 负载均衡和 SNAT 建设：LVS（Linux virtual server，Linux 虚拟服务器）是整个站点架构中的流量入口，根据网络规模和业务需求构建负载均衡集群。完成网络与业务服务器的衔接，提供高性能、高可用的负载调度能力，以及统一的网络层防攻击能力。SNAT（source network address translation，源网址转换）集中提供数据中心的公网访问服务，通过集群化部署，保证出网服务的高性能与高可用。
- ☑ CDN 规划和建设：CDN 工作分为第三方和自建两部分。主要包括建立第三方 CDN 的选型和调度控制；根据业务发展趋势规划 CDN 新节点建设布局；完善 CDN 业务及监控，保障 CDN 系统稳定、高效运行；分析业务加速频道的文件特性和数量，制定最优的加速策略和资源匹配；负责用户劫持等 CDN 日常故障排查工作。
- ☑ 服务器选型、交付和维护：负责服务器的测试选型，包括服务器整机、部件的基础性测试和业务测试，降低整机功率，提升机架部署密度等。结合对公司业务的了解，推广新硬件、新方案，减少业务的服务器投入规模。负责服务器硬件故障的诊断定位，以及服务器硬件监控、健康检查工具的开发和维护。
- ☑ OS、内核选型和 OS 相关维护工作：负责整体平台的 OS 选型、定制和内核优化，以及补丁

的更新和内部版本发布。建立基础的 YUM 包管理和分发中心，提供常用包版本库。跟进日常各类 OS 相关故障。针对不同的业务类型，提供定向的优化支持。

- ☑ 资产管理：记录和管理运维相关的基础物理信息，包括数据中心、网络、机柜、服务器、ACL、IP 等各种资源信息，制定有效的流程，确保信息的准确性。开放 API 接口，为自动化运维提供数据支持。
- ☑ 基础服务建设：因此业务对 DNS、NTP、SYSLOG 等基础服务的依赖非常高，所以需要设计高可用架构避免单点，以提供稳定的基础服务。

1.3.3 运维研发

运维研发负责通用的运维平台设计和研发工作，如资产管理、监控系统、运维平台、数据权限管理系统等。需提供各种 API 供运维或研发人员使用，以及封装更高层的自动化运维系统。详细的工作职责如下所述：

- ☑ 运维平台：记录和管理服务及其关联关系，协助运维人员自动化、流程化地完成日常运维操作，包括机器管理、重启、改名、初始化、域名管理、流量切换和故障预案实施等。
- ☑ 监控系统：负责监控系统的设计、开发工作，完成公司服务器和各种网络设备的资源指标和线上业务运行指标的收集、告警、存储、分析、展示和数据挖掘等工作，持续提高告警的及时性、准确性和智能性，促进公司服务器资源的合理化调配。
- ☑ 自动化部署系统：参与部署自动化系统的开发，负责提供自动化部署系统所需要的基础数据和信息，负责权限管理、API 开发、Web 端开发。结合云计算，研发和提供 PaaS 相关高可用平台，进一步提高服务的部署速度和用户体验，提升资源利用率。

1.3.4 数据库运维

数据库运维负责数据存储方案设计、数据库表设计、索引设计和 SQL 优化，对数据库进行变更、监控、备份、高可用设计等工作。详细的工作职责如下所述：

- ☑ 设计评审：在产品研发初始阶段，参与设计方案评审，从 DBA 的角度提出数据存储方案、库表设计方案、SQL 开发标准、索引设计方案等，以使服务满足数据库使用的高可用、高性能要求。
- ☑ 容量规划：掌握所负责服务的数据库的容量上限，清楚地了解当前瓶颈点，当服务还未到达容量上限时，及时进行优化、分拆或者扩容。
- ☑ 数据备份与灾备：制定数据备份与灾备策略，定期完成数据恢复性测试，保证数据备份的可用性和完整性。
- ☑ 数据库监控：完善数据库存活和性能监控，及时了解数据库运行状态及故障。负责数据库安全，建设数据库账号体系，严格控制账号权限与开放范围，降低误操作和数据泄露的风险。加强离线备份数据的管理，降低数据泄露的风险。
- ☑ 数据库高可用和性能优化：对数据库单点风险和故障设计相应的切换方案，降低故障对数据库服务的影响。不断对数据库整体性能进行优化，包括新存储方案引进、硬件优化、文件系

统优化、数据库优化、SQL 优化等，在保障成本不增加或者少量增加的情况下，使数据库可以支撑更多的业务需求。

- ☑ 自动化系统建设：设计开发数据库自动化运维系统，包括数据库部署、自动扩容、分库分表、权限管理、备份恢复、SQL 审核和上线、故障切换等功能。

1.3.5 安全运维

安全运维负责网络、系统和业务等方面的安全加固工作，包括进行常规的安全扫描、渗透测试，进行安全工具和系统研发以及安全事件应急处理。详细的工作职责如下所述：

- ☑ 安全制度建立：根据公司内部的具体流程制定切实可行，且行之有效的安全制度。
- ☑ 安全培训：定期向员工提供具有针对性的安全培训和考核，在全公司内建立安全负责人制度。
- ☑ 风险评估：通过黑、白盒测试和检查机制，定期产生对物理网络、服务器、业务应用、用户数据等方面的总体风险评估结果。
- ☑ 安全建设：根据风险评估结果，加固最薄弱的环节，包括设计安全防线、部署安全设备、及时更新补丁、防御病毒、源代码自动扫描和业务产品安全咨询等。为了降低可能泄露数据的价值，可以通过加密、匿名化、混淆数据，乃至定期删除等技术手段和流程来达到目的。
- ☑ 安全合规：为了满足如支付牌照等合规性要求，安全团队承担着安全合规的对外接口工作。
- ☑ 应急响应：建立安全报警系统，通过安全中心收集第三方发现的安全问题，组织各部门对已经发现的安全问题进行修复、影响面评估、事后安全原因追查。

1.4 要点回顾

本章主要介绍了运维工作的内容、运维工程师是做什么的、运维工作的四个阶段及就业前景、运维工作的分类，通过对本章的学习，您可以对运维相关工作内容、工作特点及就业方向有了初步的认知。

第 2 章

服务器

作为一名运维工程师，必免不了每天和服务器打交道。那么什么是服务器，服务器有什么用，普通的计算机可以用作服务器吗？服务器长什么样子？这些问题将在本章为您进行详细介绍。

本章知识架构及重点、难点内容如下：

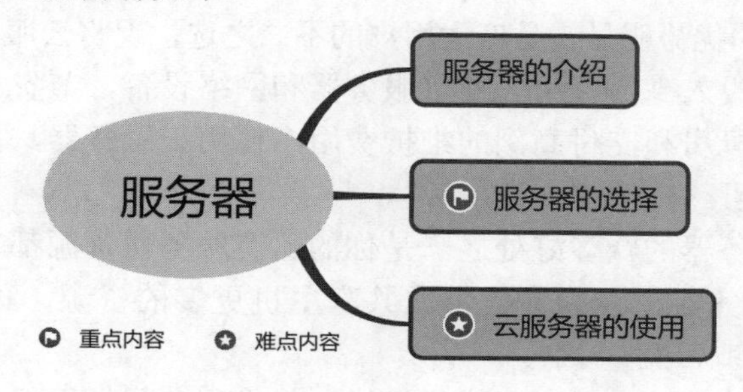

2.1 服务器的介绍

什么是服务器？服务器是指在网络中能为其他机器提供某些服务的计算机系统（如果一台计算机对外提供 FTP 服务，也可以叫服务器）。从狭义上讲，服务器是专指某些高性能计算机能通过网络对外提供服务。服务器相对于普通计算机来说，由于对其稳定性、安全性、性能等方面都要求更高，因此其在 CPU、芯片组、内存、磁盘系统、网络等硬件和普通计算机有所不同。

服务器作为网络的结点，需存储、处理网络上 80%的数据和信息，因此也被称为网络的灵魂。做一个形象的比喻，服务器就像邮局的交换机，而台式计算机、笔记本计算机、PDA、手机等固定或移动的网络终端就如散落在家庭、办公场所、公共场所等处的电话机。日常生活和工作中的电话交流沟通，必须经过交换机才能实现信号转发；同样如此，网络终端设备如家庭、企业中的微机上网，获取资讯，与外界沟通、娱乐等，也必须经过服务器，因此也可以说是服务器在“组织”和“领导”这些设备。为办公计算机提供服务的服务器如图 2.1 所示。

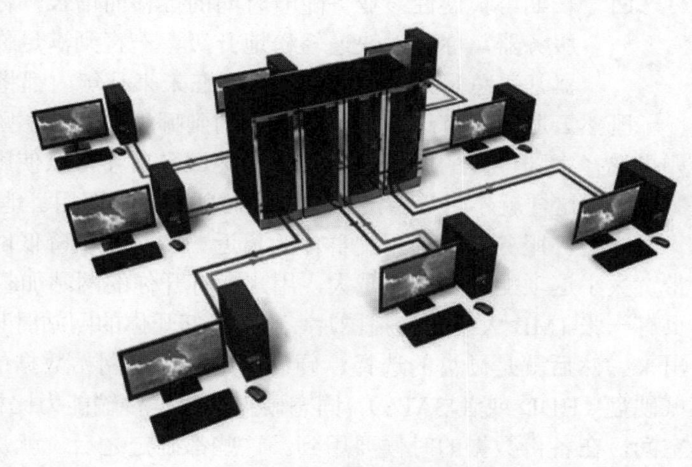

图 2.1　服务器

2.2 服务器的选择

当我们的程序开发测试完成后，下一步就是要把它部署在正式的服务器环境中运行，这个时候我们就需要考虑购买哪种服务器。从实体与虚拟的角度来说服务器分为两种，我们平时所说的服务器指的是实体服务器，还有一种是虚拟的服务器，我们称之为云服务器。现在大多数的企业、机构已逐步转向云服务器，在 IT 基础设施上不再采用传统实体服务器。有研究机构调查显示，只有 5%的组织用户单纯依赖传统实体服务器，95%的用户已经转移到云计算服务器。云服务器的崛起，使传统实体服务器大势已去。在这里为大家总结 4 个传统实体服务器的缺点：成本高、运维难、扩展难、安全性差。相比传统实体服务器，云服务器的优势明显，是广大用户的不二之选，现将云服务器优势的特点总结如下：

- ☑ 节省成本：不需要投入高昂费用去购置服务器和网络设备，节省了大量的资金和管理成本。传统运维需要租用机房和支付高额的维护费用，使用云服务器，只要按需调配云资源，弹性增减、弹性付费即可。
- ☑ 完全所有权：云服务器的众多好处之一是你的所有服务器资源都完全专用于你的业务。在大多数情况下，云服务器也会为你提供比共享主机更多的资源，你不会与任何其他客户共享 CPU、RAM、空间或带宽。
- ☑ 弹性扩展：如果你的网站突然出现流量激增，就像黑色星期五促销期间一样，你需要能够扩展服务器资源以满足不断增长的流量需求。这种波动通常会使共享服务器戛然而止，特别是如果服务器上的其他站点遇到同样的事情时。云服务器不仅通常能够吸收这些峰值，而且如果你的站点突然需要更多资源，云服务器还可以快速轻松地升级你的资源。
- ☑ 更强的安全性：使用云服务器是由供应商与用户共同承担安全责任的。供应商负责云计算平台基础架构的持续安全稳定，其云基础设施为防止安全威胁，将处于 24 小时的严密监控中。云服务包括进行完善的管理员账户密码保护、数据备份、日志检查等，以防止黑客入侵及数据丢失等情况的发生。
- ☑ 长期可扩展性：业务随着时间的推移而增长，你将不可避免地需要更多的网站资源。使用云服务器，你可以快速轻松地升级，一直到满足你的需求为止。对于大多数企业而言，云服务器几乎总是一个更好的选择，在未来几年内都将具有更高的性能、灵活性和弹性。

既然云服务器有这么多优点，我们到哪里去买呢？购买时应当考虑哪些问题呢？先说地区选择，如果选择大陆地区的服务器，需要备案域名后才可以使用。如果着急上线项目，可以选择海外地区的服务器，这样就不用等待漫长的备案时间，即买即用。地区可以根据面向的用户群体选择就近的地域。一般来说，服务器距离用户群体距离近一些，可以降低网络延迟。当然决定网站打开速度快慢的还有带宽大小这项配置，带宽越大，用户在打开你的网站加载内容时，速度越快。如 10MB 带宽，你的首页有一张 1MB 大小的轮播图片，当用户打开你的网站时只需要不到一秒的时间就可以将这张图片加载出来。然后就是硬盘的选择，硬盘是用来储存网站数据的，能够选择固态硬盘（SSD）就不要选择机械硬盘（HDD 或者 SATA），固态硬盘的数据传输能力比机械硬盘强很多倍。建议可以多购买一点磁盘空间，在备份数据的时候要用到。这些都确定之后，就是付费方式和服务商的选择了，如果是长期使用的，可以选择年付的方式，年付一般可以得到很大的优惠，而且不用你每个月都去操作续费，比较

省心。服务商尽量选择如阿里云、腾讯云、百度云、华为云这种大服务商，一般售后服务比较好，能够在服务器出现问题时及时得到处理方案。

2.3　云服务器的使用

首次使用云服务器主要分为 3 个步骤，第一步选择云服务商并注册，第二步购买云服务器，第三步进入控制台。通过这 3 个步骤你就可以与云服务器进行一次零距离的接触了。下面详细说明一下首次使用云服务器的 3 个步骤。

第一步，选择云服务商并注册。在这里我们选择的是阿里云服务商，因为阿里云是国内第一大云服务商，是众多用户的首选云服务商之一。阿里云官方网址是 https://www.aliyun.com，在浏览器中输入这个网址进入阿里云官网。单击右上角的“立即注册”按钮，如图 2.2 所示，跳转弹出一个注册页面如图 2.3 所示。我们注册一个阿里云会员账号，账号注册完成后，做实名认证，实名认证的链接位置如图 2.4 所示。

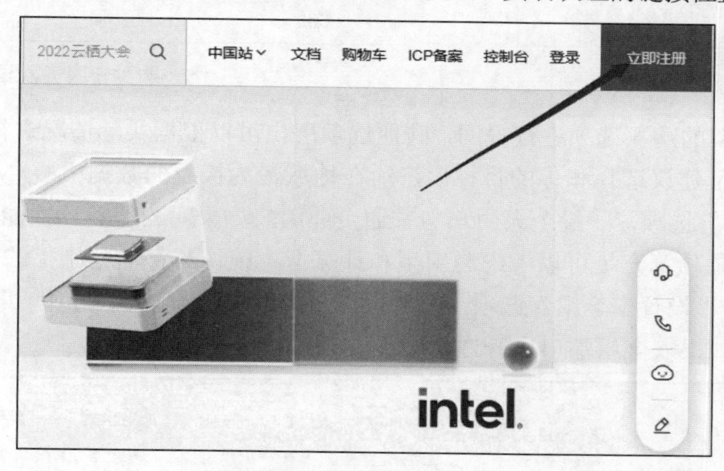

图 2.2　阿里云注册

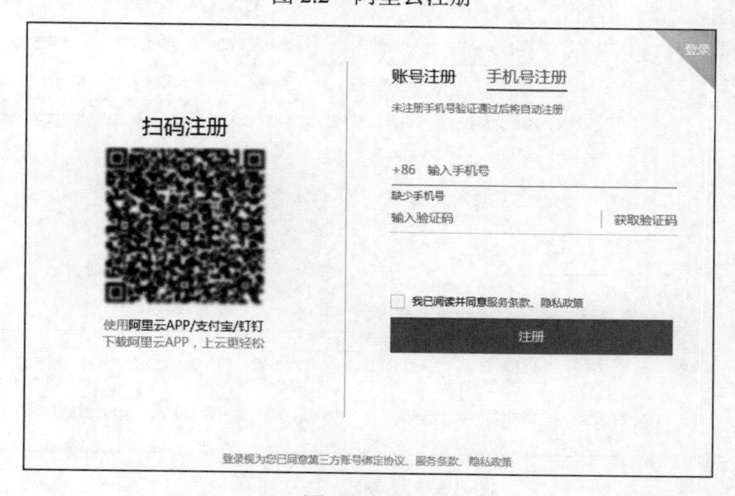

图 2.3　注册

第二步，购买云服务器。在阿里云官网首页上选择“产品”→“计算”→“云服务器 ECS”选项，如图 2.5 所示，随后进入云服务器购买页面，如图 2.6 所示。

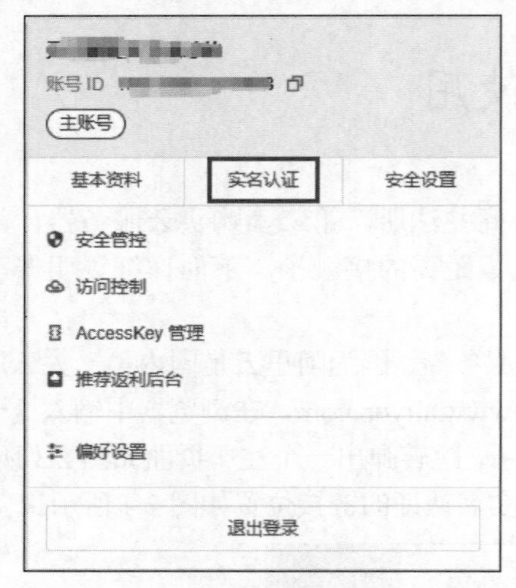

图 2.4　实名认证

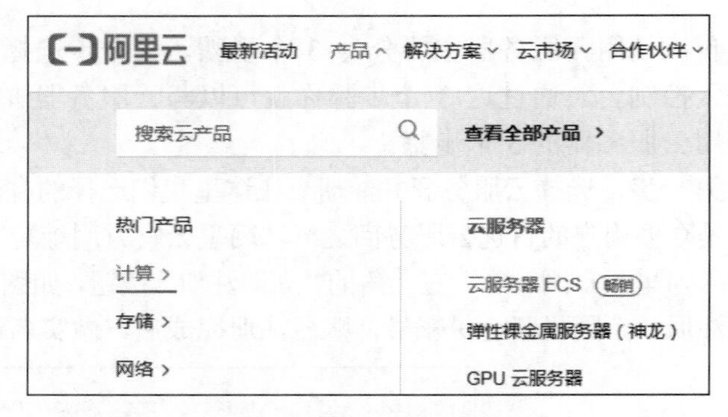

图 2.5　购买云服务器导航

下面针对几个重要的购买选项进行说明，其他选项用户可以根据实际情况进行选择。“地域及可用区”选项，一般情况下建议选择和你的目标用户所在地域最为接近的数据中心，可以进一步提升用户访问速度。“实例规格”选项，一般个人用户与普通企业用户如果对云服务器性能要求不是很高，选择共享型就可以了。如果预算充足可以考虑通用型和计算型。镜像与存储分别指的是云服务器的操作系统和系统盘与数据盘。“设置安全组”选项，用户可以选择购买时设置也可以购买完成后设置，但是安全组设置是必要的。如果安全组端口未开通，会导致相应的应用无法使用。

图 2.6　服务器购买页面

注意

安全组的22（Linux）端口必须设置为开启状态，否则用户无法远程登录阿里云服务器。

在各种选项都设置完成后，就可以确认订单，付款购买了。当你成功支付订单后可以回到控制台查看自己购买的服务器。

第三步，进入控制台。鼠标悬停在控制台左上角的菜单图标上，系统会自动弹出产品与服务菜单，这里我们选择“云服务器ECS”选项，如图2.7所示。

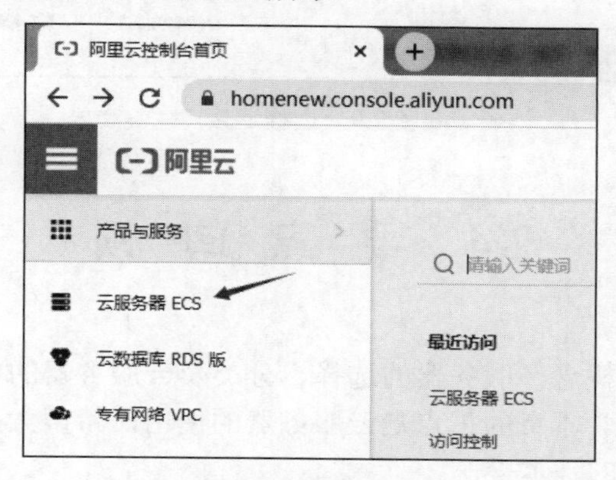

图2.7　云服务器ECS

随后页面会跳转到云服务器实例列表页面，在这个页面你可以看到云服务器的属性信息，如果你购买了多台云服务器，都会显示在如图2.8所示的列表中。

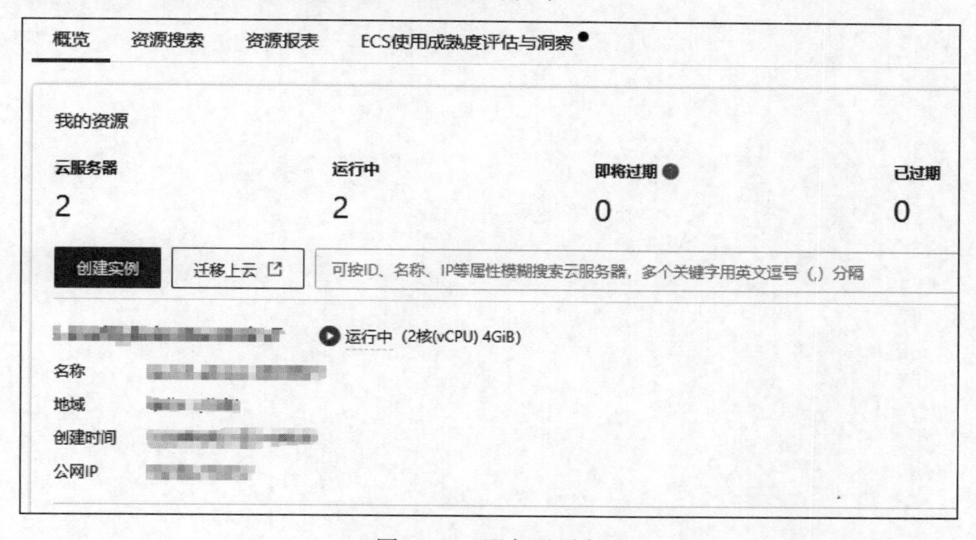

图2.8　云服务器列表

在列表名称属性上边的是云服务器的ID，单击ID链接可以进入云服务器的实例详情页面，如图2.9所示，我们可以在该页面查看云服务器的详情信息。在这个页面中有一个“远程连接”按钮，我们可以通过这个按钮远程登录云服务器。

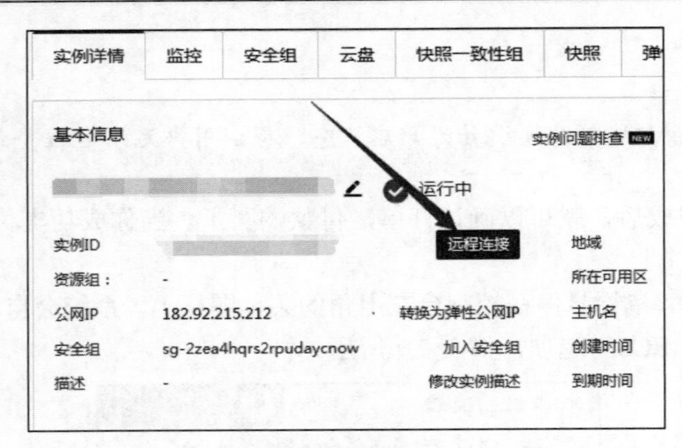

图 2.9　远程连接

2.4　要 点 回 顾

本章介绍了服务器的基本概念，服务器的选择、分类及云服务器的使用，通过本章的学习相信你对服务器已经有了初步的认识。本章的重点是云服务器的使用，希望大家通过理论与实践相结合的形式来学习，熟练掌握云服务器的基本操作。

第 3 章

Linux 系统

无论工作还是学习，我们必然会接触到操作系统，现在操作系统的发展非常成熟和稳定，种类也有很多，其中包含 Windows、Linux、UNIX 等，Windows 不用多说，想必大家都很熟悉，Linux 与 UNIX 类似，很多人可能不是很清楚，接下来本章将详细介绍 Linux 操作系统。

本章知识架构及重点、难点内容如下：

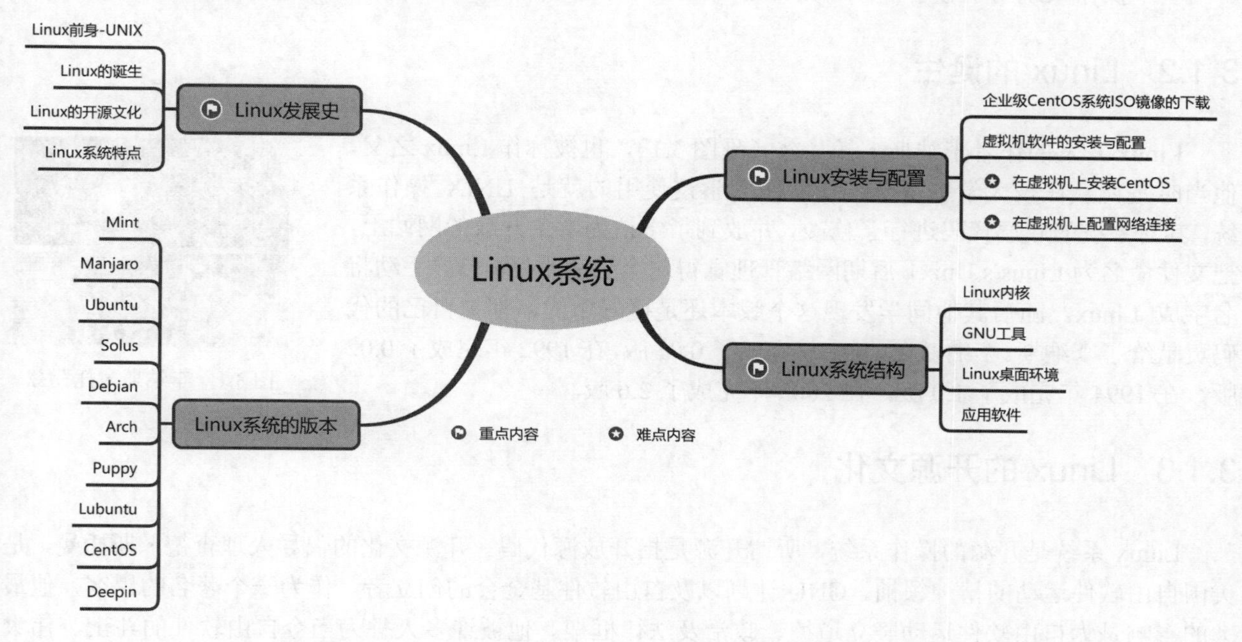

3.1 Linux 发展史

Linux 系统的开发并不是从零开始，而是从 UNIX 继承而来，也就是说 Linux 的前身是 UNIX 系统。那么 UNIX 系统的开发又历经了怎样的一个过程呢，下面做个简单的介绍。

3.1.1 Linux 前身——UNIX

在介绍 Linux 之前，让我们先来了解 Linux 的前身——UNIX。

☑ 1968 年 Multics 项目：Multics 是一个分时操作系统，该系统开始被作为一个合资项目，是 1964

年由贝尔实验室、麻省理工学院及美国通用电气公司共同参与研发的，其目的是开发出一套安装在大型主机上多人多任务的操作系统，让大型主机达成提供 300 个以上的终端机连线使用，后来因计划进度落后，资金短缺，项目开发失败。

☑ 1970 年 UNIX 诞生：在开发 Multics 项目时，实验室中有一个成员开发了一款游戏 Star Travel，因为两个实验室相继离开项目开发，导致这名开发人员没法运行他开发的游戏，后来他提议组织人员重新在 Multics 项目之上开发，也就出现了 1970 年的 UNIX。当时 UNIX 操作系统是使用的汇编语言（机器语言）开发的。

☑ 1973 年用 C 语言重写 UNIX：由于汇编语言有很大的局限性，对计算机硬件过于依赖，导致移植性差，肯尼斯·蓝·汤普森和丹尼斯·里奇在 1973 年使用 C 语言重写了 UNIX。

☑ 1975 年 UNIX 用于教学：随着 UNIX 系统的成熟，在 1975 年，贝尔实验室允许大学使用 UNIX 操作系统用于教学，但不允许用于商业。

3.1.2 Linux 的诞生

Linux 开发的作者李纳斯·托瓦兹（见图 3.1），也被称作 Linux 之父，他当时是荷兰在校大学生。李纳斯所在的学校使用的就是 UNIX 操作系统，其对系统的底层代码进行了修改，并放到了学校为学生开放的网站上，把文件命名为 Linus's Unix，后期网络管理觉得这个名字不好，自己手动将名字成 Linux。随后其他同学发现这个版本还是挺好用的，都把自己的代码贡献给了李纳斯。李纳斯在 1991 年完成了 0.01 版，在 1992 年完成了 0.02 版，在 1994 年完成了 1.0 版，在 2003 年完成了 2.6 版。

图 3.1　李纳斯·托瓦兹

3.1.3 Linux 的开源文化

Linux 系统是开源的操作系统，所谓开源是指开放源代码。开源文化的倡导人理查德·斯托曼，是美国自由软件运动的精神领袖、GNU 计划以及自由软件基金会的创立者。作为一个著名的黑客，他最大的影响是为自由软件运动竖立道德、政治及法律框架。他被许多人誉为当今自由软件的斗士、伟大的理想主义者。

1953 年，理查德·斯托曼出生于美国纽约，1974 年毕业于哈佛大学物理专业后，理查德·斯托曼进入 MIT 人工智能实验室做程序开发工作。1976 年，美国颁布版权保护法，限制了软件的自由传播。1976 年 1 月，比尔·盖茨发表了著名的“公开信”，明确反对软件盗版行为，由此，微软公司兴起。对此事态发展，理查德·斯托曼感受到了精神的压抑。

1983 年，理查德·斯托曼公开宣布一项称为 GNU 的计划。1984 年 2 月，理查德·斯托曼辞去 MIT 人工智能实验室的工作，以便全时间地投入 GNU 计划，为 GNU 计划编写程序代码。

1985 年，理查德·斯托曼发布“GNU 宣言”，公开宣称要创立一个叫作 GNU 的自由操作系统，兼容 UNIX。此后不久，理查德·斯托曼设立了自由软件基金会，聘用程序员编写自由软件程序，为自由软件运动提供一个合法的框架。理查德·斯托曼心中明白，光靠一个人单干是不行的。

1991 年，理查德·斯托曼去找 Linus，商谈让 Linux 加入 GNU 计划，后来与 GNU 的成果融合成

了 GNU/Linux 操作系统，其间推出了许多 Linux 发行版，尤其是 2004 年发布的 Ubuntu 发行版（属于 GNU 系列），GNU 事业得以蓬勃发展至今。

从李纳斯·托瓦兹创建 Linux 以来，开源思想在软件界可谓盛极一时。简单地说，开源软件就是源代码开放的软件。只要符合开源软件定义的软件就能被称为开放源代码软件。自由软件是一个比开源软件更严格的概念，因此所有自由软件都是开放源代码的，但不是所有的开源软件都能被称为"自由"软件。开放源代码的作用是尽可能地使软件最优化，自由软件则将自由作为道德标准。

3.1.4 Linux 系统特点

Linux 系统的特点如下：

☑ 开放性：遵循 OSI（open system interconnection，开放系统互联）国际标准，Linux 不仅是免费的，更是开源的，这意味着任何人都可以获得其代码并根据自己的需求进行修改，Linux 与 UNIX 系统兼容，该系统构建采用了一些与 UNIX 操作系统相同的技术，具有 UNIX 几乎所有的优秀特性。

☑ 多用户：指操作系统资源可以被不同用户使用，每个用户对自己的资源（如文件、设备）有特定的权限，互不影响。

☑ 多任务：计算机同时执行多个程序，各个程序的运行互相独立，一个程序相当于一个任务，因此叫作多任务。

☑ 良好的用户界面：Linux 为用户提供了用户界面和系统调用。Linux 还利用鼠标、菜单、窗口、滚动条等操作，给用户呈现了一个直观、易操作、交互性强的友好的图形化界面。

☑ 设备独立性：操作系统把所有外部设备统一当作文件来看待，只要安装驱动程序，任何用户都可以像使用文件一样，操作使用这些设备。Linux 是具有设备独立性的操作系统，内核具有高度适应能力。提供了丰富的网络功能，完善的内置网络是 Linux 一大特点。

☑ 可靠的安全系统：Linux 采取了许多安全技术措施，包括对读写控制、带保护的子系统、审计跟踪、核心授权等，这为网络多用户环境中的用户提供了必要的安全保障。

☑ 良好的可移植性：将操作系统从一个平台转移到另一个平台，使它仍然能以其自身的方式运行。Linux 是一种可移植的操作系统，能够在从微型计算机到大型计算机的任何环境中和任何平台上运行。

3.2 Linux 系统的版本

Linux 的发行版本可以大体分为两类，一类是商业公司维护的发行版本，一类是社区组织维护的发行版本，前者以著名的 redhat 为代表，后者以 Debian 为代表。下面具体介绍目前主流的十大 Linux 发行版本。

3.2.1 Mint

Mint 是一个非常不错的系统，这也是它能长期在排行榜上保持第一位置遥遥领先的原因。它是

Ubuntu的衍生版本。

- ☑ 优点：Mint最大的特点就是极其符合Windows用户的操作习惯，甚至贴心地准备了更新管理器、开始菜单、Office等用户在Windows上喜闻乐见的功能。Mint是一个真正的开箱即用的发行版本，它完善到你完成安装后甚至不用再添加别的软件，就可以畅快地开始使用。相比它的“爸爸”Ubuntu，这个“儿子”在各个方面都做得更好。
- ☑ 缺点：如此高度集中化的Linux版本，自然会引来某些人士关于臃肿的批评。而且，基于Debian注定了它的软件库数量不会很大，有时安装一些不常见的软件，甚至需要自己从源码编译。它没有集成Wine，这意味着你得很痛苦地下载安装后才能运行。

3.2.2 Manjaro

Manjaro是最近一段时间才兴起的基于Arch的新兴操作系统，其能以这么惊人的速度从排行榜几千名飞升到第二，也说明了它的确非常好用。

- ☑ 优点：由于基于Arch，它获得了惊人数量的软件库。在安装很多软件时，你不需要百度，不需要到处找，一个命令就全部完成了。另外，它的易用性也是它极大的优势。相比Mint系统，它在简洁性上完胜。另外更棒的是，它提供了直接可用的QQ软件。
- ☑ 缺点：没有自带中文输入法，需要用户自己安装。

3.2.3 Ubuntu

Ubuntu可能是大多数人听到的次数最多的发行版本之一了，其他是阿里云和腾讯云应用比较多的一个系统之一。Ubuntu是历史比较久的发行版本之一，基于Debian，也算是个“爷爷”级的系统了。

- ☑ 优点：社区支持非常完善，你几乎可以在ASK Ubuntu社区里询问一切关于Linux的问题，大部分问题都能得到热心的解答。另外，Ubuntu作为一个成熟的系统，已经被广泛地应用，其软件数量能与Arch匹敌。
- ☑ 缺点：不是一个好的个人操作系统。Unity桌面的性能很低，并且不是很稳定，常常卡死。内置的软件大多数没用，你通常要花上一个星期时间才能把Ubuntu打造成适合自己使用的系统。

3.2.4 Solus

Solus的前身是Evolve OS。Solus使用一套自身开发的叫作Budgie的定制桌面环境。Budgie桌面可被配置为能模仿GNOME 2桌面的观感，并被紧密集成到GNOME栈中。该发行版本只面向64位计算机提供。

- ☑ 优点：非常简洁快速，几乎所有评论中都提到了它神奇的开机速度。由于它是新兴的发行版本，设计概念也是比较前卫的，不会存在冗余代码的问题。另外，它的包管理器也是全新设计的，安装应用速度非常快。
- ☑ 缺点：所有新的发行版本都有对驱动的支持不好的问题，有的用户也指出Solus会在他们的计算机上崩溃或者运行效率很低。

3.2.5 Debian

我们终于讲到了这个历史很悠久的系统。相比前面几款系统，它可以称得上是“祖宗”级的了，几乎 60%的 Linux 发行版本都由它衍生而来。

☑ 优点：精简而稳定，它是数万人共同努力的成果。它的 deb 包高度集中，依赖性问题出现的很少。当然，它也拥有最大的支持社区。

☑ 缺点：由于它是完全自由的操作系统，因此没有专业的技术支持。另外它的更新周期很长，软件库里很多软件已经老旧。

3.2.6 Arch

Arch Linux 是来自加拿大的一款独立发行版本，以面向进阶用户与高度定制性著称。Arch Linux 项目致力于简洁主义（对开发者而言），其贡献在于对发行版本的组件提供具有良好注释的配置文件，而非带有图形界面的配置工具。这也为其赢得适合“不惧怕命令行的中高级 Linux 用户”的发行版本称号。

☑ 优点：拥有庞大的软件库，你几乎可以使用它的包管理器 Pacman 安装任何软件。它的中文文档非常完善，即使对于 Debian 系用户来说，也不得不常常到 Arch wiki 去查资料。另外，它很有助于你增加对系统底层的了解，定制化程度很高，也没有多余的软件。另外，它和 Manjaro 一样，可以安装 QQ 软件。

☑ 缺点：它定制化程度太高了，安装起来也有一定难度，让很多新手望而却步。在系统安装完成之后，你所面对的是一个命令行终端，各种驱动、桌面环境、应用管理器等全部需要自己手动敲命令下载，一不小心敲错了，系统就会崩溃。换句话说，想做到像宣传图那样的效果，有时要花去你一个多月的时间。

3.2.7 Puppy

如果你使用过 360 急救盘，那么你一定已经体验过了这个系统。360 急救盘就是基于它而定制的。Puppy Linux 是一个非常智能的 Linux 发行版本，它是由澳大利亚教授 Barry Kauler 编制的。这种 Linux 系统包含了所有重要的程序，而且它小到足以在早期的计算机的内存中运行。Puppy 几乎能在所有的硬件上运行。它易于操作，可以非常容易地适合个人偏好。许多志愿者不断为它编写软件，Puppy 有一个全球性的群体，每天 24 小时用英语通过互联网进行交流。

☑ 优点：Puppy 是格外的小，能从 64MB 的存储设备启动，并且整套系统都能在内存中运行，是个很不错的 U 盘应急系统。

☑ 缺点：相比 Win PE 它稍显逊色，由于没有包管理器，你几乎需要从源码编译一切应用，才能在系统上安装新软件。不过它是让你体验 Linux 的很经济的一个选择。

3.2.8 Lubuntu

Lubuntu 是 Ubuntu 快速、轻量级且节省能源的变体。它旨在面向低资源配置系统，并被主要设计用于上网本和老旧个人计算机。如果你的家里有那种连 Windows XP 都带不动的老旧计算机，这可能是你最好的选择。

☑ 优点：轻快简洁，768MB 内存能用出 4GB 内存的感觉。

☑ 缺点：虽说是专为老旧计算机设计，但如果你的设备太古老，想安装此系统还是很麻烦的，可能连驱动关都过不了。

3.2.9 CentOS

CentOS 是 Linux 发行版本之一，目前成了阿里云和腾讯云主流 Linux 系统发行版本。它由 RedHat Enterprise Linux 依照开放源代码规定释放出的源代码所编译而成。由于出自同样的源代码，因此有些要求高度稳定性的服务器以 CentOS 替代商业版的 RedHat Enterprise Linux 使用。两者的不同，在于 CentOS 完全开源。

☑ 优点：更新服务完全免费，具备良好的社区技术支持，经过非常严格的测试，具备极高的稳定性与可靠性，免费下载及使用，长达五年的免费安全更新周期。

☑ 缺点：不提供专门技术支持，不包含封闭源代码软件，更新服务较为滞后。

3.2.10 Deepin

Deepin 是由武汉深之度科技有限公司在 Debian 基础上开发的 Linux 操作系统，其前身是 Hiweed Linux 操作系统，于 2004 年 2 月 28 日开始对外发行，可以安装在个人计算机和服务器中。中文名称为深度操作系统。

☑ 优点：开发人员为用户提供了几乎与 Windows 操作系统相同的体验，也提供了 QQ 软件，是一个非常适合中国人使用的操作系统。

☑ 缺点：所有使用过 Deepin 操作系统的用户都会感觉到该系统存在两个方面的不足。第一个是性能优化不足，具体表现为在应用商店下载安装应用时，会出现闪退、显卡驱动异常等错误。第二个是软件生态不健全，很多软件，尤其是专业性的软件总是找不到或是不兼容。

以上是十大最受欢迎的 Linux 系统发行版本。除此之外，市场上也有很多 Linux 服务器操作系统，选择好的 Linux 服务器并不是那么困难。首先，你要确定使用它们的目的。其次，它还取决于你的系统架构。如果你是 Linux 世界的新手，并且希望使用 Linux 服务器，那么你可以首次使用 Ubuntu 服务器。当然，阿里云和腾讯云在 PHP 环境下的 CentOS 也是主流之一。

3.3 Linux 安装与配置

3.3.1 企业级 CentOS 系统 ISO 镜像的下载

要安装 CentOS 系统，必须有 CentoOS 系统的安装程序，我们可以在 Linux 的官网下载 CentOS 系统，在浏览器地址栏中输入 www.linux.org，按 Enter 键后进入 Linux 官网首页，如图 3.2 所示。

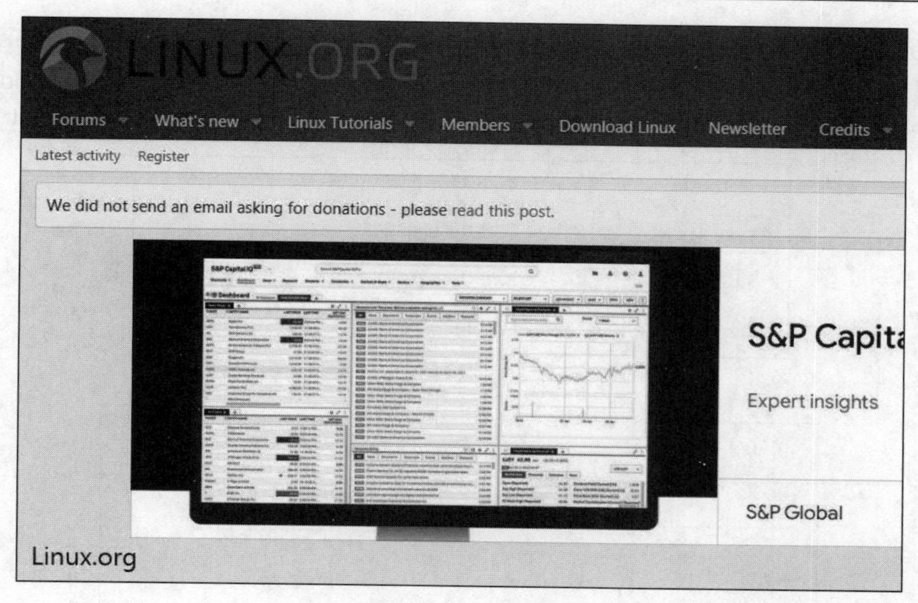

图 3.2　Linux 官网

在导航菜单上选择 Download Linux 项，进入 Linux 系统的下载页面，在众多 Linux 发行版本中选择 CentOS，如图 3.3 所示。进入 CentOS 下载页面，如图 3.4 所示。

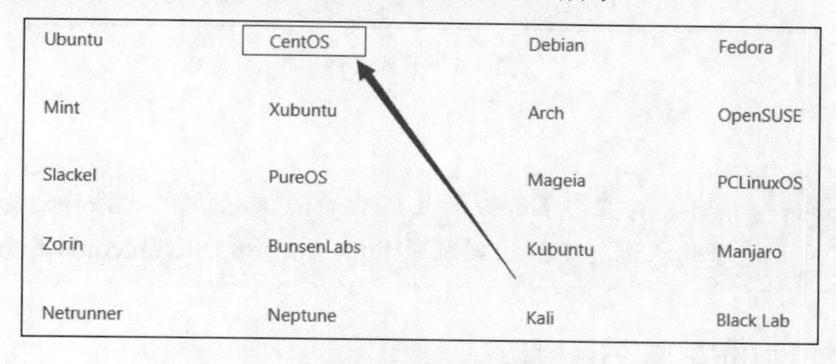

图 3.3　选择 CentOS

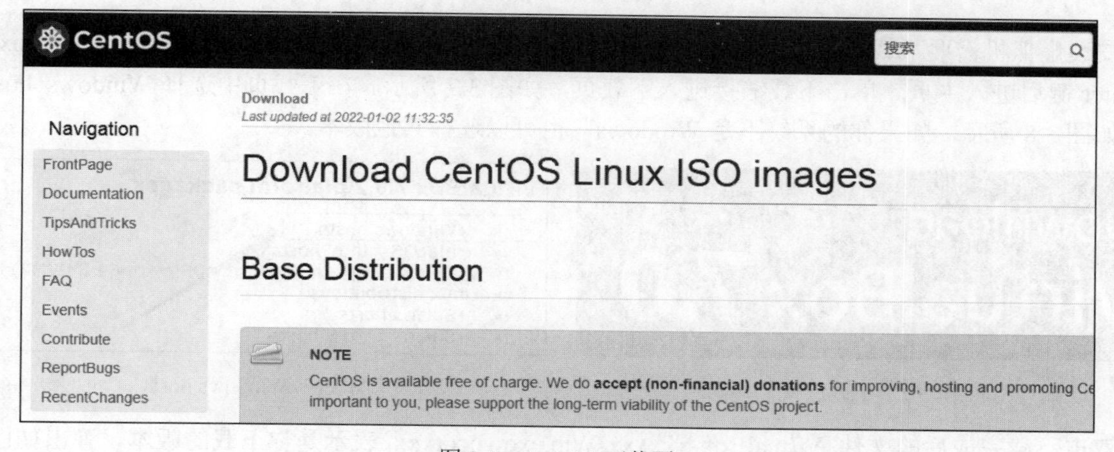

图 3.4　CentOS 下载页

在 Base Distribution 栏目查看 7.6 版所在的行，单击表格右侧 Tree 链接，进入系统下载目录，鼠标向下滑动找到 isos 目录，如图 3.5 所示，单击进入页面并选择 x86_64 目录。找到 CentOS-7-x86_64-DVD-1810.torrent 文件链接，如图 3.6 所示，单击进行下载。这是种子文件，建议使用迅雷软件下载。

fasttrack/	2017-09-01 11:08	-
isos/	2018-11-27 08:05	-
nfv/	2018-11-28 23:59	-
opstools/	2018-11-28 23:59	-

图 3.5 isos 目录

0_README.txt	2018-12-01 13:21	2.4K
CentOS-7-x86_64-DVD-1810.iso	2018-11-25 23:55	4.3G
CentOS-7-x86_64-DVD-1810.torrent	2018-12-03 15:03	86K
CentOS-7-x86_64-Everything-1810.iso	2018-11-26 14:28	10G
CentOS-7-x86_64-Everything-1810.torrent	2018-12-03 15:03	101K
CentOS-7-x86_64-LiveGNOME-1810.iso	2018-11-24 17:41	1.4G
CentOS-7-x86_64-LiveGNOME-1810.torrent	2018-12-03 15:03	28K

图 3.6 下载文件

注意

在国内访问 Linux 官网可能存在打不开或无法下载等问题，如果你无法通过访问官网进行下载，可以通过国内的阿里云镜像站点进行下载，网址是 https://mirrors.aliyun.com/centos。

3.3.2 虚拟机软件的安装与配置

安装虚拟机需要下载 VirtualBox 虚拟机软件，打开浏览器输入官网地址 https://www.virtualbox.org，按 Enter 键后进入主页。单击下载链接进入下载页，如图 3.7 所示。在下载页中选择 Windows hosts 选项，如图 3.8 所示，如果你的系统不是 Windows，也可以选择其他版本。

图 3.7 下载链接

VirtualBox 7.0.2 platform packages

- Windows hosts
- macOS / Intel hosts
- Developer preview for macOS / Arm64 (M1/M2) hosts
- Linux distributions
- Solaris hosts
- Solaris 11 IPS hosts

图 3.8 Windows hosts

双击下载完成后的文件 VirtualBox-xxxxxx-Win.exe，xxxxxx 表示是你下载的版本，弹出如图 3.9

所示的安装向导，依次单击“下一步”按钮，安装完成。单击“完成”按钮后，VirtualBox 会启动运行，如图 3.10 所示。

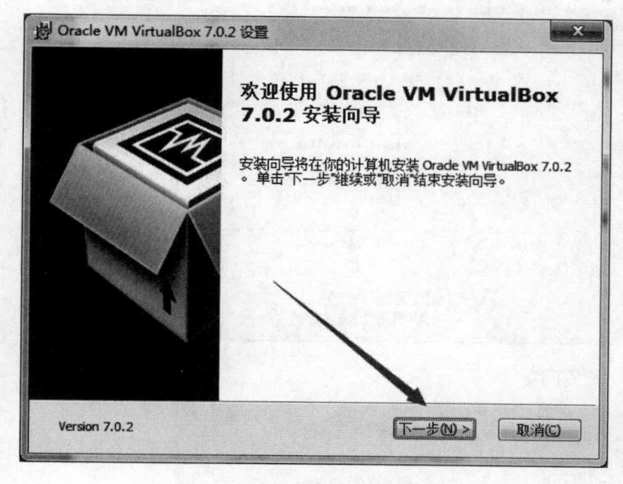

图 3.9 虚拟机软件安装向导

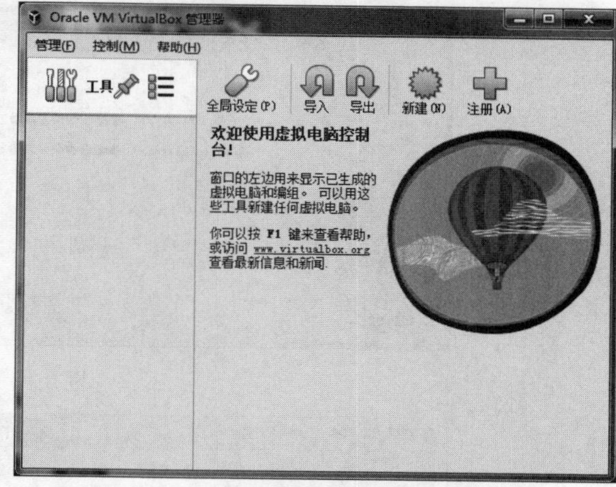

图 3.10 虚拟机软件启动

3.3.3 在虚拟机上安装 CentOS

在虚拟机运行主界面上单击“新建”按钮，弹出如图 3.11 所示的“新建虚拟电脑”对话框，填写对话框中的必填选项，其中 Name 为系统名称，Folder 为安装后的系统文件保存路径，ISO Image 为镜像文件路径。设置完成后单击 Next 按钮。

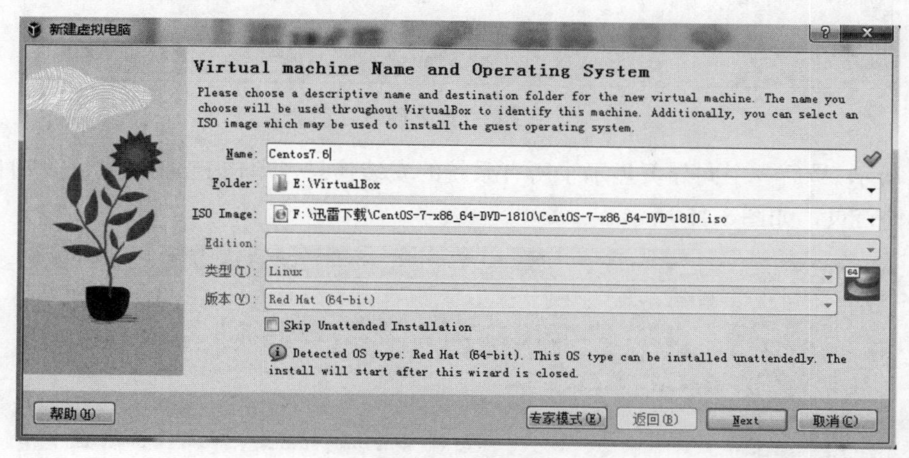

图 3.11 新建虚拟机

根据图 3.12 所示的安装向导，在页面中设置密码及确认密码，两次输入的密码要一致，其他为默认值，单击 Next 按钮，进入配置硬盘页。

如图 3.13 所示，在这个向导页需要配置硬盘，可以拖动滑块设置，也可以在文本框中直接手动输入，这里设置硬盘大小为 40GB。单击 Next 按钮，进入下一个向导页。

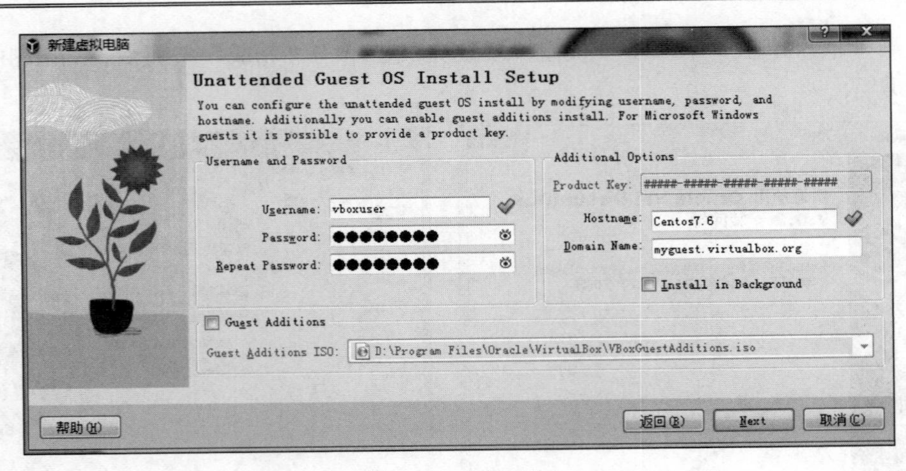

图 3.12　安装向导

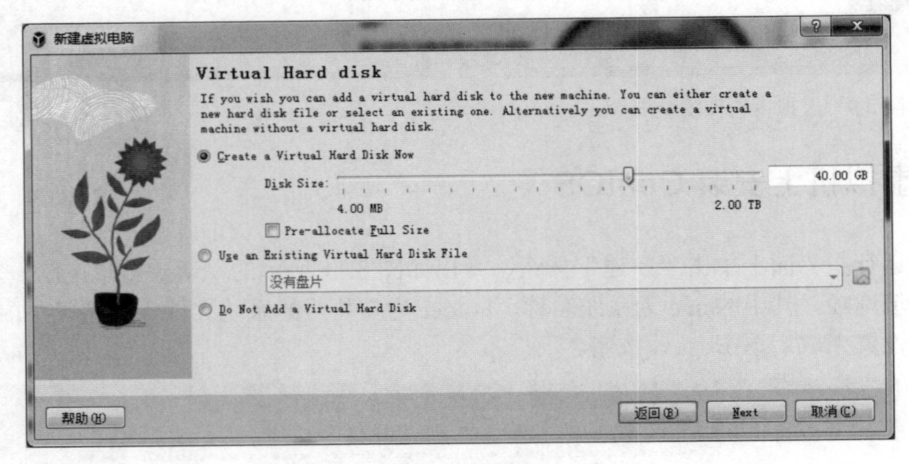

图 3.13　配置硬盘

如图 3.14 所示，最后一个向导页显示了所有系统的安装信息，单击 Finsh 按钮，此时向导页关闭，进入虚拟机软件首页，如图 3.15 所示。

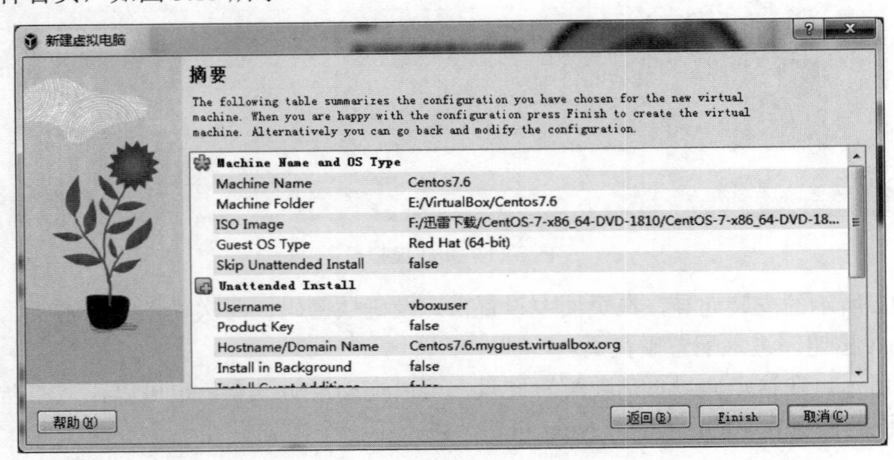

图 3.14　安装完成

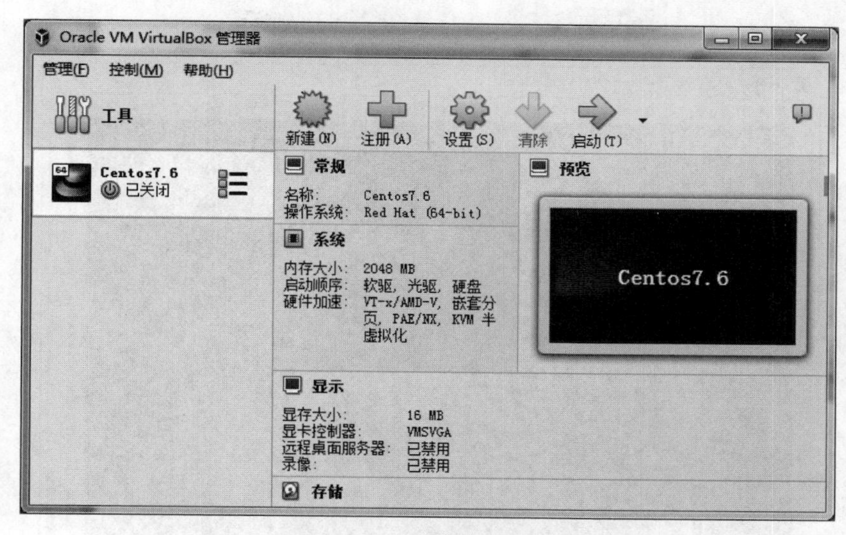

图 3.15　虚拟机首页

接下来需要把 CentOS 系统文件放入虚拟机光驱中，单击虚拟机右上方导航菜单的“设置”按钮，弹出显示页面如图 3.16 所示，选择“存储”→“没有盘片”选项，单击“属性”栏中“分配光驱”右侧的光盘图标，选择已经下载好的 CentOS 系统文件。单击 OK 按钮。

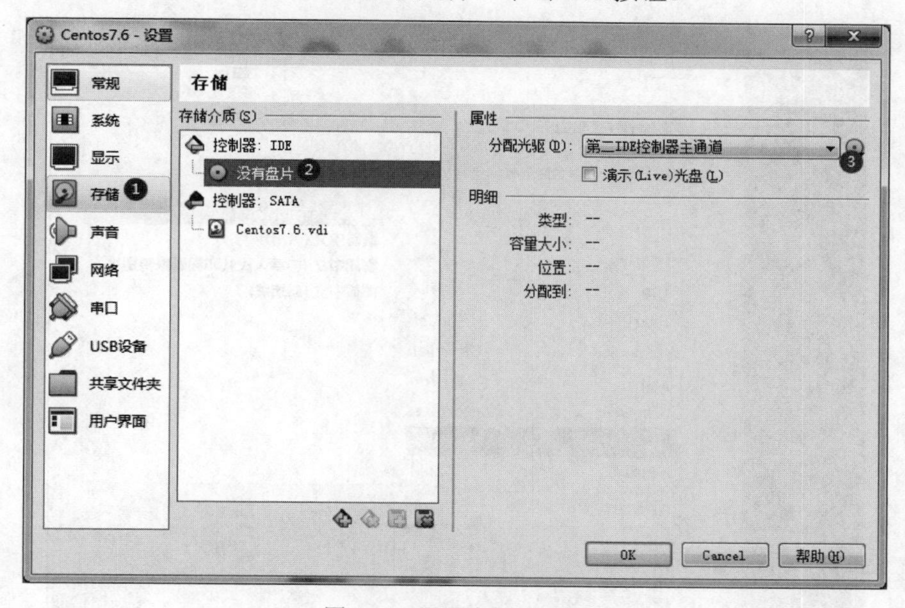

图 3.16　设置虚拟机光盘

设置好要安装的系统光盘后，在虚拟机导航菜单上单击“启动”按钮，此时虚拟机进入启动状态，会显示一些开机信息，稍后便会进入如图 3.17 所示的界面。

如果这时能看到如图 3.17 所示的信息，则说明光盘设置正确，如果没有看到这些信息，请返回上一步检查光盘设置是否正确。在图 3.17 所示页面按 Enter 键，进入系统语言设置向导页，如图 3.18

所示。

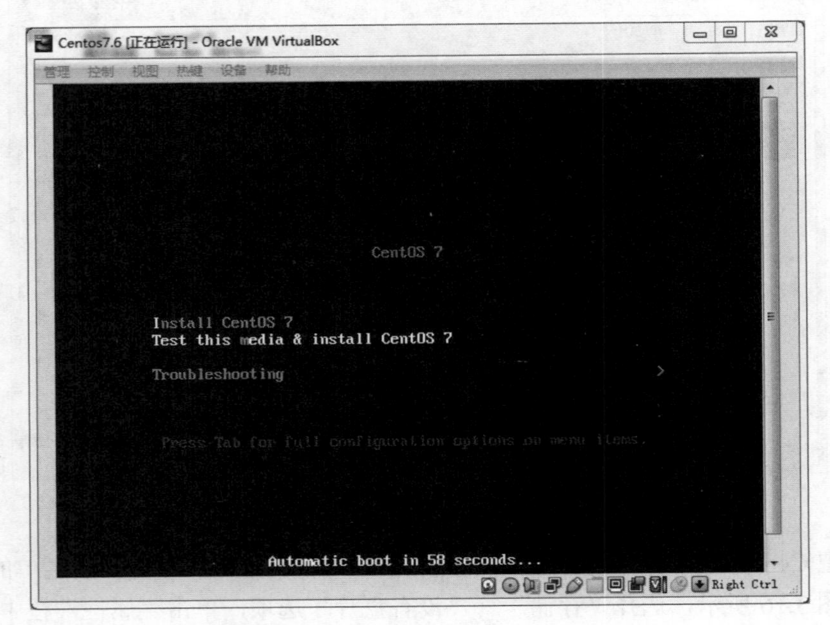

图 3.17　安装 CentOS7

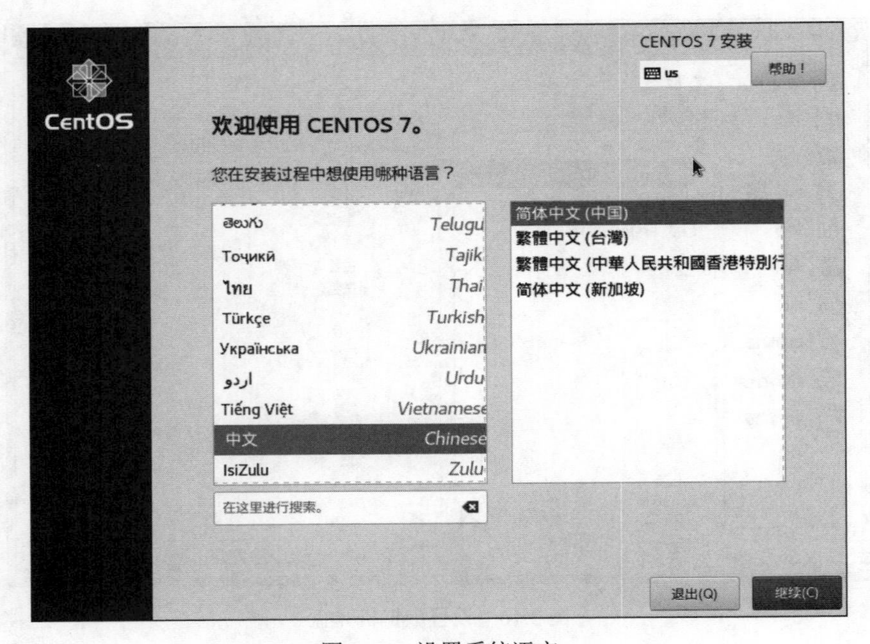

图 3.18　设置系统语言

在设置系统语言向导页中，在第一个下拉列表中选择“中文”，在第二个下拉列表中选择“简体中文（中国）”，单击“继续”按钮，进入“安装信息摘要”向导页，如图 3.19 所示。

在“安装信息摘要”向导页中单击“安装位置”，进入“安装目标位置”向导页，如图 3.20 所示。

在该页面可以对硬盘进行手动分区，选择默认的自动配置分区即可，先单击“完成”按钮，进入“安装信息摘要”向导页，再单击“开始安装”按钮，进入“配置”向导页，如图 3.21 所示。

图 3.19　安装信息摘要

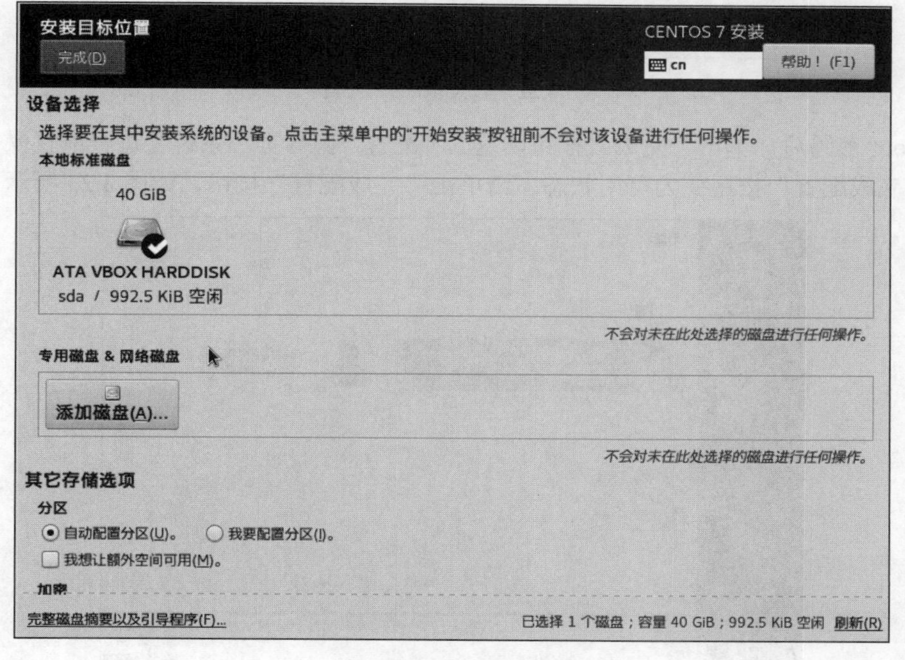

图 3.20　安装目标位置

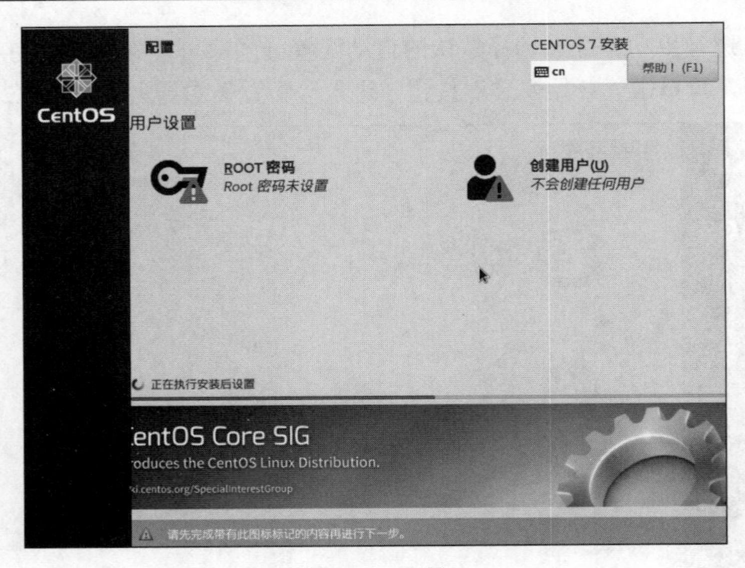

图 3.21　配置

在“配置”向导页中需要配置超级管理员 ROOT 密码，选择“ROOT 密码”菜单项，进入如图 3.22 所示界面，在文本框中输入设置的密码，请牢记此密码，用于 CentOS 系统登录。

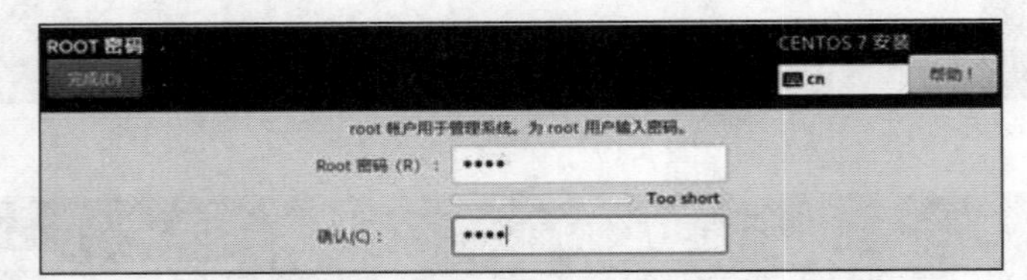

图 3.22　设置 ROOT 密码

设置好 Root 密码后，单击“完成”按钮，返回“配置”向导页，系统会进行配置操作，当页面完成配置时，“完成配置”按钮变为可用状态，请单击“完成配置”按钮，如图 3.23 所示。

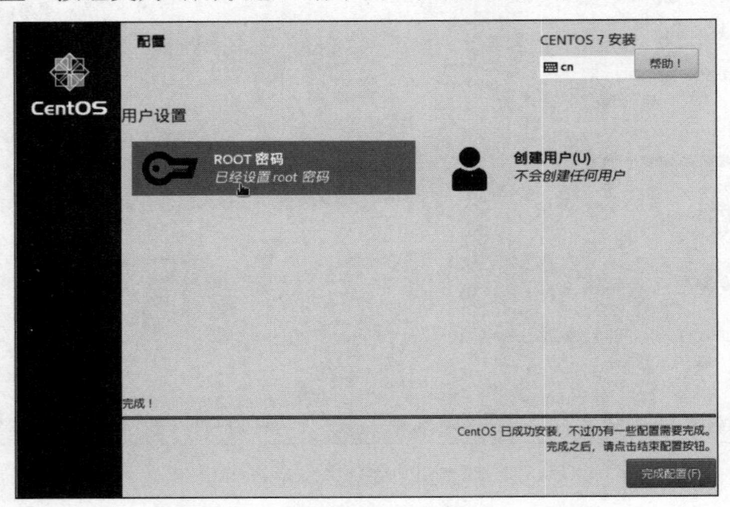

图 3.23　完成配置

单击“完成配置”按钮后，系统进入安装状态，需要耐心等待安装完成，待向导页出现安装完成提示信息，单击“重启”按钮，如图 3.24 所示。

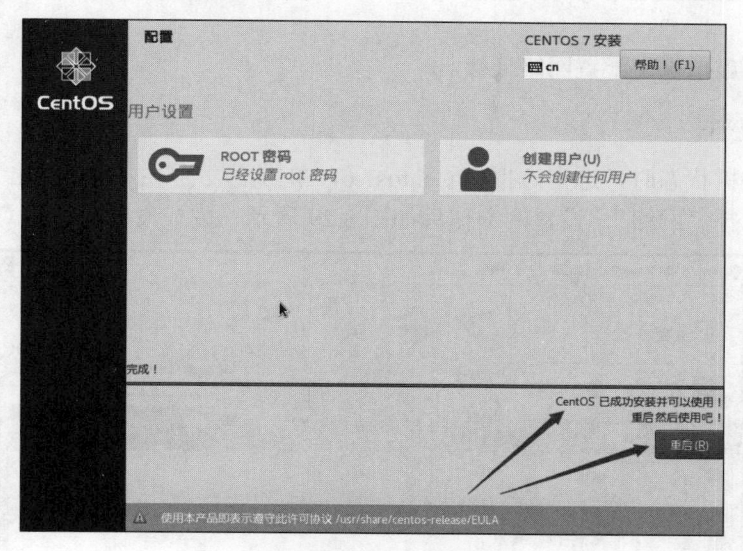

图 3.24　安装完成

单击“重启”按钮后，CentOS 系统进入重启状态，30 秒左右会进入命令行控制台的输入状态，如图 3.25 所示，此时要求输入登录用户的用户名与密码。

在命令行控制台中输入 root 用户名与密码，如果用户名与密码输入正确，控制台提示符前缀会显示如图 3.26 所示状态。

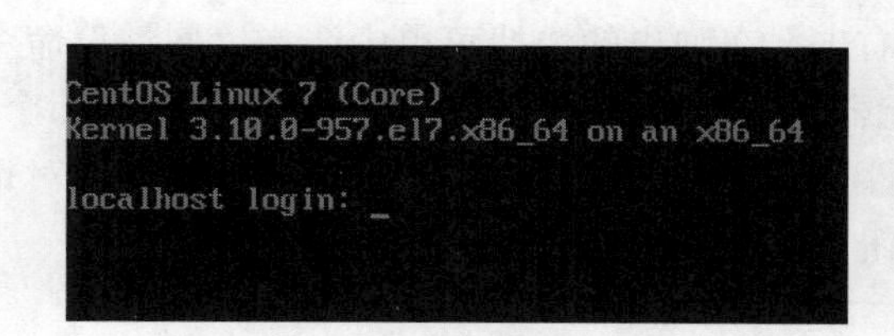

图 3.25　命令行控制台

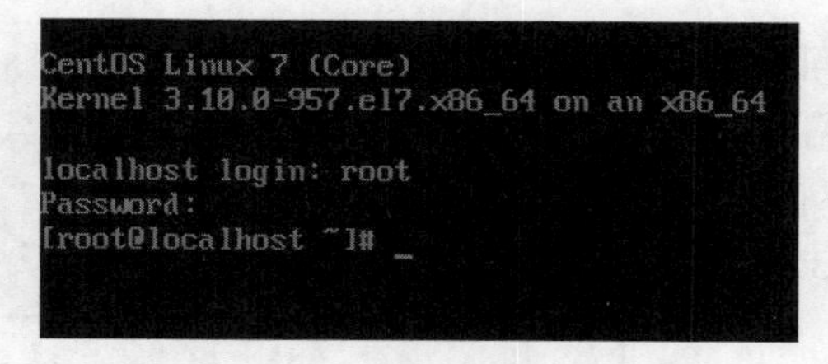

图 3.26　用户登录后的命令行控制台

如果这时想关闭这台虚拟机，请选择顶部导航菜单的“管理”选项，单击“退出”，如图 3.27 所示。弹出“关闭虚拟电脑”对话框，选中“正常关闭”单选按钮，单击 OK 按钮即可关闭虚拟机，如图 3.28 所示。

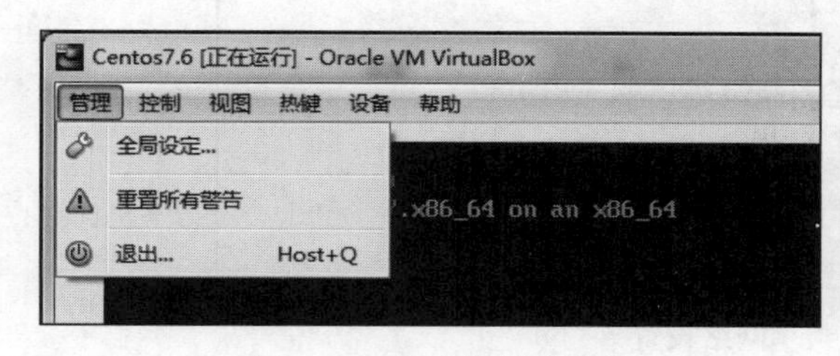

图 3.27　虚拟机管理菜单

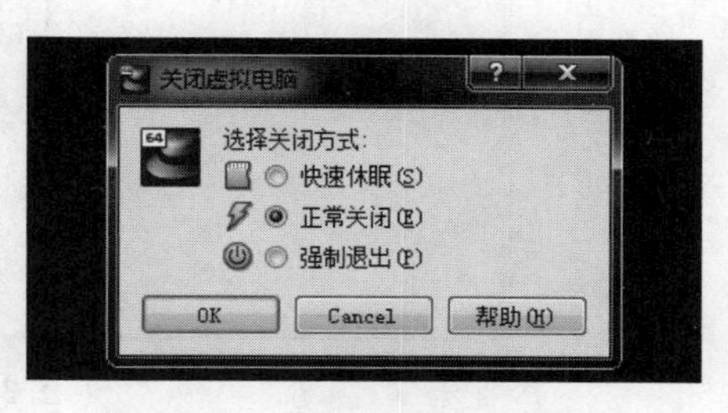

图 3.28　“关闭虚拟电脑”对话框

3.3.4 在虚拟机上配置网络连接

下面介绍如何在虚拟机上配置网络连接。

1. 配置虚拟机网卡

在虚拟机处于关机状态时，选中虚拟机 Centos7.6，单击“设置”按钮，弹出“设置”对话框，在左侧的菜单列表中选择“网络”，设置网卡信息如图 3.29 所示，完成设置后单击 OK 按钮。

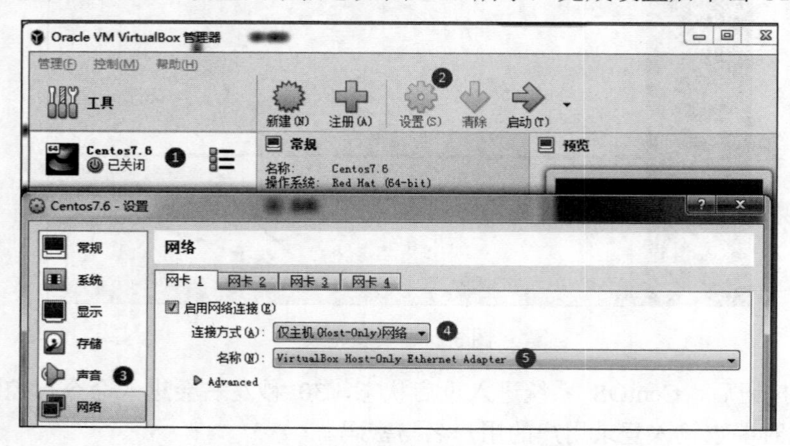

图 3.29 网卡设置

2. 共享网络给虚拟主机

返回 Windows 系统桌面，找到“网络”图标并右击，在弹出的快捷菜单中选择“属性”命令，打开“网络和共享中心”窗口，单击左侧的“更改适配器设置”链接，右击网络连接（上网的那个网卡）“无线网络连接 3”，在弹出的快捷菜单中选择“属性”命令，弹出“无线网络连接 3 属性”对话框，按如图 3.30 所示设置共享网络后，单击“确定”按钮。

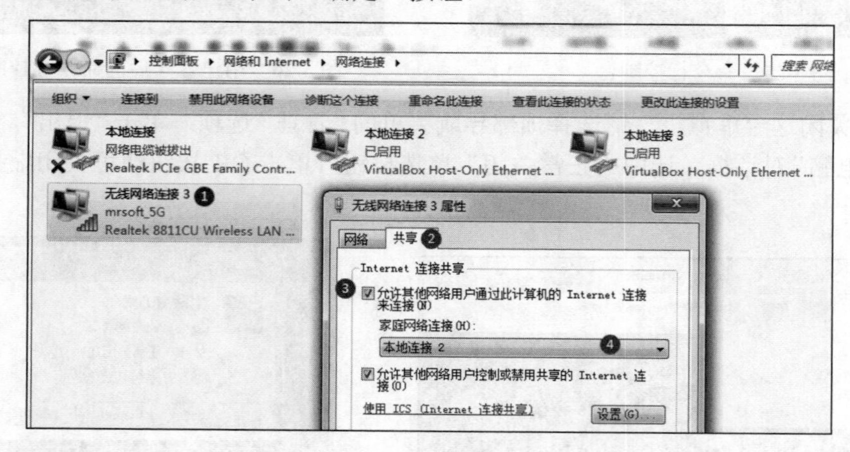

图 3.30 共享网络设置

注意

在图3.29中的序号5与图3.30中下拉框选择的网卡为同一块网卡，相当于把宿主机的网络共享给了虚拟机。

3．配置虚拟机的CentOS7.6系统网卡

重新启动CentOS7.6系统，待进入命令行控制台后输入正确的用户名与密码，成功登录控制台后输入命令vi /etc/sysconfig/network-scripts/ifcfg-enp0s3，按Enter键后修改配置文件，修改内容如图3.31所示。

```
TYPE=Ethernet
PROXY_METHOD=none
BROWSER_ONLY=no
BOOTPROTO=static
DEFROUTE=yes
IPV4_FAILURE_FATAL=no
IPV6INIT=yes
IPV6_AUTOCONF=yes
IPV6_DEFROUTE=yes
IPV6_FAILURE_FATAL=no
IPV6_ADDR_GEN_MODE=stable-privacy
NAME=enp0s3
UUID=2d2457a9-dfb9-45cd-b3df-38221216da5b
DEVICE=enp0s3
ONBOOT=yes
IPADDR=192.168.137.128
NETMASK=255.255.255.0
GATEWAY=192.168.137.1
```

图3.31　修改配置文件

4．修改网关

在控制台命令行模式下输入命令vi /etc/sysconfig/network，按Enter键后编辑文件内容，如图3.32所示，编辑完成后退出并保存。

5．修改DNS

在控制台命令行模式下输入命令vi /etc/resolv.conf，按Enter键后编辑文件内容，如图3.33所示，编辑完成后退出并保存。

```
# Created by anaconda
NETWORKING=yes
GATEWAY=192.168.137.1
```

图3.32　修改网关

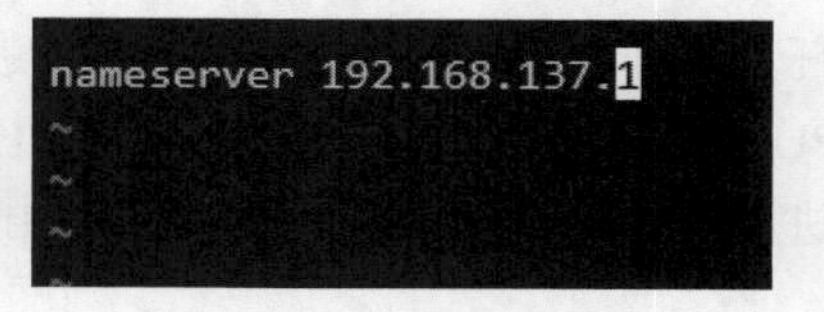

图3.33　修改DNS

6．重启网络

在控制台命令行模式下输入命令service network restart，按Enter键后重启网络，如图3.34所示。

```
[root@localhost ~]# service network restart
Restarting network (via systemctl):                        [  确定  ]
[root@localhost ~]# 
```

图 3.34　重启网络

7. 验证网络

在控制台命令行模式下输入命令 ping www.baidu.com，按 Enter 键后如果提示信息如图 3.35 所示，则说明配置正确，按 Ctrl+C 组合键结束 ping 命令。

```
[root@localhost ~]# ping www.baidu.com
PING www.a.shifen.com (110.242.68.3) 56(84) bytes of data.
64 bytes from 110.242.68.3 (110.242.68.3): icmp_seq=1 ttl=54 time=24.7 ms
64 bytes from 110.242.68.3 (110.242.68.3): icmp_seq=2 ttl=54 time=31.2 ms
64 bytes from 110.242.68.3 (110.242.68.3): icmp_seq=3 ttl=54 time=25.2 ms
64 bytes from 110.242.68.3 (110.242.68.3): icmp_seq=4 ttl=54 time=25.2 ms
64 bytes from 110.242.68.3 (110.242.68.3): icmp_seq=5 ttl=54 time=25.7 ms
```

图 3.35　验证网络

3.4　Linux 系统结构

3.4.1　Linux 内核

Linux 内核是 Linux 操作系统的主要组件，也是计算机硬件与其进程之间的核心接口，它负责两者之间的通信，还要尽可能高效地管理资源。从技术层面讲，内核是硬件与软件之间的一个中间层，其作用是将应用层的请求传递给硬件，并充当底层驱动程序，对系统中的各种设备和组件进行寻址。从应用程序的层面讲，应用程序与硬件没有联系，只与内核有联系，内核是应用程序知道的层次中的最底层。在实际工作中内核抽象了相关细节。内核是一个资源管理程序，负责将可用的共享资源（如 CPU 时间、磁盘空间、网络连接等）分配到各个系统进程。内核就像一个库，提供了一组面向系统的命令。系统调用对于应用程序来说，就像调用普通函数一样。下面具体介绍 Linux 内核的主要功能。

1. 进程调度

计算机均配备一个或多个 CPU（中央处理单元），以执行程序指令。与其他 UNIX 系统一样，Linux 属于抢占式多任务操作系统。“多任务”指多个进程（即运行中的程序）可同时驻留内存，且每个进程都能获得对 CPU 的使用权。“抢占”则是指一组规则，这组规则控制着哪些进程能获得对 CPU 的使用权，以及每个进程能使用多长时间，这两者都由内核进程调度程序（而非进程本身）决定。

2. 内存管理

如今计算机的内存容量可谓相当可观，但软件的规模也保持了相应地增长，故而物理内存（RAM）仍然属于有限资源，内核必须以公平、高效的方式在进程间共享这一资源。与大多数现代操作系统一样，Linux 也采用了虚拟内存管理机制，这项技术主要的优势在于进程与进程之间、进程与内核之间彼此隔离，因此一个进程无法读取或修改内核或其他进程的内存内容。只需将进程的一部分保持在内存

中，这不但降低了每个进程对内存的需求量，而且还能在内存中同时加载更多的进程。这也大幅提升了 CPU 资源的利用率，因为在任一时刻，CPU 都有至少一个进程可以执行。

3．文件系统

内核在磁盘之上提供有文件系统，允许对文件执行创建、获取、更新以及删除等操作。Linux 系统支持的文件系统格式有很多，除了 Ext2、Ext3 和 Ext4，还能支持 fat16、fat32、NTFS 等。也就是说，Linux 可以通过磁盘挂载的方式使用 Windows 文件系统中的数据。

4．进程管理

内核可将新程序载入内存，为其提供运行所需的资源（如 CPU、内存以及对文件的访问等）。这样一个运行中的程序我们称之为“进程”。一旦进程执行完毕，内核还要确保释放其占用的资源，以供后续程序重新使用。

5．访问设备

计算机外接设备（如鼠标、键盘、磁盘和磁带驱动器等）可实现计算机与外部世界的通信，这一通信机制包括输入、输出或两者兼而有之。内核既为程序访问设备提供了简化版的标准接口，还要仲裁多个进程对每一个设备的访问。

3.4.2 GNU 工具

GNU 是由多个应用程序、系统库、开发工具乃至游戏构成的程序集合。GNU 的开发始于 1984 年 1 月，称为 GNU 工程，GNU 的许多程序都是在 GNU 工程下发布的，我们称之为 GNU 软件包。那么这个软件包具体有哪些工具呢，下面做个详细介绍。

1．GCC

很多人把 GCC 看成一个 C 编译器，其实 GCC 是 GNU compiler collection 的简称，目前 GCC 可以支持 C、C++、ADA、Object C、Java、Fortran、PASCAL 等多种高级语言。GCC 主要包括 Cpp、符合 ISO 标准的 C 编译器 g++、符合 ISO 标准的 C++编译器 gcj。其中，gcj 是 GCC 的 Java 前端，可以生成执行速度更快的二进制本地执行码，而不是 java byte code。gcj 为把 Java 程序编译成机器代码提供了试验性的支持。要做到这点，用户还需要安装相关的 Java 运行时库。gnat 是 GCC 的 GNU ADA 95 前端，该软件包括开发工具、文档及 ADA 95 编译器。

2．Binutils

Binutils 是一组二进制工具程序集，它包括 addr2line、ar、as、gprof、ld、nm、objcopy、objdump、ranlib、size、strings、strip、gprof 等工具，是辅助 GCC 的主要软件。其中，as 是 GNU 汇编器（assembler），用于把汇编代码转换成二进制代码，并存放到一个 object 文件中。ld 是 GNU 链接器（linker），主要用于确定相对地址，把多个 object 文件、起始代码段、库等链接起来，并最终形成一个可执行文件。addr2line 把执行程序中的地址映射到源文件中的对应行。ar 用于创建归档文件（archive）、修改/替换库中的 object 文件，向库中添加/提取 object 文件。nm 用于列出 object 文件中的符号名。Objcopy 用于复制和转换 object

文件。objdump 用来显示对象文件的信息。ranlib 根据归档文件中的内容建立索引。size 用于显示 object 文件和执行文件各节（section）的大小。strings 用于显示可执行文件中的字符串常量。strip 用于去掉执行文件中多余的信息（如调试信息），可以减少执行文件的大小。gprof 用于显示调用图表档案数据。

3．gdb

gdb 是 GNU 调试器，它允许调试用 C、C++或其他语言编写的程序。它的基本运行方式是在一个 shell 环境下用命令行方式调试程序和显示数据。如果加上一些图形前端（如 DDD 等软件），则可以在一个更方便的图形环境下调试程序。

4．make

make 用来控制可执行程序的生成过程，从其他的源码程序文件中生成可执行程序的 GNU 工具。make 允许用户生成和安装软件包，而无须了解生成、安装软件包的具体执行过程。

5．diff/diff3/sdiff

diff/diff3/sdiff 是比较文本差异的工具，也可以用来产生补丁。

6．patch

patch 是补丁安装程序，可根据 diff 生成的补丁来更新程序。

7．CVS

CVS（concurrent version system）是一个版本控制系统，它能够记录文件的修改历史（通常但并不总是包括源码）。CVS 只存储版本之间的区别，而不是你创建的文件的每一个版本。CVS 还保留一个记录改变者、改变时间以及改变原因的日志。CVS 对于管理发行版本和控制在多个作者间同时编辑源码文件很有帮助。CVS 为一个层次化的目录提供版本控制，目录由修改控制的文件组成，而不是在一个目录中为一组文件提供版本控制。这些目录和文件可以被合并起来构成一个软件发行版本。

3.4.3 Linux 桌面环境

什么是 Linux 中的桌面环境？桌面环境是一个组件的组合体，为用户提供常见的图形用户界面元素组件，如图标、工具栏、壁纸和桌面小部件。借助桌面环境，你可以像在 Windows 系统中一样使用鼠标和键盘操作 Linux。有几种不同的桌面环境，这些桌面环境决定了你的 Linux 系统的外观以及你与它的交互方式。大多数桌面环境都有自己的一套集成的应用程序和实用程序，这样用户在使用操作系统时就能得到统一的感受。所以，你会得到一个文件资源管理器、桌面搜索、应用程序菜单、壁纸和屏保实用程序、文本编辑器等。如果没有桌面环境，你的 Linux 系统就只有一个类似于终端的实用程序，你只能用命令与系统交互。个人计算机一般都会安装桌面环境，这样操作更加便捷，Linux 服务器为了节省资源，一般都不会安装桌面环境。下面介绍几款比较流行的 Linux 桌面环境。

1．KDE

KDE 是 k desktop environment 的缩写，中文译为“K 桌面环境”。KDE 基于大名鼎鼎的 Qt，最初

于 1996 年作为开源项目公布，并在 1998 年发布了第一个版本，现在 KDE 几乎是排名第一的桌面环境了。许多流行的 Linux 发行版都提供了 KDE 桌面环境，如 Ubuntu、Linux Mint、OpenSUSE、Fedora、Kubuntu、PC Linux OS 等。KDE 和 Windows 比较类似，初学者一般都是 Windows 的用户，所以切换到 KDE 环境也不会有太大的障碍。

KDE 允许你把应用程序图标和文件图标放置在桌面的特定位置上。单击应用程序图标，Linux 系统就会运行该应用程序。单击文件图标，KDE 桌面就会确定使用哪种应用程序来处理该文件。KDE 是所有桌面环境中最容易定制的。在其他桌面环境中，你需要几个插件、窗口组件和调整工具才可以定制环境，KDE 将所有工具和窗口组件都塞入系统设置中。借助先进的设置管理器，可以控制一切，不需要任何第三方工具，就可以根据用户的喜好和要求来美化及调整桌面。KDE 项目组还发布了大量的可运行在 KDE 环境中的应用程序，包括 Dolphin（文件管理工具）、Konsole（终端）、Kate（文本编辑工具）、Gwenview（图片查看工具）、Okular（文档及 PDF 查看工具）、Digikam（照片编辑和整理工具）、KMail（电子邮件客户软件）、Quassel（IRC 客户软件）、K3b（DVD 刻录程序）、Krunner（启动器）等，它们都是默认安装的。

2．GNOME

GNOME 是 GNU network object model environment 的缩写，中文译为“GNU 网络对象模型环境”。GNOME 于 1999 年首次发布，现已成为许多 Linux 发行版默认的桌面环境（不过用得最多的是 RedHat Linux）。GNOME 的特点是简洁、运行速度快，但是没有太多的定制选项，用户需要安装第三方工具来实现定制。GNOME 甚至不包括一些简单的调整选项，如更改主题、更改字体等，就这两种基本的调整而言，用户都需要安装第三方工具。所以，GONME 适合那些不需要高度定制界面的用户。GNOME 被用作 Fedora 中的默认桌面环境，提供在几款流行的 Linux 发行版中，如 Ubuntu、Debian、OpenSUSE 等。2011 年，GNOME3 进行了重大更新，不再采用传统的 Windows 风格的界面，而是进行了全新的设计，惊艳了很多用户。GNOME3 的这种改变也导致部分用户和开发人员不满，他们又开发了多款其他的桌面环境，如 MATE 和 Cinnamon。

3．Unity

Unity 是由 Ubuntu 的母公司 Canonical 开发的一款外壳。之所以说它是外壳，是因为 Unity 运行在 GNOME 桌面环境之上，使用了所有 GNOME 的核心应用程序。2010 年，Unity 第一个版本发布，此后经过数次改进，如今和其他的桌面环境一样，也可以安装到其他的 Linux 发行版上了。Unity 使用了不同的界面风格，如果你用的是 Ubuntu Linux 发行版，你会注意到 Unity 与 KDE 和 GNOME 桌面环境有些不一样。Unity 在左边有一个启动器，位于启动器顶部的是搜索图标，又叫 Dash。在 Dash 上搜索文件时，不仅会给出来自硬盘的搜索结果，还会给出来自在线来源的搜索结果，如 Google Drive、Facebook、Picasa、Flick 及其他。Unity 还提供了隐藏启动器、触摸侧边栏就显示的选项，用户还可以调高/调低显示启动器菜单的灵敏度。Unity 很简单、运行速度快，但 Unity 在系统设置下却没有定制桌面的太多选项，要想安装主题或者定制另外不同的选项，如系统菜单是否总是可见，或者从启动器图标一次点击最小化，所以用户需要安装第三方工具。

4．MATE

上面我们提到，GNOME3 进行了全新的界面设计，这导致一些用户的不满，他们推出了其他的桌面环境，MATE 就是其中之一。MATE 是一种从现在无人维护的 GNOME2 代码库派生出来的桌面环境。MATE 会让人觉得是在使用旧的桌面环境，但是结合了历年来界面方面的诸多改进。MATE 还非常适用于低配计算机，所以如果你有一台旧的或运行速度较慢的计算机，可以使用 MATE。MATE 还是许多流行的 Linux 发行版随带的，如 Ubuntu、Linux Mint、Mageia、Debian 及另外更多发行版。Ubuntu MATE 首次发布的官方版本，用户将更容易更新软件，因为所有组件现在都在 Ubuntu 软件库中。MATE 自带的应用程序包括 Caja（文件管理工具）、Pluma（文本编辑工具）、Atril（文档查看工具）、Eye of MATE（图像查看工具）等，如果用户不需要其他功能完备的桌面环境的所有额外功能，那么 MATE 对他们来说就是一款非常合适的简单的轻量级桌面环境，能够兼容较旧的硬件设备。

3.4.4 应用软件

Linux 不仅有系统运行的必要软件，也有用于办公、娱乐、开发等的应用软件，下面介绍 Linux 较为优秀的常用软件。

1．Google Chrome

Google Chrome 是一个强大且功能完善的浏览器解决方案，它拥有完美的同步功能以及丰富的扩展。如果你喜欢 Google 的生态系统，那么 Google Chrome 毫无疑问会是一个合适的选择。如果你想要更加开源的解决方案，可以尝试使用 Chromium，它是 Google Chrome 的上游项目。

2．Dropbox

Dropbox 是目前最流行的云存储服务之一，它为新用户提供了 2GB 的免费存储空间，以及一个健壮且易于使用的 Linux 客户端。

3．Lollypop

Lollypop 是一款相对较新的开源音乐播放器，拥有漂亮又不失简洁的用户界面。它提供优秀的音乐管理、歌曲推荐、在线广播和派对模式支持。虽然它是一款不具有太多特性的简洁音乐播放器，但仍值得我们去尝试使用。

4．GIMP

GIMP 是 Linux 平台上 Photoshop 的替代品，它是一款开源、全功能并且专业的照片编辑软件。它打包了各式各样的工具用来编辑图片，更强大的是，它包含了丰富的自定义设置以及第三方插件来增强用户体验。

5．Albert

Albert 是一款快速、可扩展、可定制的生产力工具，受 Alfred（Mac 平台上一个非常好的生产力工具）启发并且仍处于开发阶段，它的目标是“使所有触手可及”。它能够与你的 Linux 发行版非常好的集成，帮助你提高生产力。

3.5 要点回顾

本章介绍了Linux系统的由来，Linux系统各版本的情况，让你对Linux系统的全貌有了初步的认识。只有知道了Linux的发展历程，才能更好地把握Linux系统的学习。随后讲解了Linux系统的安装与配置、系统结构。通过动手安装与配置Linux，以及学习系统结构，将更深入地提升你对Linux系统的认知。

第 2 篇

Linux 系统管理篇

本篇将对 Linux 系统中重要的概念与核心命令进行详细介绍，如文件目录、软件安装、文本编辑、进程管理、磁盘管理、网络管理等，针对每个知识点都有实例演示与操作步骤，让读者在实践中轻松理解抽象的命令与概念。

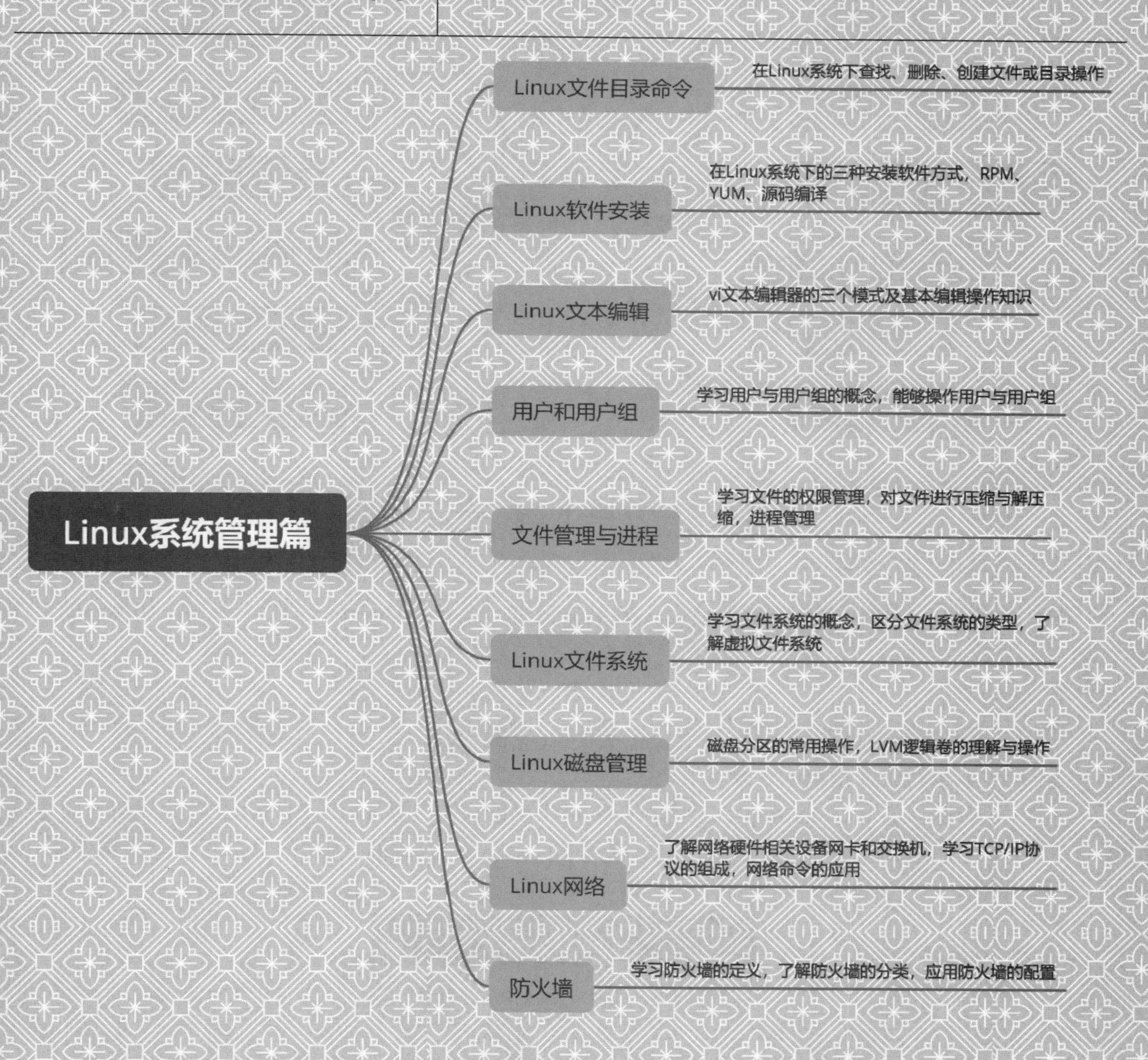

第 4 章

Linux 文件目录命令

文件目录相关的命令是 Linux 系统学习中十分重要的一个知识点，本章将介绍基于文件目录的常用命令，如文件的创建和修改等，将详细介绍每个命令的使用方法。

本章知识架构及重点、难点内容如下：

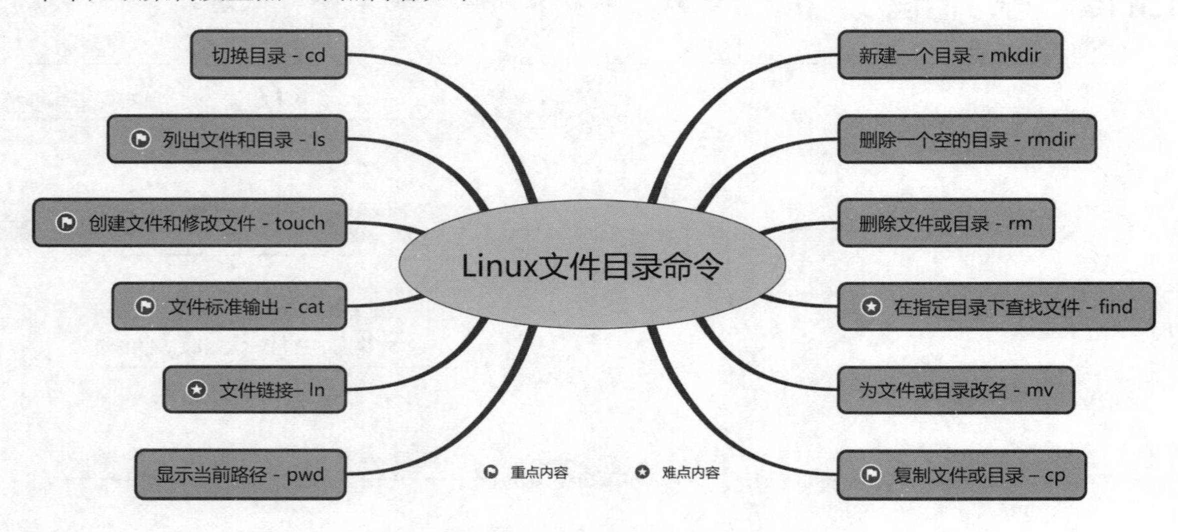

4.1 切换目录——cd

cd 命令我们几乎时时刻刻都需要使用。cd 英文全拼：Change Directory，此命令用于切换当前工作目录。

命令语法如下：

```
cd  [目录名]
```

【例 4.1】跳转进入指定的目录。

输入 cd 命令，跳转到/usr/tmp 目录下，在输入正确的命令并按 Enter 键后，可以看到新的命令提示符由“root@localhost ~”变为“root@localhost tmp”，这说明已经正确切换目录，命令实操如图 4.1 所示。

```
[root@localhost ~]# cd /usr/tmp
[root@localhost tmp]#
```

图 4.1　cd 命令跳转指定的目录

【例 4.2】跳转进入使用者主目录。

在登录 Linux 系统后，默认会自动进入使用者主目录，当前使用者为 root，我们通过“cd /”命令跳转到根目录，方便命令的演示。这里介绍 3 种进入主目录的方法，命令实操如图 4.2 所示。

【例 4.3】跳转到上级目录。

有时我们需要由当前目录跳转到上级目录，这时并不需要输入目录的绝对路径，只需要输入“cd ..”命令即可，命令实操如图 4.3 所示。

图 4.2　cd 命令跳转进入使用者 home 目录

图 4.3　跳转到上级目录

4.2　列出文件和目录——ls

ls 命令是 Linux 中最常用的命令之一。一般在刚开始学习 Linux 时，最先接触的是 ls 命令。ls 命令用于列出文件和目录。默认会列出当前目录的内容，而命令带上参数后，我们可以用 ls 做更多的事情。作为最基础，同时又是使用频率很高的命令，我们很有必要搞清楚 ls 命令的用法。

命令语法如下：

```
ls  [选项]  [文件]
```

在该语法中，选项常用参数的取值有 7 种，如表 4.1 所示。

表 4.1　ls 命令选项参数的取值说明

选　项　值	说　　明
-a	显示所有文件及目录（包括以“.”开头的隐藏文件）
-l	使用长格式列出文件及目录信息
-r	将文件以相反次序显示（默认以英文字母次序）
-t	根据最后的修改时间排序
-A	同-a，但不列出“.”（当前目录）及“..”（父目录）
-S	根据文件大小排序
-R	递归列出所有子目录

【例 4.4】列出文件或目录。

运行没有选项的 ls 命令，我们将无法查看文件类型、大小、修改日期和时间、权限和链接等详细信息。命令实操如图 4.4 所示。

图 4.4　ls 无选项列表

【例 4.5】列出文件的长列表。

使用“-l”选项将显示当前目录下每个文件或目录的长列表格式，包括文件或目录权限、所有者和组名、文件大小、创建/修改日期和时间。命令实操如图 4.5 和图 4.6 所示。

```
[root@localhost /]# ls -l
total 20
lrwxrwxrwx.   1 root root    7 Nov 15 09:58 bin -> usr/bin
dr-xr-xr-x.   5 root root 4096 Nov 15 10:10 boot
drwxr-xr-x.  20 root root 3100 Nov 23 09:41 dev
drwxr-xr-x.  75 root root 8192 Nov 15 13:49 etc
drwxr-xr-x.   2 root root    6 Apr 11  2018 home
lrwxrwxrwx.   1 root root    7 Nov 15 09:58 lib -> usr/lib
```

图 4.5　ls -l 命令

```
[root@localhost /]# ll
total 20
lrwxrwxrwx.   1 root root    7 Nov 15 09:58 bin -> usr/bin
dr-xr-xr-x.   5 root root 4096 Nov 15 10:10 boot
drwxr-xr-x.  20 root root 3100 Nov 23 09:41 dev
drwxr-xr-x.  75 root root 8192 Nov 15 13:49 etc
drwxr-xr-x.   2 root root    6 Apr 11  2018 home
lrwxrwxrwx.   1 root root    7 Nov 15 09:58 lib -> usr/lib
```

图 4.6　ll 命令

【例 4.6】列出所有文件包括隐藏文件。

“ls -a”命令将列出所有以“.”格式开头的隐藏文件以及普通文件。在 Linux 中，所有隐藏文件都以“.”开头，格式被标记为隐藏。命令实操如图 4.7 所示。

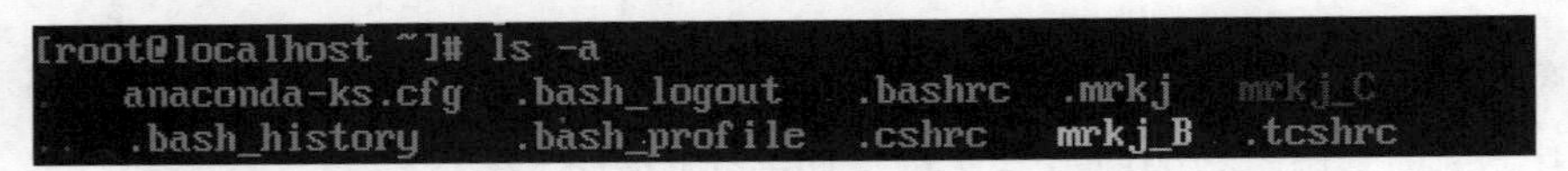

图 4.7　列出所有文件

4.3　创建文件和修改文件——touch

touch 命令用于修改文件或目录的时间属性，包括存取时间和更改时间。若文件不存在，系统会创建一个新的文件。

命令语法如下：

```
touch [选项] [文件名或者目录名]
```

在该语法中，选项参数的取值有 7 种，如表 4.2 所示。

表 4.2　touch 命令选项参数的取值说明

选 项 值	说　　明
-a	改变文件的读取时间记录
-c	假如目的文件不存在，不会创建新的文件
-d	设定时间与日期，可以使用各种不同的格式

续表

选 项 值	说　明
-f	不使用，为了与其他 UNIX 系统的相容性而保留
-m	改变文件的修改时间记录
-r	使用参考文件的时间记录，与--file 的效果一样
-t	设定文件的时间记录，格式与 date 指令相同

【例 4.7】创建两个不存在的文件。

这里使用两种方法创建多个文件，一种是一次创建一个文件，另一种是一次创建多个文件，命令实操如图 4.8 和图 4.9 所示。

```
[root@localhost ~]# touch mrkj_1
[root@localhost ~]# touch mrkj_2
[root@localhost ~]# ll
total 4
-rw-------. 1 root root 1270 Nov 15 10:07 anaconda-ks.cfg
-rw-r--r--. 1 root root    0 Nov 22 11:07 mrkj_1
-rw-r--r--. 1 root root    0 Nov 22 11:07 mrkj_2
```

图 4.8　一次创建一个文件

```
[root@localhost ~]# touch mrkj_3 mrkj_4
[root@localhost ~]# ll
total 4
-rw-------. 1 root root 1270 Nov 15 10:07 anaconda-ks.cfg
-rw-r--r--. 1 root root    0 Nov 22 11:07 mrkj_1
-rw-r--r--. 1 root root    0 Nov 22 11:07 mrkj_2
-rw-r--r--. 1 root root    0 Nov 22 11:09 mrkj_3
-rw-r--r--. 1 root root    0 Nov 22 11:09 mrkj_4
```

图 4.9　一次创建多个文件

【例 4.8】设置两个文件的时间戳相同。

对比 mrkj_1 与 mrkj_2 两个文件的时间戳是否不同，由于 mrkj_3 是后创建的，所以 mrkj_3 的时间大于 mrkj_1，这里我们把 mrkj_3 的时间戳设置为 mrkj_1 的时间戳，用到的参数是“-r”，命令实操如图 4.10 所示。

```
[root@localhost ~]# ll
total 4
-rw-------. 1 root root 1270 Nov 15 10:07 anaconda-ks.cfg
-rw-r--r--. 1 root root    0 Nov 22 11:07 mrkj_1
-rw-r--r--. 1 root root    0 Nov 22 11:07 mrkj_2
-rw-r--r--. 1 root root    0 Nov 22 11:09 mrkj_3
-rw-r--r--. 1 root root    0 Nov 22 11:09 mrkj_4
[root@localhost ~]# touch -r mrkj_1 mrkj_3
[root@localhost ~]# ll
total 4
-rw-------. 1 root root 1270 Nov 15 10:07 anaconda-ks.cfg
-rw-r--r--. 1 root root    0 Nov 22 11:07 mrkj_1
-rw-r--r--. 1 root root    0 Nov 22 11:07 mrkj_2
-rw-r--r--. 1 root root    0 Nov 22 11:07 mrkj_3
-rw-r--r--. 1 root root    0 Nov 22 11:09 mrkj_4
```

图 4.10　设置两个文件的时间戳相同

【例 4.9】设置文件指定的时间戳。

把一个指定的时间戳设置给 mrkj_1 文件，时间戳的值是由一串数字组成的，这串数字必须是可以生成时间格式的数字，否则会报错，这里用到的参数是“-t”，命令实操如图 4.11 所示。

```
[root@localhost ~]# touch -t 202212142334.50 mrkj_1
[root@localhost ~]# ll
total 4
-rw-------. 1 root root 1270 Nov 15 10:07 anaconda-ks.cfg
-rw-r--r--. 1 root root    0 Dec 14  2022 mrkj_1
-rw-r--r--. 1 root root    0 Nov 22 11:07 mrkj_2
-rw-r--r--. 1 root root    0 Nov 22 11:07 mrkj_3
-rw-r--r--. 1 root root    0 Nov 22 11:09 mrkj_4
```

图 4.11　设置文件指定的时间戳

4.4　文件标准输出——cat

cat 命令允许我们创建单个或多个文件，查看文件的内容，连接文件，并在终端或文件中重定向输出文件内容。cat 命令可以将文件内容显示到屏幕上，并将标准输入连接到标准输出。

命令语法如下：

```
cat [选项] [文件]
```

在该语法中，选项常用参数的取值有 9 种，如表 4.3 所示。

表 4.3　cat 命令选项参数的取值说明

选　项　值	说　　明
-s	连续两行以上的空白行，替换为一行的空白行
-T	将跳格字符显示为^I
-u	被忽略
-n	由 1 开始对所有输出的行编号
-E	在每行结束处显示$
-e	等价于-vE
-b	对非空输出行编号
-A	等价于-vET
-t	等价于-vT

【例 4.10】把文件 mrkj_1 内容加上行号写入 mrkj_2 中。

mrkj_1 的文件数据需要读者提前准备好，先确认当前目录中存在 mrkj_1 文件，并且文件中有内容，然后通过 cat 命令查看内容，方便对比写入另一个文件 mrkj_2 的效果，命令实操如图 4.12 所示。

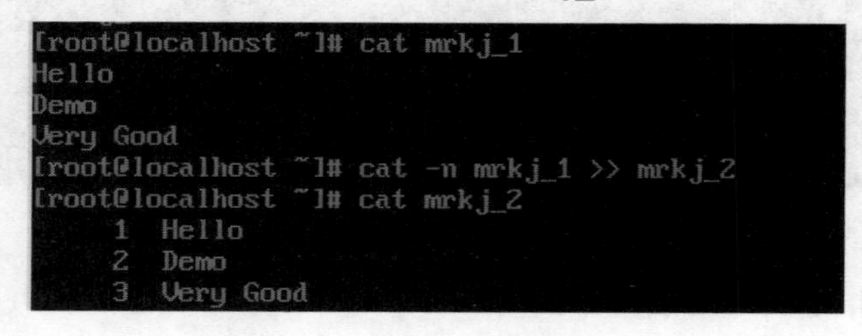

图 4.12　插入行号写入文件

【例 4.11】同时显示多个文件的内容。

同时显示 mrkj_1 与 mrkj_2 的文件内容，文件名之间用空格分隔，命令实操如图 4.13 所示。

```
[root@localhost ~]# cat mrkj_1 mrkj_2
Hello
Demo
Very Good
     1  Hello
     2  Demo
     3  Very Good
```

图 4.13　同时显示多个文件的内容

【例 4.12】清空文件的内容。

在 root 用户主目录下清空 mrkj_1 文件的内容，命令实操如图 4.14 所示。

```
[root@localhost ~]# cat mrkj_1
Hello
Demo
Very Good
[root@localhost ~]# cat /dev/null > /root/mrkj_1
[root@localhost ~]# cat mrkj_1
[root@localhost ~]#
```

图 4.14　清空文件内容

4.5　文件链接——ln

ln 是 link 的缩写，在 Linux 中，ln 命令的功能是为某一个文件在另外一个位置建立一个同步的链接，当我们需要在不同的目录用到相同的文件时，不需要在每一个需要的目录下都放一个相同的文件，我们只要在某个固定的目录存放该文件，在其他目录下用 ln 命令链接该文件就可以，不必重复地占用磁盘空间。Linux 文件系统中所谓的链接（link），我们可以将其视为文件的别名，而链接又可分为两种：硬链接（hard link）与软链接（symbolic link）。硬链接的意思是一个文件可以有多个名称，硬链接主要具有以下几个特点：以文件副本的形式存在，但不占用实际空间；不允许给目录创建硬链接；硬链接只有在同一个文件系统中才能创建。而软链接的方式则是产生一个特殊的文件，该文件的内容指向另一个文件的位置。软链接主要具有以下几个特点：以路径的形式存在，类似 Windows 操作系统中的快捷方式；软链接可以跨文件系统；软链接可以对一个不存在的文件名进行链接；软链接可以对目录进行链接。硬链接是存在同一个文件系统中的，而软链接却可以跨越不同的文件系统。

命令语法如下：

```
ln [选项] [源文件或目录] [目标文件或目录]
```

在该语法中，常用参数的取值有 6 种，如表 4.4 所示。

表 4.4　ln 命令选项参数的取值说明

选 项 值	说　明
-b	如果目标目录中已经有同名的文件，那么在覆盖文件之前先进行备份
-f	如果目标目录中已经有同名的文件，无须提示，直接覆盖文件

续表

选 项 值	说　　明
-i	人机交互，如果目标目录中已经有同名的文件，则提示是否进行覆盖
-n	把软链接视为一般目录
-s	创建软链接
-v	详细显示操作进行的步骤（v 为 verbose 的意思）

【例 4.13】给文件创建硬链接。

给文件 mrkj 创建一个硬链接 mrkj_hard，命令实操如图 4.15 所示。

```
[root@localhost ~]# ln mrkj mrkj_hard
[root@localhost ~]# ll
total 4
-rw-------. 1 root root 1270 Nov 15 10:07 anaconda-ks.cfg
-rw-r--r--. 2 root root    0 Nov 22 10:11 mrkj
-rw-r--r--. 2 root root    0 Nov 22 10:11 mrkj_hard
```

图 4.15　创建硬链接

【例 4.14】给文件创建软链接。

通过删除源文件，对比软硬链接的区别，命令实操如图 4.16 和图 4.17 所示。

```
[root@localhost ~]# ln -s mrkj mrkj_soft
[root@localhost ~]# ll
total 4
-rw-------. 1 root root 1270 Nov 15 10:07 anaconda-ks.cfg
-rw-r--r--. 2 root root    0 Nov 22 10:11 mrkj
-rw-r--r--. 2 root root    0 Nov 22 10:11 mrkj_hard
lrwxrwxrwx. 1 root root    4 Nov 22 10:21 mrkj_soft -> mrkj
```

图 4.16　创建软链接

```
[root@localhost ~]# ll
total 4
-rw-------. 1 root root 1270 Nov 15 10:07 anaconda-ks.cfg
-rw-r--r--. 1 root root    0 Nov 22 10:11 mrkj_hard
lrwxrwxrwx. 1 root root    4 Nov 22 10:21 mrkj_soft -> mrkj
```

图 4.17　软硬链接对比

【例 4.15】给目录创建软链接。

给文件创建软链接与给目录创建软链接在语法上没有区别，这里给出一个不存在的目录名进行链接，实现同级目录的软链接。先在当前目录新建一个目录 mrkj_C，然后链接到符号目录 mrkj_B，mrkj_B 不需要手动创建，命令实操如图 4.18 所示。

```
[root@localhost ~]# mkdir mrkj_C
[root@localhost ~]# ll
total 4
-rw-------. 1 root root 1270 Nov 15 10:07 anaconda-ks.cfg
drwxr-xr-x. 2 root root    6 Nov 23 10:34 mrkj_C
[root@localhost ~]# ln -s /root/mrkj_C /root/mrkj_B
[root@localhost ~]# ll
total 4
-rw-------. 1 root root 1270 Nov 15 10:07 anaconda-ks.cfg
lrwxrwxrwx. 1 root root   12 Nov 23 10:35 mrkj_B -> /root/mrkj_C
drwxr-xr-x. 2 root root    6 Nov 23 10:34 mrkj_C
```

图 4.18　给目录创建软链接

4.6　显示当前路径——pwd

由于 Linux 文件系统中有许多目录，当用户执行一条 Linux 命令又没有指定该命令或参数所在的目录时，Linux 系统就会首先在当前目录搜寻这个命令或它的参数。因此，用户在执行命令之前，常常需要确定目前所在的工作目录，即当前目录。当用户登录 Linux 系统之后，其当前目录就是它的主目录。那么，如何确定当前目录呢？可以使用 Linux 系统的 pwd 命令来显示当前目录的绝对路径。

命令语法如下：

```
pwd  [选项]
```

在该语法中，选项参数的取值有两种，如表 4.5 所示。

表 4.5　pwd 命令选项参数的取值说明

选 项 值	说　明
-L	打印逻辑上的工作目录
-P	打印物理上的工作目录

那么什么是逻辑工作目录和物理工作目录呢？这其实也很简单，你只要知道 Linux 的符号链接，也就是软链接的概念。简单地说，符号链接等同于 Windows 操作系统的快捷方式。假设有两个目录 B 和 C，B 符号链接到 C 且 C 是常规目录（B 符号相当于 Windows 的快捷方式）。那么当对目录 B 进行操作时，实际是对目录 C 进行操作。例如，我在 B 中创建一个新文件，实际上是在 C 目录中创建了这个文件。当我处于目录 B 中时，那么 B 就是逻辑工作目录，而 C 就是物理工作目录。现在假设又有另一个目录 A，它也是一个符号链接且链接到 B。那么当处于 A 中时，逻辑工作目录就是 A，而物理工作目录还是 C。注意，此时物理工作目录是 C 而不是 B，因为 B 也是一个符号链接。即当对 A 进行操作时，实际是对 B 进行操作；而对 B 的操作，实际又是对 C 的操作。

【例 4.16】默认用法。

直接使用 pwd 命令的结果如图 4.19 所示，它以绝对路径的方式显示当前目录的完整路径，从图 4.19 中可以看到我当前的工作目录为“/root”。

【例 4.17】带参数用法。

通过 cd 命令进入/root/mrkj_B 目录，如果你没有这个目录，可以创建一个，在这个目录下输入“pwd –L”命令与“pwd –P”命令，对比这两个目录是不同的，/root/mrkj_B 是逻辑目录，/root/mrkj_C 是物理目录。命令实操如图 4.20 所示。

```
[root@localhost ~]# pwd
/root
```

图 4.19　pwd 默认用法执行结果

```
[root@localhost ~]# cd mrkj_B
[root@localhost mrkj_B]# pwd -L
/root/mrkj_B
[root@localhost mrkj_B]# pwd -P
/root/mrkj_C
```

图 4.20　pwd 带参数执行结果

4.7　新建一个目录——mkdir

通过 mkdir 命令可以实现在指定位置创建目录。要创建目录的用户必须对所创建的目录的父目录具有写权限，并且所创建的目录不能与其父目录中的文件名重名，即同一个目录下不能有同名的目录（区分大小写）。

命令语法如下：

```
mkdir  [选项] 目录
```

在该语法中，选项参数的取值有 4 种，如表 4.6 所示。

表 4.6　mkdir 命令选项参数的取值说明

选 项 值	说　明
-m	设置目录权限
-p	确保目录名称存在，不存在就创建一个
-v	打印创建目录的信息
-Z	将每个创建目录的 SELinux 安全上下文设置为默认类型

【例 4.18】创建一个空目录。

在 root 用户主目录下，创建一个 mrkj_A 目录，命令实操如图 4.21 所示。

```
[root@localhost ~]# mkdir mrkj_A
[root@localhost ~]# ll
total 8
-rw-------. 1 root root 1270 Nov 15 10:07 anaconda-ks.cfg
-rw-r--r--. 1 root root    0 Nov 23 17:01 mrkj_1
-rw-r--r--. 1 root root   42 Nov 23 16:28 mrkj_2
drwxr-xr-x. 2 root root    6 Nov 24 10:41 mrkj_A
```

图 4.21　创建空目录

【例 4.19】一次创建多级目录。

在 root 用户主目录下创建一组多级目录，目录名称与层级关系如图 4.22 所示。

```
[root@localhost ~]# mkdir -p mrkj_B/mrkj_BB/mrkj_BBB
[root@localhost ~]# cd mrkj_B/mrkj_BB/mrkj_BBB
[root@localhost mrkj_BBB]# pwd -L
/root/mrkj_B/mrkj_BB/mrkj_BBB
```

图 4.22　一次创建多级目录

【例 4.20】创建权限为 777 的目录。

在 root 用户主目录下创建一个具有 777 权限（777 为可读、可写、可执行的意思，关于权限在后续章节将有详细介绍）的目录 mrkj_C，命令实操如图 4.23 所示。

```
[root@localhost ~]# mkdir -m 777 mrkj_C
[root@localhost ~]# ll
total 8
-rw-------. 1 root root 1270 Nov 15 10:07 anaconda-ks.cfg
-rw-r--r--. 1 root root    0 Nov 23 17:01 mrkj_1
-rw-r--r--. 1 root root   42 Nov 23 16:28 mrkj_2
drwxr-xr-x. 2 root root    6 Nov 24 10:41 mrkj_A
drwxr-xr-x. 3 root root   21 Nov 24 10:43 mrkj_B
drwxrwxrwx. 2 root root    6 Nov 24 10:49 mrkj_C
```

图 4.23　创建带权限目录

4.8　删除一个空的目录——rmdir

rmdir 命令的功能是删除空目录，一个目录被删除之前必须是空的。删除某目录时也必须具有对其父目录的写权限。

命令语法如下：

```
rmdir  [选项] 目录
```

在该语法中，选项参数的取值有两种，如表 4.7 所示。

表 4.7　rmdir 命令选项参数的取值说明

选　项　值	说　　明
-P	递归删除，如果父目录为空的话就删除
-v	删除目录时，显示删除信息

【例 4.21】删除一个空目录。

删除 root 用户主目录下的 mrkj_A 文件夹，在删除之前要确认 mrkj_A 文件夹下没有任何文件，命令实操如图 4.24 所示。

```
[root@localhost ~]# ll
total 12
-rw-------. 1 root root 1270 Nov 15 10:07 anaconda-ks.cfg
-rw-r--r--. 1 root root   42 Nov 23 16:28 mrkj_2
-rw-r--r--. 1 root root   42 Nov 24 13:49 mrkj_3
-rw-r--r--. 1 root root    0 Nov 23 17:01 mrkj_4
drwxr-xr-x. 2 root root    6 Nov 24 10:41 mrkj_A
drwxr-xr-x. 3 root root   21 Nov 24 10:43 mrkj_B
drwxrwxrwx. 3 root root   62 Nov 24 14:08 mrkj_C
drwxr-xr-x. 3 root root   62 Nov 24 14:12 mrkj_D
drwxr-xr-x. 2 root root    6 Nov 24 16:24 mrkj_E
[root@localhost ~]# rmdir mrkj_A
[root@localhost ~]# ll
total 12
-rw-------. 1 root root 1270 Nov 15 10:07 anaconda-ks.cfg
-rw-r--r--. 1 root root   42 Nov 23 16:28 mrkj_2
-rw-r--r--. 1 root root   42 Nov 24 13:49 mrkj_3
-rw-r--r--. 1 root root    0 Nov 23 17:01 mrkj_4
drwxr-xr-x. 3 root root   21 Nov 24 10:43 mrkj_B
drwxrwxrwx. 3 root root   62 Nov 24 14:08 mrkj_C
drwxr-xr-x. 3 root root   62 Nov 24 14:12 mrkj_D
drwxr-xr-x. 2 root root    6 Nov 24 16:24 mrkj_E
[root@localhost ~]#
```

图 4.24　删除一个空目录

【例 4.22】删除一组父子关系的目录。

删除 root 用户主目录下的 mrkj_B 文件夹，请确认你的 mrkj_B 文件夹下有子目录，但不要有文件，目录结构关系如图 4.25 所示。这个实例主要是通过参数“-p”来实现递归删除，命令实操如图 4.26 所示。

```
[root@localhost mrkj_BBB]# pwd
/root/mrkj_B/mrkj_BB/mrkj_BBB
```

图 4.25　mrkj_B 子目录

```
[root@localhost ~]# rmdir -p mrkj_B/mrkj_BB/mrkj_BBB
[root@localhost ~]# ll
total 12
-rw-------. 1 root root 1270 Nov 15 10:07 anaconda-ks.cfg
-rw-r--r--. 1 root root   42 Nov 23 16:28 mrkj_2
-rw-r--r--. 1 root root   42 Nov 24 13:49 mrkj_3
-rw-r--r--. 1 root root    0 Nov 23 17:01 mrkj_4
drwxrwxrwx. 3 root root   62 Nov 24 14:08 mrkj_C
drwxr-xr-x. 3 root root   62 Nov 24 14:12 mrkj_D
drwxr-xr-x. 2 root root    6 Nov 24 16:24 mrkj_E
```

图 4.26　删除目录

4.9　删除文件或目录——rm

rm 命令是 remove 的缩写，Linux 中的 rm 命令的功能为删除一个目录中的一个或多个文件或目录，它也可以将某个目录及在其下的所有文件及子目录均删除。对于链接文件，只是删除了链接，原有文件均保持不变

命令语法如下：

```
rm  [选项] 文件或目录
```

在该语法中，选项参数的取值有 5 种，如表 4.8 所示。

表 4.8　rm 命令选项参数的取值说明

选　项　值	说　　明
-d	直接把欲删除的目录的硬链接数据删成 0，再删除该目录
-f	强制删除文件或目录，忽略不存在的文件，不提示确认
-i	删除文件或目录之前先询问用户
-r	递归删除，将指定目录下的所有文件及子目录一并删除
-v	显示指令执行过程

【例 4.23】删除一个文件，提示是否删除。

在 root 用户主目录下，输入“rm mrkj_2”命令后，系统默认会询问是否删除，如果按“y”键就代表同意删除，如果按“n”键就代表不同意删除。命令实操如图 4.27 所示。

```
-rw-r--r--. 1 root root   42 Nov 24 13:49 mrkj_3
-rw-r--r--. 1 root root    0 Nov 23 17:01 mrkj_4
drwxrwxrwx. 3 root root   62 Nov 24 14:08 mrkj_C
drwxr-xr-x. 3 root root   62 Nov 24 14:12 mrkj_D
drwxr-xr-x. 2 root root    6 Nov 24 16:24 mrkj_E
[root@localhost ~]# rm mrkj_2
rm: remove regular file 'mrkj_2'? _
```

图 4.27　删除文件

【例 4.24】删除一个文件，隐藏提示信息。

在 root 用户主目录下，输入“rm mrkj_2”命令后携带参数“-f”，系统就不再询问用户是否删除，直接删除文件，此操作有危险，需要提前确认文件是否为必删文件，命令实操如图 4.28 所示。

```
[root@localhost ~]# rm -f mrkj_2
[root@localhost ~]# ll
total 8
-rw-------. 1 root root 1270 Nov 15 10:07 anaconda-ks.cfg
-rw-r--r--. 1 root root   42 Nov 24 13:49 mrkj_3
-rw-r--r--. 1 root root    0 Nov 23 17:01 mrkj_4
drwxrwxrwx. 3 root root   62 Nov 24 14:08 mrkj_C
drwxr-xr-x. 3 root root   62 Nov 24 14:12 mrkj_D
drwxr-xr-x. 2 root root    6 Nov 24 16:24 mrkj_E
```

图 4.28　删除文件

【例 4.25】删除子目录及子目录下所有文件，隐藏提示信息。

在 root 用户主目录下，删除 mrkj_C 目录下所有文件及目录，即要删除子目录又要隐藏提示信息，所以这里使用的参数是一个组合参数，命令实操如图 4.29 所示。

```
[root@localhost ~]# ll
total 8
-rw-------. 1 root root 1270 Nov 15 10:07 anaconda-ks.cfg
-rw-r--r--. 1 root root   42 Nov 24 13:49 mrkj_3
-rw-r--r--. 1 root root    0 Nov 23 17:01 mrkj_4
drwxrwxrwx. 3 root root   62 Nov 24 14:08 mrkj_C
drwxr-xr-x. 3 root root   62 Nov 24 14:12 mrkj_D
drwxr-xr-x. 2 root root    6 Nov 24 16:24 mrkj_E
[root@localhost ~]# rm -rf mrkj_C_
```

图 4.29　递归删除，隐藏提示

4.10　在指定目录下查找文件——find

find 命令被用来在指定目录下查找文件。任何位于参数之前的字符串都将被视为欲查找的目录名。如果使用该命令时，不设置任何参数，则 find 命令将在当前目录下查找子目录与文件，并且将查找到的子目录和文件全部进行显示。

命令语法如下：

```
find  [路径] 选项 [操作]
```

在该语法中，路径参数的取值有 3 种，如表 4.9 所示。

表 4.9 find 命令路径参数的取值说明

路 径 值	路径参数说明
~	表示$HOME 目录
.	表示当前目录
/	表示根目录

在该语法中，选项参数的取值有 9 种，如表 4.10 所示。

表 4.10 find 命令选项参数的取值说明

选 项 值	说 明
-name	按文件名查找
-perm	按安装权限查找
-prune	不在当前指定的目录下查找
-user	按文件属主来查找
-group	按文件属组来查找
-nogroup	查找无有效所属组的文件
-nouser	查找无有效属主的文件
-type	按文件类型查找
-amin	按时间查找文件

在该语法中，操作参数的取值有 3 种，如表 4.11 所示。

表 4.11 操作参数的取值说明

操 作 值	操作值说明
print	将结果输出到标准输出
exec	对匹配的文件执行该参数所给出的 shell 命令
ok	在执行命令之前会给出提示，让用户确认是否执行

【例 4.26】按文件名查找文件。

在 root 用户主目录下，查找名称为 mrkj_4 的文件，命令实操如图 4.30 所示。

```
[root@localhost ~]# find . -name mrkj_4
./mrkj_4
```

图 4.30 按文件名查找文件

【例 4.27】按类型查找文件。

在 root 用户主目录下，查找 mrkj_C 下所有目录（包含 mrkj_C 目录），这个实例会用到“-type”选项参数，这个参数的取值有 7 个，如表 4.12 所示，命令实操如图 4.31 所示。

表 4.12 find 命令 type 参数的取值说明

type 值	type 参数值说明
b	块设备文档
c	字符设备文档
d	目录

续表

type 值	type 参数值说明
p	管道文档
l	符号链接文档
f	普通文档
s	套接字

```
[root@localhost ~]# find ./mrkj_C/ -type d
./mrkj_C/
./mrkj_C/mrkj_B
./mrkj_C/mrkj_B/mrkj_BB
./mrkj_C/mrkj_B/mrkj_BB/mrkj_BBB
```

图 4.31　按类型查找文件

【例 4.28】按时间查找文件。

在 root 用户主目录下，查找最近 10 分钟被访问过的文件，这个实例主要用到的参数是“-amin”，表示访问过的文件，这个参数后面跟的是“-10”，表示的是 10 分钟，命令实操如图 4.32 所示。

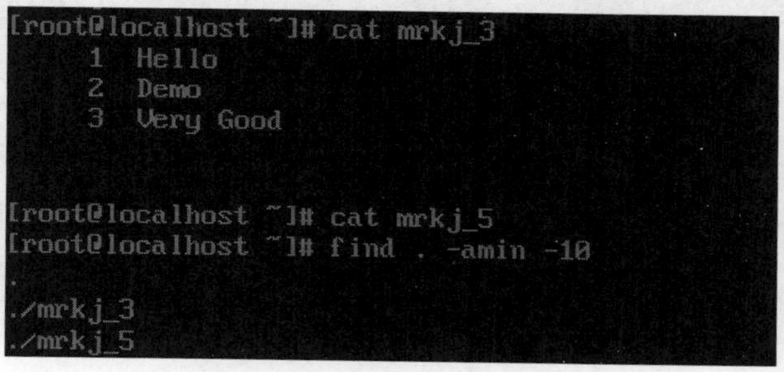

```
[root@localhost ~]# cat mrkj_3
     1  Hello
     2  Demo
     3  Very Good


[root@localhost ~]# cat mrkj_5
[root@localhost ~]# find . -amin -10
.
./mrkj_3
./mrkj_5
```

图 4.32　按时间查找文件

4.11　为文件目录移动改名——mv

Linux 使用 mv 命令实现重命名或移动文件，mv 命令是 move 的缩写，其功能与 cp 命令有很多相似之处。

命令语法如下：

```
mv  [选项] 源文件|目录 目标文件|目录
```

在该语法中，选项参数的取值有 6 种，如表 4.13 所示。

表 4.13　mv 命令选项参数的取值说明

选　项　值	说　　明
-b	当目标文件或目录存在时，在执行覆盖前，会为其创建一个备份
-i	询问是否覆盖旧文件
-f	不询问直接覆盖旧文件

续表

选 项 值	说 明
-n	不覆盖任何已存在的文件或目录
-u	当源文件比目标文件新或者目标文件不存在时，才执行移动
-v	显示文件移动过程

【例 4.29】重命名文件。

重命名 root 用户主目录下的 mrkj_1 文件为 mrkj_4，命令实操如图 4.33 所示。

```
[root@localhost ~]# ll
total 12
-rw-------. 1 root root 1270 Nov 15 10:07 anaconda-ks.cfg
-rw-r--r--. 1 root root    0 Nov 23 17:01 mrkj_1
-rw-r--r--. 1 root root   42 Nov 23 16:28 mrkj_2
-rw-r--r--. 1 root root   42 Nov 24 13:49 mrkj_3
drwxr-xr-x. 2 root root    6 Nov 24 10:41 mrkj_A
drwxr-xr-x. 3 root root   21 Nov 24 10:43 mrkj_B
drwxrwxrwx. 3 root root   62 Nov 24 14:08 mrkj_C
drwxr-xr-x. 3 root root   62 Nov 24 14:12 mrkj_D
[root@localhost ~]# mv mrkj_1 mrkj_4
[root@localhost ~]# ll
total 12
-rw-------. 1 root root 1270 Nov 15 10:07 anaconda-ks.cfg
-rw-r--r--. 1 root root   42 Nov 23 16:28 mrkj_2
-rw-r--r--. 1 root root   42 Nov 24 13:49 mrkj_3
-rw-r--r--. 1 root root    0 Nov 23 17:01 mrkj_4
drwxr-xr-x. 2 root root    6 Nov 24 10:41 mrkj_A
drwxr-xr-x. 3 root root   21 Nov 24 10:43 mrkj_B
drwxrwxrwx. 3 root root   62 Nov 24 14:08 mrkj_C
drwxr-xr-x. 3 root root   62 Nov 24 14:12 mrkj_D
```

图 4.33　重命名文件

【例 4.30】覆盖文件前提示。

重命名 root 用户主目录下的 mrkj_2 文件为 mrkj_4，当前目录中已经有 mrkj_4 文件时，提示是否覆盖此文件，命令实操如图 4.34 所示。

```
[root@localhost ~]# ll
total 12
-rw-------. 1 root root 1270 Nov 15 10:07 anaconda-ks.cfg
-rw-r--r--. 1 root root   42 Nov 23 16:28 mrkj_2
-rw-r--r--. 1 root root   42 Nov 24 13:49 mrkj_3
-rw-r--r--. 1 root root    0 Nov 23 17:01 mrkj_4
drwxr-xr-x. 2 root root    6 Nov 24 10:41 mrkj_A
drwxr-xr-x. 3 root root   21 Nov 24 10:43 mrkj_B
drwxrwxrwx. 3 root root   62 Nov 24 14:08 mrkj_C
drwxr-xr-x. 3 root root   62 Nov 24 14:12 mrkj_D
[root@localhost ~]# mv -i mrkj_2 mrkj_4
mv: overwrite 'mrkj_4'?
```

图 4.34　文件覆盖提示

【例 4.31】显示文件移动过程。

把 root 用户主目录下的所有文件及文件夹移动到 mrkj_E 文件夹（新建的文件夹）下，通过“-v”参数显示文件移动的过程信息，命令实操如图 4.35 所示。

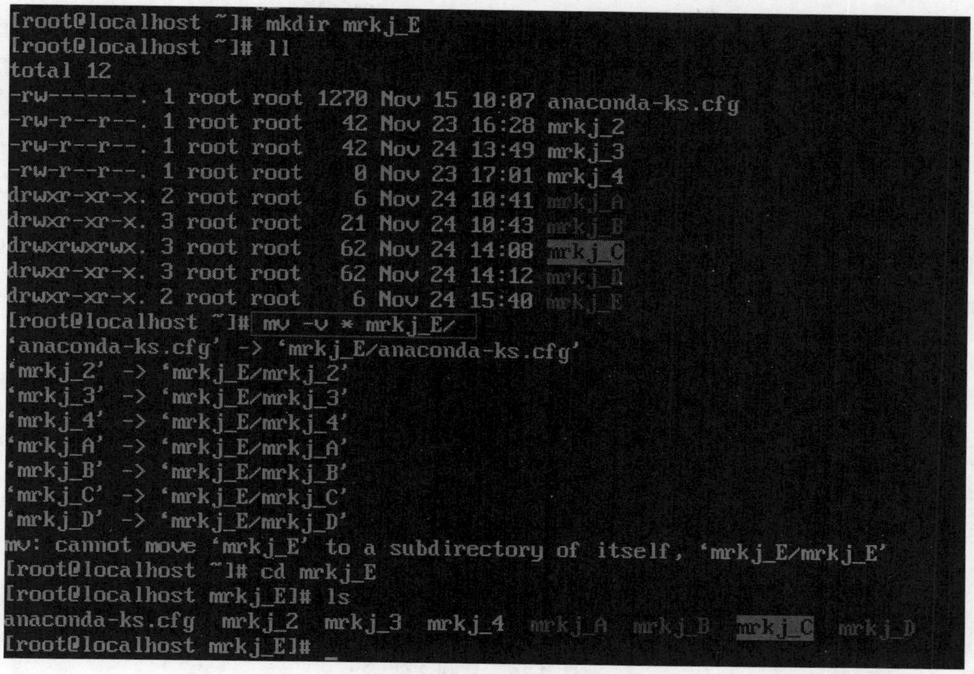

```
[root@localhost ~]# mkdir mrkj_E
[root@localhost ~]# ll
total 12
-rw-------. 1 root root 1270 Nov 15 10:07 anaconda-ks.cfg
-rw-r--r--. 1 root root   42 Nov 23 16:28 mrkj_2
-rw-r--r--. 1 root root   42 Nov 24 13:49 mrkj_3
-rw-r--r--. 1 root root    0 Nov 23 17:01 mrkj_4
drwxr-xr-x. 2 root root    6 Nov 24 10:41 mrkj_A
drwxr-xr-x. 3 root root   21 Nov 24 10:43 mrkj_B
drwxrwxrwx. 3 root root   62 Nov 24 14:08 mrkj_C
drwxr-xr-x. 3 root root   62 Nov 24 14:12 mrkj_D
drwxr-xr-x. 2 root root    6 Nov 24 15:40 mrkj_E
[root@localhost ~]# mv -v * mrkj_E/
'anaconda-ks.cfg' -> 'mrkj_E/anaconda-ks.cfg'
'mrkj_2' -> 'mrkj_E/mrkj_2'
'mrkj_3' -> 'mrkj_E/mrkj_3'
'mrkj_4' -> 'mrkj_E/mrkj_4'
'mrkj_A' -> 'mrkj_E/mrkj_A'
'mrkj_B' -> 'mrkj_E/mrkj_B'
'mrkj_C' -> 'mrkj_E/mrkj_C'
'mrkj_D' -> 'mrkj_E/mrkj_D'
mv: cannot move 'mrkj_E' to a subdirectory of itself, 'mrkj_E/mrkj_E'
[root@localhost ~]# cd mrkj_E
[root@localhost mrkj_E]# ls
anaconda-ks.cfg  mrkj_2  mrkj_3  mrkj_4  mrkj_A  mrkj_B  mrkj_C  mrkj_D
[root@localhost mrkj_E]# _
```

图 4.35　显示文件移动过程

4.12　复制文件或目录——cp

cp 命令用于复制文件或目录，如同时指定两个以上的文件或目录，且最后的目的地是一个已经存在的目录，则它会把前面指定的所有文件或目录复制到此目录中。

命令语法如下：

```
cp [选项] 源文件 | 目录 目标文件 | 目录
```

在该语法中，选项参数的取值有 9 种，如表 4.14 所示。

表 4.14　cp 命令选项参数的取值说明

选 项 值	说　明
-r	递归处理，将指定目录下的子文件和子目录一并处理
-f	强行复制文件或目录，不论目标文件或目录是否已存在
-p	保留文件属性（所有者、所属组、文件权限、文件时间等）
-a	覆盖已有文件时先询问用户
-l	对源文件建立硬连接，非复制文件
-S	在备份文件时，用后缀“SUFFIX”代替文件的默认后缀
-b	覆盖已存在的目标文件前将目标文件备份
-v	详细显示命令执行的操作
-d	复制符号连接加的选项

注意

当复制目录时，一定要加上选项“-r”，不然不能复制目录。这个参数既可以小写，也可以大写，即“-R”也是可以的。

【例 4.32】在同级目录中复制文件。

这是 cp 命令最基本的用法，本实例演示复制 root 主目录下的 mrkj_2 文件，且把复制后的文件命名为 mrkj_3，命令实操如图 4.36 所示。

```
[root@localhost ~]# ls
anaconda-ks.cfg  mrkj_1  mrkj_2  mrkj_A  mrkj_B  mrkj_C
[root@localhost ~]# cat mrkj_1
[root@localhost ~]# cat mrkj_2
     1  Hello
     2  Demo
     3  Very Good
[root@localhost ~]# cp mrkj_2 mrkj_3
[root@localhost ~]# cat mrkj_2
     1  Hello
     2  Demo
     3  Very Good
```

图 4.36　复制文件

【例 4.33】在同级目录中复制目录。

本实例演示在 root 主目录下复制 mrkj_B 目录到目标目录 mrkj_C，在复制的过程中，递归了 mrkj_B 下的所有子目录，命令实操如图 4.37 所示。

```
[root@localhost ~]# cd mrkj_C
[root@localhost mrkj_C]# ll
total 0
[root@localhost mrkj_C]# cd ..
[root@localhost ~]# cp -r mrkj_B mrkj_C
[root@localhost ~]# cd mrkj_C
[root@localhost mrkj_C]# ll
total 0
drwxr-xr-x. 3 root root 21 Nov 24 13:52 mrkj_B
[root@localhost mrkj_C]#
```

图 4.37　复制目录

【例 4.34】多次执行 cp 复制命令，如果目标文件存在，则进行无提示覆盖。

一次性复制 mrkj_1 文件、mrkj_2 文件、mrkj_3 文件、mrkj_A 文件夹到目标文件夹 mrkj_D，如图 4.38 所示。正常逻辑是只需要“-r”与“-f”组合参数就可以实现，但是命令执行后发现“-f”并没有生效。没有办法强制覆盖，原因是 cp 命令有别名，cp 相当于“cp -i”，这里实现复制功能需要在 cp 命令前面加一个“\”，命令实操如图 4.39 所示。

```
[root@localhost ~]# cp -rf mrkj_1 mrkj_2 mrkj_3 mrkj_A mrkj_D
cp: overwrite 'mrkj_D/mrkj_1'?
```

图 4.38　使用 cp -rf 命令

```
[root@localhost ~]# \cp -rf mrkj_1 mrkj_2 mrkj_3 mrkj_A mrkj_D
[root@localhost ~]#
```

图 4.39　使用\cp -rf 命令

4.13　要 点 回 顾

本章介绍了文件及目录操作的相关命令。文件是 Linux 系统的重要组成单元，熟练操作文件相关命令有助于提升运维工作效率。本章篇幅有限，未展示所有参数的实例，请读者根据实际情况进行适当的扩展学习。

第 5 章

Linux 软件安装

本章将详细介绍在 Linux 系统下 3 种常用软件的安装方式，分别是 RPM 包安装方式、yum 安装方式、源码编译安装方式。这 3 种方式的区别及优缺点是什么，将在本章为您详细介绍。

本章知识架构及重点、难点内容如下：

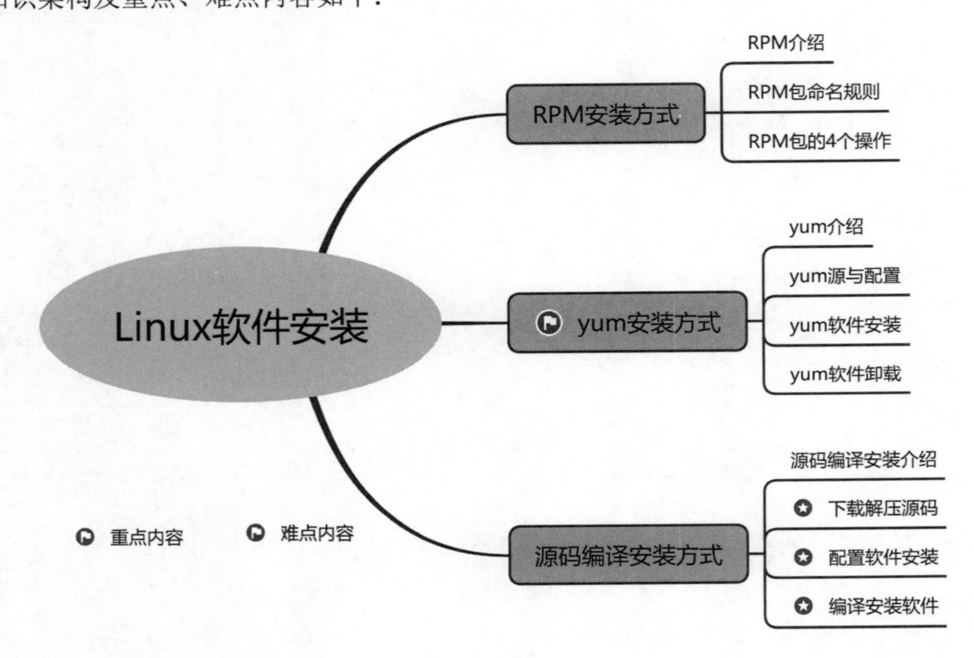

5.1　RPM 安装方式

5.1.1　RPM 介绍

RPM 是 redhat package manager 的缩写，是红帽软件包工具，具有强大的查询功能，是支持安全验证的通用型 Linux 软件包管理工具。由于这种软件管理方式非常方便，所以逐渐被其他 Linux 发行版所借用。现在已经成为 Linux 平台下通用的软件包管理方式。

RPM 包管理方式的优点包括安装简单方便、安装时不用指定安装位置、方便升级和卸载。因为软件已经编译完成且打包完毕，安装只是个验证环境和解压的过程。RPM 包管理方式的缺点是大多数 RPM 安装包需要解决依赖关系。

5.1.2　RPM 包命名规则

RPM 包的命名需遵守统一的命名规则，用户通过名称就可以直接获取这类包的版本、适用平台等信息，方便用户的使用。RPM 包的命名格式如下：

```
包名-版本号-发布次数-发行商-Linux 平台-适合的硬件平台-包扩展名
```

例如，RPM 包的名称是 mrkj-3.2.15-15.el6.centos.1.i686.rpm，其中：

☑ mrkj：是软件包名，而 mrkj-3.2.15-15.el6.centos.1.i686.rpm 是包全名。

☑ 3.2.15：是包的版本号，版本号的格式通常为“主版本号.次版本号.修正号”。

☑ 15：是二进制包发布的次数，表示此 RPM 包是第几次编译生成的。

☑ el6：指软件发行商，el6 表示此包是由 RedHat 公司发布的，适合在 RHEL 6.x（Red Hat Enterprise Unux）和 CentOS 6.x 上使用。

☑ centos：表示此包适用于 CentOS 系统。

☑ i686：表示此包使用的硬件平台，目前的 RPM 包支持的平台包括 i386、i586、i686、x86_64。

☑ rpm：包的扩展名，表明这是编译好的二进制包，可以使用 rpm 命令直接安装。此外，还有以 src.rpm 作为扩展名的 RPM 包，这表明是源代码包，需要先安装生成源码，然后对其编译并生成 rpm 格式的包，最后才能使用 rpm 命令进行安装。

注意

包名和包全名是不同的，在某些 Linux 命令中，有些命令（如包的安装和升级）使用的是包全名，而有些命令（包的查询和卸载）使用的是包名，所以这个地方要特别注意。

5.1.3　RPM 包的 4 个操作

下面以实例的形式介绍 RPM 包的 4 个操作。

1．安装软件包

安装软件包的命令语法如下：

```
rpm [选项] file1.rpm ... fileN.rpm
```

选项常用参数的取值如表 5.1 所示，RPM 包安装默认路径如表 5.2 所示。

表 5.1　rpm 命令选项参数的取值说明

选　项　值	说　明
-i	安装软件，也可使用“--install”
-h	安装时输出标记#
--test	只对安装进行测试，并不实际安装
--percent	以百分比的形式输出安装的进度
--excludedocs	不安装软件包中的文档文件

续表

选 项 值	说　　明
--includedocs	安装文档
--replacepkgs	强制重新安装已经安装的软件包
--replacefiles	替换属于其他软件包的文件
--force	忽略软件包及文件的冲突
--noscripts	不运行预安装和后安装脚本
--prefix	将软件包安装到由“--prefix”指定的路径下
--ignorearch	不校验软件包的结构
--ignoreos	不检查软件包运行的操作系统
--nodeps	不检查依赖性关系
-v	显示附加信息
-vv	显示调试信息

表 5.2　RPM 包系统默认安装路径

安 装 路 径	说　　明
/etc/	配置文件安装目录
/usr/bin/	可执行的命令文件安装目录
/usr/lib/	程序所使用的函数库保存位置
/usr/share/doc/	基本的软件使用手册保存位置
/usr/share/man/	帮助文件保存位置

【例 5.1】安装无依赖的 tree 命令。

tree 命令可以在 Linux 系统中以树的结构形式显示当前目录和文件，并且可以统计目录数与文件数。这个命令的安装无须安装依赖包即可完成安装。tree 的 RPM 包具体下载地址是 http://mirror.centos.org/centos/7/os/x86_64/Packages/tree-1.6.0-10.el7.x86_64.rpm，下载完成后通过 rpm 命令进行安装即可，具体实操如图 5.1 所示。

```
[root@localhost tree]# ls

[root@localhost tree]# rpm -ivh tree-1.6.0-10.el7.x86_64.rpm
准备中...                          ################################# [100%]
        软件包 tree-1.6.0-10.el7.x86_64 已经安装
[root@localhost tree]#
```

图 5.1　安装 tree 命令

【例 5.2】安装有依赖的 sysstat 工具包。

sysstat 工具包是 Linux 系统下一款好用的性能监控工具，可以查看 CPU 使用率、硬盘和网络吞吐数据等信息。预安装 sysstat 工具包首先要从官网进行下载，然后再进行安装。在浏览器输入官网下载地址 http://sebastien.godard.pagesperso-orange.fr/download.html，复制下载地址，在 Linux 系统中下载这个 RPM 包，如图 5.2 所示。

通过 wget 命令把 sysstat 的 RPM 包下载到/usr/local/soft 目录下，如果 soft 目录不存在，则新建一个 soft 目录，具体实操如图 5.3 所示。

File	Size	sha1sum
sysstat-12.7.1.tar.gz	1460 kiB	2ebe7851fa444597a672e928ef3ade792ac47632
sysstat-12.7.1.tar.bz2	1143 kiB	b8f3a04ff2978bce752cf19faebce5ea2d3ad6ea
sysstat-12.7.1.tar.xz	862 kiB	7e2907fdad721a822350ad573ad478ff4762f8d5
sysstat-12.7.1-1.src.rpm	1443 kiB	097252411a6951de43b599cb381e38a0f69e273f
sysstat-12.7.1-1.x86_64.rpm	460 kiB	20409329f337c40e0767cbe58833687a8ad3e57d

Look at the changelog pa... fixes for this version.
A public repository is also...

在新标签页中打开链接(T)
在新窗口中打开链接(W)
在隐身窗口中打开链接(G)
链接另存为(K)...
复制链接地址(E)
检查(N)　Ctrl+Shift+I

Sysstat stable version is...
This version is the latest s...

图 5.2　复制 sysstat 工具包下载地址

```
[root@localhost soft]# pwd
/usr/local/soft
[root@localhost soft]# ll
总用量 9980
drwxr-xr-x. 12  504 games    4096 11月 29 07:44 httpd-2.4.54
-rw-r--r--.  1 root root  9743277 6月   8 16:42 httpd-2.4.54.tar.gz
drwxr-xr-x.  3 root root       57 11月 29 07:05 sysstat
-rw-r--r--.  1 root root   470854 11月 11 01:39 sysstat-12.7.1-1.x86_64.rpm
drwxr-xr-x.  2 root root       42 11月 29 08:43 tree
```

图 5.3　把 sysstat 工具包下载到指定目录

在当前目录通过执行 rpm 命令对 sysstat 工具包进行安装，在安装的过程中系统会报缺失依赖的相关错误信息，不同的操作系统显示的缺失依赖文件可能会不同，具体实操如图 5.4 所示。

```
[root@localhost soft]# rpm -ivh sysstat-12.7.1-1.x86_64.rpm
错误：依赖检测失败：
        libc.so.6(GLIBC_2.33)(64bit) 被 sysstat-12.7.1-1.x86_64 需要
        libc.so.6(GLIBC_2.34)(64bit) 被 sysstat-12.7.1-1.x86_64 需要
        libpcp.so.3()(64bit) 被 sysstat-12.7.1-1.x86_64 需要
        libpcp.so.3(PCP_3.22)(64bit) 被 sysstat-12.7.1-1.x86_64 需要
        libpcp_import.so.1()(64bit) 被 sysstat-12.7.1-1.x86_64 需要
        libpcp_import.so.1(PCP_IMPORT_1.0)(64bit) 被 sysstat-12.7.1-1.x86_64 需要
        rpmlib(PayloadIsZstd) <= 5.4.18-1 被 sysstat-12.7.1-1.x86_64 需要
```

图 5.4　提示安装依赖

如何正确处理这些依赖文件的安装？这里的依赖文件并不是 RPM 包，无法直接安装，这些文件有可能是 RPM 包中的一个文件，只有找到这些文件对应的 RPM 包并安装，系统才能正确安装 sysstat 工具包。如何找到依赖文件对应的 RPM 包？这里提供一个查询 RPM 包的网址 http://www.rpmfind.net，在这个网站上可以查询依赖文件对应的 RPM 包，具体实操如图 5.5 和图 5.6 所示。

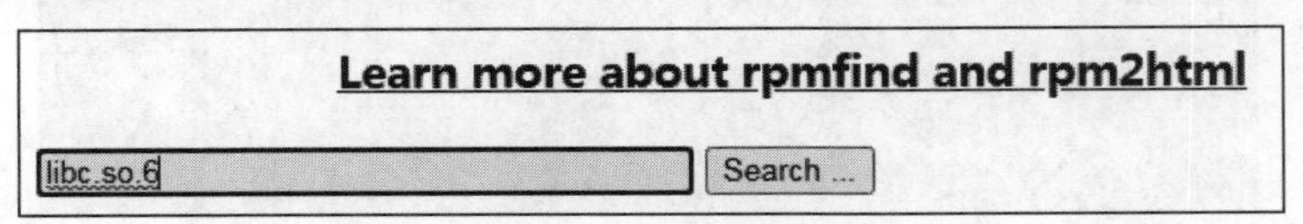

图 5.5　查询依赖文件对应的 rpm 包

glibc-2.17-317.el7.i686.html	The GNU libc libraries	CentOS 7.9.2009 for x86_64	glibc-2.17-317.el7.i686.rpm

图 5.6　依赖文件查询结果

当找到依赖文件对应的 RPM 包的时候，下一步就可以在 Linux 系统镜像文件中查找这个包名，如果你的系统没有挂载光驱系统镜像文件，请先使用 mount 命令进行挂载，然后进入系统镜像文件的 Packages 目录进行包的查找，具体实操如图 5.7 所示。

```
[root@localhost Packages]# pwd
/mnt/cdrom/Packages
[root@localhost Packages]# find -name "glibc-*"
./glibc-2.17-260.el7.x86_64.rpm
./glibc-common-2.17-260.el7.x86_64.rpm
./glibc-devel-2.17-260.el7.x86_64.rpm
./glibc-headers-2.17-260.el7.x86_64.rpm
./glibc-utils-2.17-260.el7.x86_64.rpm
```

图 5.7　查询到指定的依赖包

在当前目录通过 rpm 命令对 glibc 进行安装时，又会产生一个依赖，形成一个依赖的嵌套，所以又需要查询这个依赖的 rpm 包，再进行安装，直至所有的依赖全部安装完成才能安装主文件，这也是 RPM 包安装方式最大的缺点，所以这个 sysstat 工具包不适用于 RPM 包安装方式，将在下一节中讲述如何使用 yum 方式安装这个工具包。

2. 查询软件包

可以通过在 rpm 命令后加参数查询软件包。

【例 5.3】查询软件包是否已安装。

通过 rpm 命令的“-q”参数查询 tree 与 httpd 软件包是否已安装，具体实操如图 5.8 所示。

```
[root@localhost /]# rpm -q tree
tree-1.6.0-10.el7.x86_64
[root@localhost /]# rpm -q httpd
未安装软件包 httpd
```

图 5.8　查询软件包是否已安装

【例 5.4】查询所有已安装软件包。

通过 rpm 命令的“-qa”参数查询所有已安装软件包，具体实操如图 5.9 所示。

```
[root@localhost ~]# rpm -qa
dbus-python-1.1.1-9.el7.x86_64
python-firewall-0.5.3-5.el7.noarch
plymouth-core-libs-0.8.9-0.31.20140113.el7.centos.x86_64
plymouth-0.8.9-0.31.20140113.el7.centos.x86_64
pth-2.0.7-23.el7.x86_64
rpm-build-libs-4.11.3-35.el7.x86_64
gpgme-1.3.2-5.el7.x86_64
yum-plugin-fastestmirror-1.1.31-50.el7.noarch
linux-firmware-20180911-69.git85c5d90.el7.noarch
kbd-1.15.5-15.el7.x86_64
tuned-2.10.0-6.el7.noarch
```

图 5.9　查询所有已安装软件包

【例 5.5】 查看软件包的详细信息。

通过 rpm 命令的“-qi”参数查看软件包的详细信息，具体实操如图 5.10 所示。

```
[root@localhost /]# rpm -qi tree
Name        : tree
Version     : 1.6.0
Release     : 10.el7
Architecture: x86_64
Install Date: 2022年11月29日 星期二 08时00分51秒
Group       : Applications/File
Size        : 89505
License     : GPLv2+
Signature   : RSA/SHA256, 2014年07月04日 星期五 13时36分46秒, Key ID 24c6a8a7f4a80eb5
Source RPM  : tree-1.6.0-10.el7.src.rpm
Build Date  : 2014年06月10日 星期二 03时28分53秒
Build Host  : worker1.bsys.centos.org
Relocations : (not relocatable)
Packager    : CentOS BuildSystem <http://bugs.centos.org>
Vendor      : CentOS
URL         : http://mama.indstate.edu/users/ice/tree/
Summary     : File system tree viewer
Description :
The tree utility recursively displays the contents of directories in a
tree-like format.  Tree is basically a UNIX port of the DOS tree
utility.
```

图 5.10　查看软件包详细信息

【例 5.6】 查看软件包的文件列表。

通过 rpm 命令的“-ql”参数查看软件包的文件列表，具体实操如图 5.11 所示。

【例 5.7】 查询系统文件属于哪个 RPM 包。

通过 rpm 命令的“-qf”参数查询系统文件属于哪个 RPM 包，具体实操如图 5.12 所示。

```
[root@localhost /]# rpm -ql tree
/usr/bin/tree
/usr/share/doc/tree-1.6.0
/usr/share/doc/tree-1.6.0/LICENSE
/usr/share/doc/tree-1.6.0/README
/usr/share/man/man1/tree.1.gz
```

图 5.11　查看软件包文件列表

```
[root@localhost /]# rpm -qf /bin/ls
coreutils-8.22-23.el7.x86_64
[root@localhost /]#
```

图 5.12　查询系统文件属于哪个 RPM 包

3．卸载软件包

【例 5.8】 卸载 tree 软件包。

通过 rpm 命令的“-e”参数卸载 tree 软件包，具体实操如图 5.13 所示。

```
[root@localhost /]# rpm -q tree
tree-1.6.0-10.el7.x86_64
[root@localhost /]# rpm -e tree
[root@localhost /]# rpm -q tree
未安装软件包 tree
[root@localhost /]#
```

图 5.13　卸载 tree 软件包

4．验证软件包

验证软件包通常是指将安装文件的信息与原软件包中的信息进行比对。

【例 5.9】验证所有已安装的包。

通过 rpm 命令的“-Va”参数验证所有已安装的包，执行时间会较长，具体实操如图 5.14 所示。

```
[root@localhost /]# rpm -Va
.M.......  g /etc/pki/ca-trust/extracted/java/cacerts
.M.......  g /etc/pki/ca-trust/extracted/openssl/ca-bundle.trust.crt
.M.......  g /etc/pki/ca-trust/extracted/pem/email-ca-bundle.pem
.M.......  g /etc/pki/ca-trust/extracted/pem/objsign-ca-bundle.pem
.M.......  g /etc/pki/ca-trust/extracted/pem/tls-ca-bundle.pem
```

图 5.14　验证所有已安装的包

5.2　yum 安装方式

5.2.1　yum 介绍

yum 的全称是 yellow dog updater modified，是一个在 Fedora 和 RedHat 以及 CentOS 中的 Shell 前端软件包管理器。那么在 Linux 中为什么要引入 yum 软件包管理器呢？RPM 命令用来安装指定的 RPM 包，需要指定 RPM 包的名称，如果没有依赖其他包，这种安装比较简单，直接指定包名安装就可以了。如果要安装的包依赖其他包，就比较麻烦，需要指定依赖的包，往往安装的人不知道依赖哪些包，只能根据安装提示找到依赖的包，再次进行安装。针对 RPM 中软件包依赖的问题，引入了 yum 软件包管理器，在使用 yum 安装软件时，用户无须配置依赖，从而提高了软件安装效率。

命令语法如下：

```
yum [选项] [操作命令] [包名 ...]
```

在该语法中，选项参数的取值有两种，如表 5.3 所示，常用操作命令有 7 个，如表 5.4 所示。

表 5.3　yum 命令选项参数的取值说明

选 项 值	说　明
-y	安装过程中的提示，全部选择为 yes
-q	不显示安装的过程

表 5.4　yum 命令操作命令参数的取值说明

操 作 命 令	说　明
check-update	列出所有可更新的软件清单
update	更新软件包
install	安装
list	列出所有可安装的软件清单
remove	删除软件包
search	查找软件包
clean	清除缓存目录下的软件包

5.2.2　yum 源与配置

CentOS7 系统会默认安装 yum 工具软件包，但在使用 yum 前，我必须对 yum 进行配置。我们知道 yum 软件包主要解决了 RPM 软件包手动安装依赖包的问题，它是通过 yum 源解决的，什么叫作 yum 源？我们可以把 yum 源理解为仓库，在这个仓库中存放着 RPM 的软件包以及软件包之间的依赖关系，类似 Windows 中的软件管家，当我们在使用 yum 安装软件包时，它会自动在 yum 源中处理软件包关系并进行安装。yum 源又分为本地源与网络源，所谓本地 yum 源是指 yum 仓库在本地，一般是本地光盘系统镜像文件；所谓网络 yum 源是指 yum 仓库在远程服务器上，需要联网才能安装。下面分别对这两种源的配置做详细介绍。

1．yum 本地源配置

yum 本地源配置的步骤如下。

（1）备份源文件。进入 yum 源配置路径/etc/yum.repos.d，新建名称为 bak 的目录，把当前目录所有文件移动到 bak 目录下，具体实操如图 5.15 所示。

```
[root@localhost yum.repos.d]# cd bak
[root@localhost bak]# ls
CentOS-Base.repo  CentOS-Debuginfo.repo  CentOS-Media.repo    CentOS-Vault.repo
CentOS-CR.repo    CentOS-fasttrack.repo  CentOS-Sources.repo
```

图 5.15　备份源文件

（2）修改配置文件。进入 bak 目录，把 CentOS-Media.repo 复制到/etc/yum.repos.d 目录下，通过 vi 编辑器修改文件内容，如图 5.16 所示，修改后保存文件。

```
[c7-media]
name=CentOS-$releasever - Media
baseurl=file:///mnt/cdrom
gpgcheck=1
enabled=1
gpgkey=file:///etc/pki/rpm-gpg/RPM-GPG-KEY-CentOS-7
```

图 5.16　修改配置文件

（3）挂载光驱系统镜像。在步骤（2）中我们配置了 baseurl 参数，这个参数的值是/mnt/cdrom，就是光驱的挂载目录，我们通过 mount 命令挂载光驱到这个目录，具体实操如图 5.17 所示。

```
[root@localhost yum.repos.d]# mount /dev/cdrom /mnt
mount: /dev/sr0 is write-protected, mounting read-only
[root@localhost yum.repos.d]# lsblk
NAME            MAJ:MIN RM  SIZE RO TYPE MOUNTPOINT
sda               8:0    0   40G  0 disk
├─sda1            8:1    0    1G  0 part /boot
└─sda2            8:2    0   39G  0 part
  ├─centos-root 253:0    0   37G  0 lvm  /
  └─centos-swap 253:1    0    2G  0 lvm  [SWAP]
sr0              11:0    1  4.3G  0 rom  /mnt
```

图 5.17　挂载光驱系统镜像

（4）初始化缓存。这一步需要先清除缓存，然后再重新加缓存，如果这一步有报错，说明是在上一步配置的文件中有错误，请认真核对配置信息，具体实操如图 5.18 所示。

```
[root@localhost /]# yum clean all
Loaded plugins: fastestmirror
Cleaning repos: c7-media
Cleaning up list of fastest mirrors
Other repos take up 156 M of disk space (use --verbose for details)
[root@localhost /]# yum makecache
Loaded plugins: fastestmirror
Determining fastest mirrors
c7-media                                                  | 3.6 kB  00:00:00
(1/4): c7-media/group_gz                                  | 166 kB  00:00:00
(2/4): c7-media/filelists_db                              | 3.2 MB  00:00:00
(3/4): c7-media/primary_db                                | 3.1 MB  00:00:00
(4/4): c7-media/other_db                                  | 1.3 MB  00:00:00
Metadata Cache Created
```

图 5.18　初始化缓存

（5）查看 yum 源配置启用状态。通过“yum repolist all”命令查看本地 yum 源的配制文件中的启用状态，如果 status 的值是 enabled，则说明本地源已启用，具体实操如图 5.19 所示。

```
[root@localhost yum.repos.d]# yum repolist all
Loaded plugins: fastestmirror
Loading mirror speeds from cached hostfile
repo id                          repo name                          status
c7-media                         CentOS-7 - Media                   enabled: 4,021
```

图 5.19　查看 yum 本地源配置启用状态

2．yum 网络源配置

yum 网络源配置的步骤如下。

（1）备份源文件。进入 yum 源配置路径/etc/yum.repos.d，新建名称为 bak 的目录，把当前目录所有文件移动到 bak 目录下，具体实操如图 5.20 所示。

```
[root@localhost yum.repos.d]# ls
bak  CentOS-Media.repo
[root@localhost yum.repos.d]# cp CentOS-Media.repo ./bak/CentOS-Media.repo.local
```

图 5.20　yum 网络源配置

（2）下载配置文件。这里的 yum 源选择的是网易云的，下载地址是 http://mirrors.163.com/.help/centos.html，可以通过 wget 命令进行下载，下载时选择 CentOS7，具体实操如图 5.21 所示。

图 5.21　yum 源下载

（3）初始化缓存。这一步需要先清除缓存，然后再重新加缓存，具体实操如图 5.22 所示。

（4）检查 yum 源配置启用状态。通过“yum repolist all”命令查看 yum 网络源的配制文件启用状态，具体实操如图 5.23 所示。

```
[root@localhost yum.repos.d]# yum clean all
已加载插件：fastestmirror
正在清理软件源： AppStream BaseOS
Cleaning up list of fastest mirrors
Other repos take up 207 M of disk space (use --verbose for details)
[root@localhost yum.repos.d]# yum makecache
已加载插件：fastestmirror
Determining fastest mirrors
AppStream                                    | 4.3 kB  00:00:00
BaseOS                                       | 3.9 kB  00:00:00
(1/11): AppStream/group                      | 473 kB  00:00:04
(2/11): AppStream/primary_db                 | 2.9 MB  00:00:20
(3/11): AppStream/other_db                   | 1.2 MB  00:00:07
(4/11): AppStream/modules                    |  61 kB  00:00:00
(5/11): AppStream/group_xz                   |  80 kB  00:00:00
(6/11): AppStream/filelists_db               | 4.6 MB  00:00:35
(7/11): BaseOS/group                         | 290 kB  00:00:02
(8/11): BaseOS/filelists_db                  | 1.8 MB  00:00:10
(9/11): BaseOS/other_db                      | 398 kB  00:00:02
(10/11): BaseOS/group_xz                     |  55 kB  00:00:00
(11/11): BaseOS/primary_db                   | 2.4 MB  00:00:19
元数据缓存已建立
```

图 5.22　初始化缓存

```
[root@localhost yum.repos.d]# yum repolist all
已加载插件：fastestmirror
Loading mirror speeds from cached hostfile
源标识                  源名称                  状态
AppStream               AppStream               启用: 6,533
BaseOS                  BaseOS                  启用: 1,898
```

图 5.23　检查 yum 网络源配置启用状态

5.2.3　yum 软件安装与卸载

下面通过两个实例介绍 yum 如何安装与卸载软件。

【例 5.10】安装有依赖的 sysstat 工具包。

通过 RPM 安装 sysstat 工具包时需要用户手动配置依赖关系，我们现在通过 yum 自动配置安装依赖，具体实操如图 5.24 所示。

【例 5.11】卸载 sysstat 工具包。

yum 卸载工具包主要是通过 remove 参数来完成，具体实操如图 5.25 所示。

```
[root@localhost /]# yum -y install sysstat
已加载插件：fastestmirror
Loading mirror speeds from cached hostfile
正在解决依赖关系
--> 正在检查事务
---> 软件包 sysstat.x86_64.0.10.1.5-19.el7 将被 安装
--> 解决依赖关系完成

依赖关系解决
```

图 5.24　yum 安装工具包

```
[root@localhost /]# yum -y remove sysstat
已加载插件：fastestmirror
正在解决依赖关系
--> 正在检查事务
---> 软件包 sysstat.x86_64.0.10.1.5-19.el7 将被 删除
--> 解决依赖关系完成

依赖关系解决
```

图 5.25　yum 卸载工具包

5.3 源码编译安装方式

5.3.1 源码编译安装介绍

Linux 系统与 Windows 系统最本质的区别是 Linux 系统是一个开源的系统，所以在 Linux 系统上安装的软件大多是开源软件。开源软件的优点：用户可以根据自己的需求修改源代码；用户在安装软件时可以自由选择所需功能；软件如果是源码编译安装的，运行会更加稳定高效；软件的卸载也十分方便，只需要删除软件安装时的所在目录。当然源码编译安装也不是没有缺点，它的缺点：安装过程步骤多；源码编译的时间比较长；在执行源码编译时容易产生报错，对于新手来说很难处理。

Linux 系统源码安装软件包一般有 3 个步骤：下载解压源码、配置软件安装、编译安装软件。下面详细介绍这几个步骤的操作方法。

5.3.2 下载解压源码

Linux 系统下的开源码软件一般会在其官方网站给用户提供下载链接，如 Apache、Tomcat、PHP 等软件在其官方网站都可以下载源码包。这些源码包都被打包成一个压缩文件，Linux 系统下压缩包的格式有“.tar.gz”和“.tar.bz2”，关于压缩文件在后续的章节还有更详细的介绍。首先确保你的 Linux 系统处于联网状态，然后使用 wget 命令把文件从官网下载到 Linux 系统中。这个过程与在 Windows 系统中下载文件相似，区别是在 Linux 系统中使用的是命令的方式。

当我们下载源码包的压缩文件后，需要把这个压缩文件进行解压。用户可以通过 tar 命令来解压文件。解压完成后，我们进入软件包的根目录查看文件，所有的软件源码包按照规范都会有一个 README 文件，这个文件对于用户来说十分重要，开发者通过这个文件向用户介绍了软件完成的功能、授权许可、安装环境、注意事项、版本兼容等信息。用户想要顺利 编译安装软件，必须认真阅读此文件。

【例 5.12】下载 sysstat 安装源码包。

在浏览器输入官网下载地址 http://sebastien.godard.pagesperso-orange.fr/download.html，复制下载地址在 Linux 系统中下载这个扩展名为“.tar.gz”的压缩文件包，具体实操如图 5.26 所示。

```
[root@localhost sysstat]# pwd
/usr/local/soft/sysstat
[root@localhost sysstat]# ll
总用量 1468
drwxr-xr-x. 11 1000 1000    4096 11月  29 07:13 sysstat-12.7.1
-rw-r--r--.  1 root root 1494664 11月  11 01:39
```

图 5.26 下载 sysstat 安装源码包

5.3.3 配置软件安装

为了减少在软件安装过程中出现缺少文件的错误，或是环境不对等现象，我们需要使用 configure 去检测安装软件所需要的文件或环境。configure 一般是一个可执行的文件，用户可以在软件源码包的

根目录下输入“./configure”进行软件安装的环境测试，如果提示缺少文件或安装包，就按照提示进行安装即可。

为了使软件的卸载更为方便，我们在执行“./configure”时一定要设置安装路径，这样在卸载软件时，直接删除这个安装目录即可。

【例 5.13】执行 sysstat 的配制检测。

进行配制检测，首先我们要进入 sysstat 源码的根目录，然后在命令行下执行“./configure”，具体实操如图 5.27 所示。

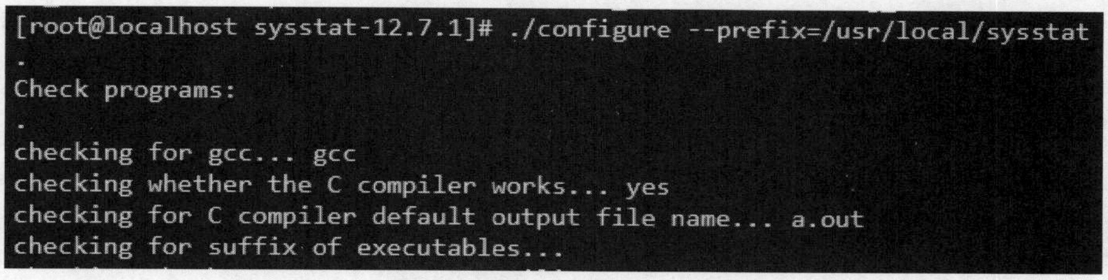

```
[root@localhost sysstat-12.7.1]# ./configure --prefix=/usr/local/sysstat
.
Check programs:
.
checking for gcc... gcc
checking whether the C compiler works... yes
checking for C compiler default output file name... a.out
checking for suffix of executables...
```

图 5.27　执行 sysstat 的配制检测

5.3.4　编译安装软件

正确配置软件后，就可以开始编译源码了，在 Linux 系统中编译源码使用的是 make 命令。make 命令具体执行哪些程序，做什么动作，都是通过一个叫 Makefile 的文件来设定的。在 Makefile 文件中描述了整个工程所有文件的编译顺序、编译规则。当我们完成了编译工作之后，就可以安装软件了，这个操作是通过“make install”命令来完成的。我们在软件包的根目录执行这个命令，系统会把软件快速地安装到指定的目录下，这样就完成了软件的编译安装工作。

【例 5.14】编译安装 sysstat 工具包。

如果配置检测程序执行正确，就可以进行编译安装了，其中编译命令是 make，安装命令是“make install”，这两个命令也可以同时执行，具体实操如图 5.28 所示。

```
[root@localhost sysstat-12.7.1]# make && make install
gcc -std=gnu11 -o sadc.o -c -g -O2 -Wall -Wstrict-prototypes -pipe
IR=\"/var/log/sa\" -DSADC_PATH=\"/usr/local/sysstat/lib/sa/sadc\"
UX_SCHED_H -DHAVE_SYS_PARAM_H -DUSE_NLS -DPACKAGE=\"sysstat\" -DLOC
ocale\" sadc.c
```

图 5.28　编译安装 sysstat 工具包

5.4　要点回顾

本章主要介绍了在 Linux 系统下软件的 3 种安装方式，即 RPM 安装方式、yum 安装方式、源码编译安装方式。RPM 能快速安装，但是需要手动解决依赖关系。yum 虽然能自动解决依赖关系，但不能定制化安装。源码编译安装虽然能定制化安装，但安装过程时间太长。这 3 种安装方式各有优缺点，适用于不同的需求场景，请读者根据需要进行选择。

第 6 章

Linux 文本编辑

本章讲解一款重要的文本编辑工具 vi，在修改配置文件时需要使用它，或编写脚本程序也会用它来帮忙，这个工具也是 Linux 中使用高频的一款工具，所以能够熟练使用 vi 进行文本内容编辑，会极大地提高我们的工作效率。

本章知识架构及重点、难点内容如下：

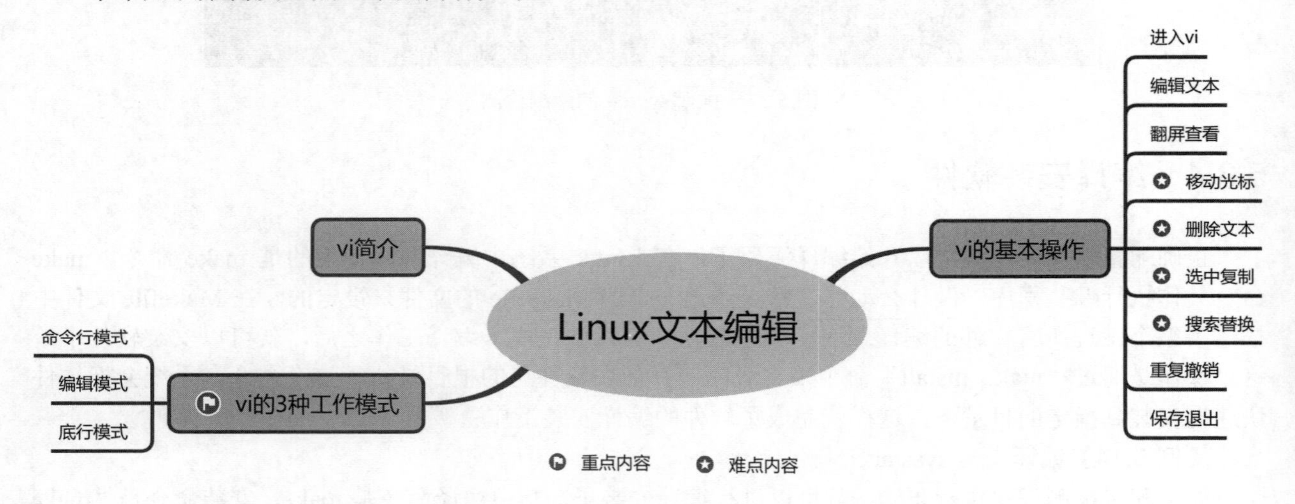

6.1 vi 简介

vi 是 visual interface 的简称，是一款由加州大学伯克利分校 Bill Joy 研究开发的文本编辑器，它可以执行输出、删除、查找、替换、块操作等众多文本操作，而且用户可以根据自己的需要对其进行定制，这是其他编辑程序所没有的。vi 文本编辑器是 Linux 系统默认的编辑器，用户无须安装即可使用。

Linux 系统可用的文本编辑器有很多，如图形模式下的 gedit、kwrite、OpenOffice，以及文本模式下的编辑器 vi、vim（vi 的增强版本）。vi 和 vim 是 Linux 中最常用的文本编辑器，虽然没有图形界面编辑器操作简单，但 vi 编辑器在系统管理、服务器管理字符界面中，不是图形界面的编辑器能比的。vi 是 Linux 操作系统中最经典的文本编辑器，只能编辑字符，不能对字体、段落进行排版，它既可以新建文件，也可以编辑文件，它没有菜单，只有命令，且命令繁多。

6.2　vi 的 3 种工作模式

vi 编辑器有 3 种工作模式，即命令行模式、编辑模式和底行模式。不同模式间可以通过相应按键操作进行切换。例如，命令模式下，在键盘上输入 i，vi 编辑器就会进入编辑模式，同时在 vi 编辑器的左下角位置将出现“--INSERT--”字样，这时可以在编辑器中进行正常的编辑操作。当编辑器处于编辑模式或底行模式时，可以通过按 Esc 键将编辑器再次切换到命令行模式。下面分别对这 3 种模式进行介绍。

6.2.1　命令行模式

在 Shell 环境下通过 vi 命令打开文件时，默认进入命令行模式。在该模式下，用户可以输入各种合法的命令，用于管理自己的文档。此时在键盘上输入的各种字符，都会被当作命令来解析，如果输入的是合法的 vi 命令，输入完成后将执行相应操作。需要注意的是，输入的命令不会在屏幕上显示，如图 6.1 所示。

图 6.1　命令行模式

6.2.2　编辑模式

在命令行模式下按 i 键即可进入编辑模式，如果在左下角能看到“--INSERT--”字样，说明已经成功进入编辑模式，用户输入的各种字符，都会被 vi 当作字符显示到屏幕上，通过保存命令可以正式将字符保存在文件中（类似我们在 Windows 的文本编辑器中输入内容），该模式样式如图 6.2 所示。

图 6.2　编辑模式

6.2.3 底行模式

底行模式又称转义模式，在命令行模式下输入“:”进入，此时 vi 的最后一行显示一个“:”作为提示符，等待用户输入命令。多数文件管理命令在此模式下执行（如把缓冲区的内容写到文件中）。底行模式执行完成自动进入命令行模式，该模式如图 6.3 所示。

图 6.3 底行模式

6.3 vi 的基本操作

6.3.1 进入 vi

在系统提示符后输入 vi 及文件名称后，就可以进入 vi 全屏幕编辑画面，不过有一点要特别注意，进入 vi 之后，编辑器默认处于命令行模式。

命令语法如下：

```
vi [选项] 文件
```

在该语法中，选项常用参数的取值有 6 种，如表 6.1 所示。

表 6.1 vi 选项参数说明

选 项 值	说 明
-r	恢复上次打开时崩溃的文件
-R	用只读的方式打开文件到编辑器中
+	打开文件并将光标设置到最后一行的首部
+n	打开文件，设置光标到第 n 行的首部
+/pattern	打开文件，并将光标置于第一个与 pattern 匹配的位置
-c command	在编辑文件之前，先执行指定的命令

【例 6.1】进入 vi 编辑器，新建 mrkj 文件。

在 root 用户主目录下输入命令 ls，查看当前目录中的文件是否有名为 mrkj 的文件，如果有同名文件，先通过 rm 命令把它删除，然后在命令提示符下输入“vi mrkj”并按 Enter 键，具体实操如图 6.4 所示。

```
[root@localhost ~]# ls
anaconda-ks.cfg  download  mrkj_3  mrkj_5  mrkj_C  mrkj_D  mrkj_E
[root@localhost ~]# vi mrkj_
```

图 6.4　进入 vi

6.3.2　编辑文本

在 6.3.1 节中我们通过 vi 命令进入 mrkj 文件中，vi 编辑器默认处于命令行模式，按 i 键切换到编辑模式，在该模式下我们可以输入文本内容。当我们按 Esc 键时，又会返回命令行模式。进入编辑模式还有一些其他常用参数，如表 6.2 所示。

表 6.2　编辑模式其他常用参数

输入字符或按键	说　明
i	在光标前输入文本
a	在光标后输入文本
o	在当前行的下一行新开一行
O	在当前行的上一行新开一行

【例 6.2】在 mrkj 文件中，编辑文本。

通过“vi mrkj”命令打开文件后，按 i 键切换到编辑模式，输入如图 6.5 所示的文本内容，在该模式下，用户可以用过上、下、左、右箭头键控制光标位置，也可以通过 Delete 键与 Backspace 键删除文本内容。

```
aaaa bbbb cccc dddd eeee ffff gggg hhhh iiii
aaaa bbbb cccc dddd cccc ffff gggg hhhh iiii
aaaa bbbb cccc dddd cccc ffff gggg hhhh iiii_
```

图 6.5　编辑文件

6.3.3　翻屏查看

当用 vi 打开一个文件时，如果文件的内容有很多页，而计算机屏幕一次只能显示一页，如果需要向后查看内容，这时就需要滚动屏幕查看，也可以叫翻屏查看。常用的翻屏操作按键如表 6.3 所示。

表 6.3　翻屏查看参数说明

输入字符或按键	说　明
Ctrl+u	相对于当前屏幕，向文件首翻半屏
Crtl+d	相对于当前屏幕，向文件尾翻半屏
Ctrl+b	相对于当前屏幕，向文件首翻一屏
Ctrl+f	相对于当前屏幕，向文件尾翻一屏
nz+Enter	将文件的第 n 行滚至屏幕顶部，如果不指定 n 值，将当前行滚至屏幕顶部

【例 6.3】在 mrkj 文件中，翻屏查看内容。

在 mrkj 文件中有 111 行的数据内容，通过如图 6.6 可看到行数，这是在最后一屏显示的数据，也叫文件尾，如果这时我们想看上一屏显示的数据，需要向文件首翻一屏，在命令行模式下，可以通过按 Ctrl+b 键实现，如果向文件尾翻一屏则是 Ctrl+f，具体实操如图 6.7 所示。

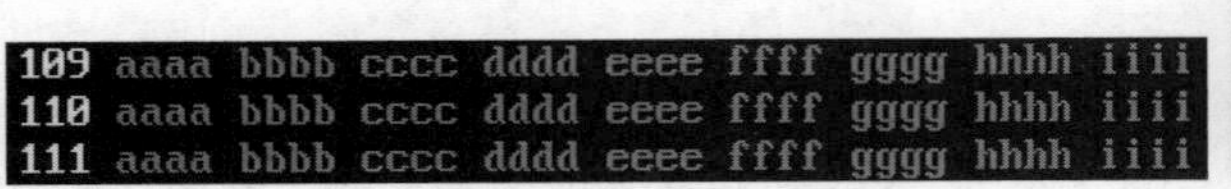

图 6.6　mrkj 文件 111 行数据

```
105 aaaa bbbb cccc dddd eeee ffff gggg hhhh iiii
106 aaaa bbbb cccc dddd eeee ffff gggg hhhh iiii
107 aaaa bbbb cccc dddd eeee ffff gggg hhhh iiii
108 aaaa bbbb cccc dddd eeee ffff gggg hhhh iiii
109 aaaa bbbb cccc dddd eeee ffff gggg hhhh iiii
110 aaaa bbbb cccc dddd eeee ffff gggg hhhh iiii
```

图 6.7　mrkj 文件向文件首翻一屏

6.3.4　移动光标

vi 可以直接用上、下、左、右箭头键来移动光标，但正规的 vi 编辑器是在命令行模式下用小写英文字母 h、j、k、l 分别控制光标左、下、上、右移一格，移动光标的技巧与方法非常多，如表 6.4 所示。

表 6.4　移动光标命令

输入字符或按键	说　明
h	光标左移一个字符
Backspace 键	光标左移一个字符
l 键	光标右移一个字符
k 或 Ctrl+p	光标上移一个字符
j 或 Ctrl +n	光标下移一个字符
Enter 键	光标下移一行
w 或 W	光标右移一个字到字首
b 或 B	光标左移一个字到字首
e 或 E	光标右移一个字到字尾
nG	光标移动到第 n 行首部
n+	光标下移 n 行
n-	光标上移 n 行
n$	相对于当前光标所在行，光标再向后移动 n 行到行尾
H	光标移至当前屏幕的顶行
M	光标移至当前屏幕的中行
L	光标移至当前屏幕的底行
0	光标移至当前行首
$	光标移至当前行尾
:$	光标移至文件最后一行的行首

【例 6.4】在 mrkj 文件中，光标在字首移动。

在打开的 mrkj 文件中，光标默认在第 1 行第 1 个字符的位置，这时我们想让光标先移动到同行字符 b 的位置，然后再将光标移动回第一个字符的位置。我们可以这样操作，在命令行模式下，光标向右移一个字到字首按 w 键；光标向左移一个字到字首按 b 键，具体实操如图 6.8 和图 6.9 所示。

```
1 aaaa bbbb cccc dddd eeee ffff gggg hhhh iiii
2 aaaa bbbb cccc dddd eeee ffff gggg hhhh iiii
3 aaaa bbbb cccc dddd eeee ffff gggg hhhh iiii
```

图 6.8 默认光标位置在第一个字首

```
1 aaaa bbbb cccc dddd eeee ffff gggg hhhh iiii
2 aaaa bbbb cccc dddd eeee ffff gggg hhhh iiii
3 aaaa bbbb cccc dddd eeee ffff gggg hhhh iiii
```

图 6.9 光标跳转到第二个字首

6.3.5 删除文本

vi 编辑器可以在编辑模式和命令行模式下删除文本。传统的文本删除是在编辑模式下使用 Backspace 键或 Delete 键。在命令行模式下，vi 提供了许多删除命令，常用的如表 6.5 所示。

表 6.5 删除文本

输入字符或按键	说 明
x	删除光标所在位置的字符
X	删除光标前面的字符
dd	删除光标所在位置的整行
D 或 d$	删除从光标所在位置开始到行尾的内容
d0	删除从光标前一个字符开始到行首的内容
dw	删除一个单词
d(	删除光标到上一句开始的所有字符
d)	删除光标到下一句开始的所有字符
d{	删除光标到上一段开始的所有字符
d}	删除光标到下一段开始的所有字符
d<CR>	删除包括当前行在内的两行字符

【例 6.5】在 mrkj 文件中，删除一个字符、删除一个字、删除整行。

在文件 mrkj 中，删除第一行第一个字符“a”，删除第三行第二个字“bbbb”，删除第五行，这 3 个操作分别是按 x 键、dw 键、dd 键。在操作之前你需要把光标移动到正确的位置，具体实操如图 6.10 和图 6.11 所示。

```
1 aaaa bbbb cccc dddd eeee ffff gggg hhhh iiii
2 aaaa bbbb cccc dddd eeee ffff gggg hhhh iiii
3 aaaa bbbb cccc dddd eeee ffff gggg hhhh iiii
4 aaaa bbbb cccc dddd eeee ffff gggg hhhh iiii
5 vvvv bbbb cccc dddd eeee ffff gggg hhhh iiii
6 xxxx bbbb cccc dddd eeee ffff gggg hhhh iiii
```

图 6.10 删除前状态

图 6.11 删除后状态

6.3.6 选中复制

在 vi 操作中，复制是一个重要的操作，可以提升文本操作的效率。复制操作可以分为单行复制、多行复制、指定位置的复制。在命令行模式下，复制操作常用命令如表 6.6 所示。

表 6.6　选中复制

输入字符或按键	说　明
v	可视模式，从光标位置按照正常模式选择文本
V	可视行模式，选中光标经过的完整行
Ctrl+V	可视块模式，垂直方向选中文本
yy	复制光标所在的整行
Y 或 y$	复制从光标所在位置开始到行尾的内容
y0	复制从光标前一个字符开始到行首的内容
y(	复制光标到上一句的开始
y)	复制光标到下一句的开始
y{	复制光标到上一段的开始
y}	复制光标到下一段的开始
y<CR>	复制包括当前行在内的两行内容
yw	复制一个单词
p	粘贴当前缓冲区中的内容

【例 6.6】在 mrkj 文件中，选中文本，复制粘贴。

在命令行模式下，选中第二行文本的前三个字“aaaa bbbb cccc”，如图 6.12 所示，复制粘贴到第一行行尾，如图 6.13 所示，通过按 v 键进入选择模式，移动光标可选中文本，按 y 键进行复制，将光标移动到第一行行尾，按 p 键可粘贴选中内容。

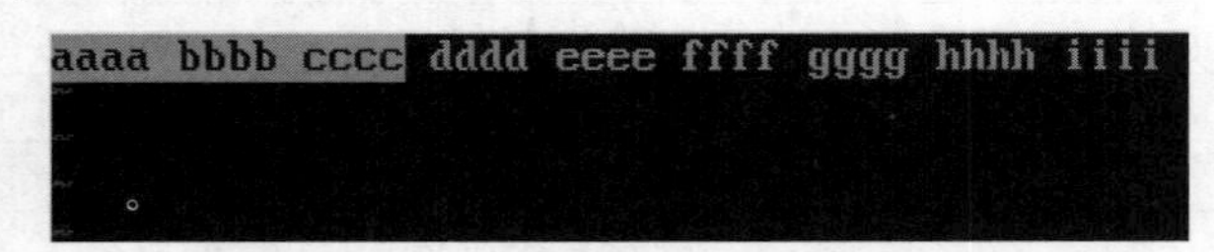

图 6.12　选中文本复制

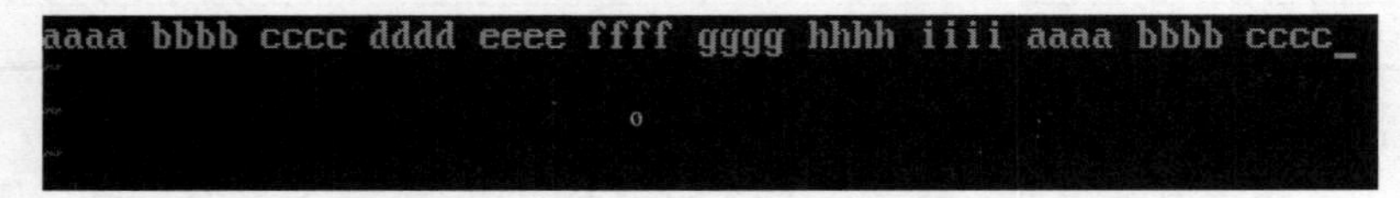

图 6.13　粘贴选中内容

6.3.7　搜索替换

使用 vi 编辑器编辑长文件时，常常找不到需要更改的内容，会使用搜索替换命令这时显得非常重要。在命令行模式下搜索替换常用命令如表 6.7 所示。

表 6.7　搜索替换

输入字符或按键	说　明
/str	查找字符串 str
?str	向后查找字符串 str
n:	查找下一个
N:	查找上一个

续表

输入字符或按键	说　明
*	向后查找当前光标所在位置单词
#	向前查找当前光标所在位置单词
:s/a1/a2/g	将光标所在行的 a1 用 a2 替换
:n1,n2s/a1/a2/g	将文件 n1 行至 n2 行中所有 a1 用 a2 替换
:%s/a1/a2/g	将文件 a1 用 a2 替换
:set nu	给文件加上行号

【例 6.7】在 mrkj 文件中，搜索字符串。

通过 vi 打开 mrkj 文件，在文件中查找字符串“kkkk”，从当前的命令行模式切换到底行模式，先输入“/kkkk”字符串，然后按 Enter 键，光标即可定位到“kkkk”所在的行，命令实操如图 6.14 所示。

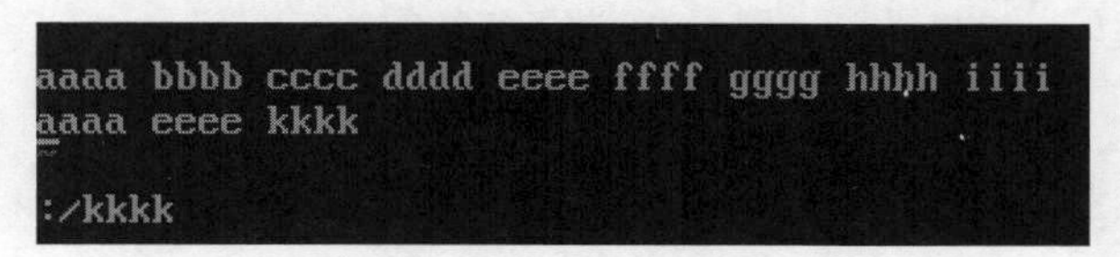

图 6.14　搜索字符串 kkkk

【例 6.8】在 mrkj 文件中，替换字符串。

通过 vi 打开 mrkj 文件，在文件中查字符串“aaaa”，并替换为“tttt”，从当前的命令行模式切换到底行模式，先输入“/%s/aaaa/tttt/g”字符串，然后按 Enter 键，即可完成字符串替换，命令实操如图 6.15 和图 6.16 所示。

图 6.15　字符串替换前

图 6.16　字符串替换后

6.3.8　重复撤销

在使用 vi 编辑文本时，我们经常会有这样的需求，对文件内容做了修改之后，却发现整个修改过程是错误或者没有必要的，想将文件恢复到修改之前的样子。将文件内容恢复之后，经过仔细考虑，又感觉还是刚才修改过的内容更好，想撤销之前做的恢复操作。有时还需要重复执行上次操作，这类常用命令如表 6.8 所示。

表 6.8　重复撤销

输入字符或按键	说　明
.	重复执行上次操作
u	撤销上次命令
ctrl+r	恢复撤销的命令
>>	向右增加缩进
<<	向左减少缩进

【例 6.9】在 mrkj 文件中，重复撤销操作。

在 mrkj 文件中，删除第一行第一个字符，先重复执行这个操作一次，然后再撤销这个操作，恢复已经删除的字符。在命令行模式下，将光标移动到第一行第一个字符上，先按 x 键删除，按“.”键再执行一次，然后再按 x 键恢复被删除的字符，具体实操如图 6.17～图 6.19 所示。

图 6.17　文件 mrkj 默认状态

```
aa bbbb cccc dddd eeee ffff gggg hhhh
```

图 6.18　执行删除与重复命令

```
aaa bbbb cccc dddd eeee ffff gggg hhhh
```

图 6.19　执行恢复命令

6.3.9　保存退出

如果文本内容经过编辑修改，已经达到满意效果，这时需要保存退出文件。如果文本内容你并不满意，想要退出编辑，不保存这些内容，这时需要通过保存退出命令操作 vi，在命令行模式下，具体命令如表 6.9 所示。

表 6.9　保存退出

输入字符或按键	说　明
:wq	保存并退出，“:wq!”表示不保存，强制退出
:q	不保存退出，“q!”表示不保存，强制退出
:w	保存不退出
x!	保存并退出，通用性更强

【例 6.10】在 mrkj 文件中，保存并退出。

在 mrkj 文件中，按 i 键进入编辑模式，在新的一行输入“”，按 Esc 键返回命令行模式，再按“:”键进入底行模式，输入 wq 即可退出保存文件，命令实操如图 6.20 所示。

图 6.20　保存并退出

6.4　要 点 回 顾

本章主要讲解了 vi 编辑器，重点需要读者理解 vi 的 3 个模式的概念，能够熟练地进行模式的切换。在 vi 编辑器的基本操作中详细介绍了 vi 的各种操作命令与参数，这些命令数量繁多，不必死记硬背，多做实操，在应用中学习每个命令与参数的用法即可。

第 7 章

用户和用户组

本章主要讲述 Linux 系统下的用户和用户组的概念，如何通过命令创建、修改、删除用户和用户组，并介绍用户和用户组相关的配置文件。

本章知识架构及重点、难点内容如下：

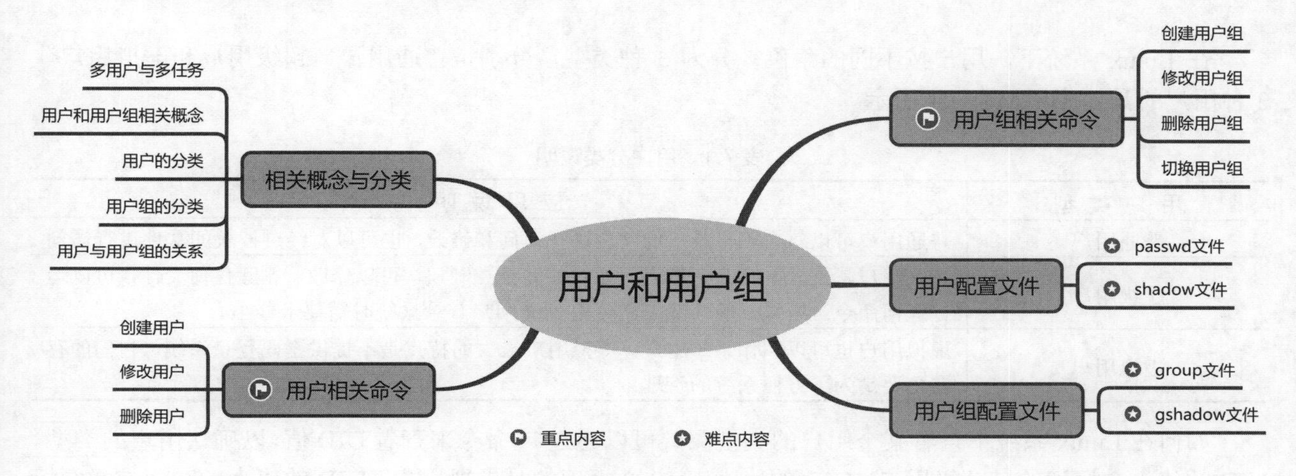

7.1　相关概念与分类

7.1.1　多用户与多任务

Linux 系统的一个重要特点是支持多用户与多任务。所谓多用户多任务，是指支持多个用户在同一时间内登录，且不同用户可以执行不同的任务，互不影响操作结果。例如，某台 Linux 服务器上有两个用户，即用户 A 与用户 B，其中用户 A 负责网站程序，用户 B 负责数据库程序，在同一时间他们同时登录了这台服务器，用户 A 在查看网站程序的日志，用户 B 在向数据库中添加数据，他们的工作在同时进行，互不影响。由于用户权限的设置，用户 A 只能访问网站相关文件，无法访问数据库相关文件；用户 B 只能访问数据库相关文件，不能访问网站相关文件，从而实现了 Linux 系统的多用户与多任务。

7.1.2　用户和用户组相关概念

一个运维人员要想登录服务器，必须先向管理员申请一个用户账号，然后以这个账号的身份进入系统。每个账号都有唯一的用户名与密码，用户输入正确的用户名与密码就可以登录系统，成功登录后默认会进入自己的主目录，就是与自己用户名同名的目录。每个用户都会被 Linux 系统分配一个 ID 号，即 UID，用于标识用户的唯一性。

用户组是具有相同特征用户的集合，即他们的用户权限相同。如查看、修改某一个文件的权限，一种方法是分别对多个用户进行文件访问授权，如果有 20 个用户，就需要授权 20 次，显然这种方法会带来巨大的工作量；另一种方法是建立一个组，先让这个组具有查看、修改此文件的权限，然后将所有需要访问此文件的用户放入这个组中，那么所有用户就具有了和组一样的权限，这就是用户组。将用户分组管理，在很大程度上简化了管理工作。

7.1.3 用户的分类

在 Linux 系统下，用户按不同的角色被分为 3 种类型，分别是普通用户、超级用户和虚拟用户。3 种用户的具体应用如表 7.1 所示。

表 7.1 用户分类说明

用户类型	应用说明
普通用户	普通用户可以对自己目录下的文件进行访问和修改，也可以对经过授权的文件进行访问
超级用户	超级用户就是 root 用户，拥有对系统的完全控制权，可以修改、删除任何文件，可以运行任何命令。所以一般情况下，使用 root 用户登录系统时需要十分小心
虚拟用户	虚拟用户也可以叫作系统用户，虚拟用户最大的特点是不提供密码登录系统，它们的存在主要是为了方便系统的管理

如何在 Linux 系统下查看某个用户的类型呢？可以通过 id 命令来查看 UID 值，以确认用户的类型。UID 的值为 0 标识的是超级用户，UID 的值为 1～999 标识的是虚拟用户，UID 的值为 1000～60000 标识的是普通的用户。

命令语法如下：

```
id  [选项]  [用户名]
```

在该语法中，选项参数的取值有 3 种，如表 7.2 所示。

表 7.2 id 命令选项参数的取值说明

选项值	说明
-u	-user，只输出用户 id，即 UID
-n	-name，对于-ugG 输出名字而不是数值
-r	-real，对于-ugG 输出真实 ID 而不是有效 ID

【例 7.1】查看用户类型。

分别查看 root 用户、mrkj 用户、ftp 用户的类型。可以先通过 id 命令显示用户的 UID 值，再根据用户的 UID 值判断用户是哪种类型，具体实操如图 7.1 所示。

通过 3 个用户的 UID 值可以看出，root 用户 UID 为 0，是超级用户，mrkj 用户 UID 是 1000，是普通用户，ftp 用户 UID 是 14，为系统用户。

```
[root@localhost ~]# id root
uid=0(root) gid=0(root) groups=0(root)
[root@localhost ~]# id mrkj
uid=1000(mrkj) gid=1001(mrkj_group) groups=1001(mrkj_group)
[root@localhost ~]# id ftp
uid=14(ftp) gid=50(ftp) groups=50(ftp)
[root@localhost ~]#
```

图 7.1　查看用户

7.1.4　用户组的分类

在 Linux 系统下，用户组可以让多个用户具有相同的权限，也可以说一个用户可以属于多个组，并同时拥有这些组的权限。根据用户组的特点，把用户组分为初始组、附加组、系统组，具体说明如表 7.3 所示。

表 7.3　用户组分类说明

组　类　别	说　　明
初始组	也叫私有组，创建用户时，默认情况下会创建一个和用户同名的组
附加组	也叫公共组，可以容纳多个用户
系统组	安装系统程序时自动创建的组

【例 7.2】创建一个用户的初始组，并添加另一个附加组。

在这个实例中，创建一个用户 mingri，先通过 groups 命令查看这个用户的用户组，然后通过 usermod 命令修改用户所属用户组为 mrkj_group，如果 mrkj_group 用户组不存在，请先创建用户组（用户组的创建命令在 7.3 节中有详细介绍）。修改用户组后，再次执行 groups 命令，查看用户所属用户组的变化。在这个实例中，mingri 就是用户 mingri 的初始组，mrkj_group 组就是 mingri 用户的附加组，命令实操如图 7.2 所示。

```
[root@localhost ~]# useradd mingri
[root@localhost ~]# groups mingri
mingri : mingri
[root@localhost ~]# usermod -G mrkj_group mingri
[root@localhost ~]# groups mingri
mingri : mingri mrkj_group
```

图 7.2　初始组和附加组

7.1.5　用户与用户组的关系

在 Linux 系统下，用户与用户组的关系分为 4 种，具体的关系说明如表 7.4 所示。

表 7.4　用户与用户组关系说明

关　　系	说　　明
一对一	一个用户可以存在一个用户组中，作为组中的唯一成员
一对多	一个用户可以存在多个用户组中，该用户具有多个组的共同权限
多对一	多个用户可以存在一个用户组中，这些用户具有和组相同的权限
多对多	多个用户可以存在多个用户组中，其实就是以上 3 种关系的扩展

7.2 用户相关命令

7.2.1 创建用户

创建用户账号使用的是 useradd 命令，账号保存在/etc/passwd 文件中，关于这个配置文件的说明在 7.4 节将有详细介绍。

命令语法如下：

```
useradd [选项] 用户名
```

在该语法中，选项参数的取值有 10 个，如表 7.5 所示。

表 7.5 useradd 命令选项参数的取值说明

选 项 值	说 明
-c	注释信息，设定与用户相关的说明信息
-d	目录，设定用户的主目录
-e	设定用户失效日期，过期不能使用该账号
-f	指定密码到期后多少天账号被禁用
-g	为用户指定所属的基本组，该组在指定时必须已存在
-M	不创建用户主目录
-N	不创建与用户名同名的基本组
-p	指定用户的登录密码
-s	指定用户登录使用的 Shell，默认为 bash
-u	设定账号 UID，默认已有用户的最大 UID 加 1

【例 7.3】创建一个用户，并为用户指定密码。

在 root 用户下，添加一个用户名和密码为 mrsoft 的用户，添加这个用户后，切换到 mrsoft 用户，命令实操如图 7.3 所示。

```
[root@localhost ~]# useradd -p mrsoft mrsoft
[root@localhost ~]# su mrsoft
[mrsoft@localhost root]$ _
```

图 7.3 创建新用户

7.2.2 修改用户

在创建用户账号时，如果输入了错误的信息，可以通过 usermod 命令进行修改。修改用户命令与添加用户命令在使用上十分相似。

命令语法如下：

```
usermod [选项] 用户名
```

在该语法中，选项参数的取值有 10 个，如表 7.6 所示。

表 7.6　usermod 命令选项参数的取值说明

选　项　值	说　　明
-c	修改用户的说明信息
-d	修改用户的主目录
-e	修改用户的失效日期
-g	修改用户的初始组
-u	修改用户的 UID
-G	修改用户的附加组，其实就是把用户加入其他用户组
-l	修改用户名
-L	临时锁定用户
-U	解锁用户
-s	修改用户的登录 Shell，默认是/bin/bash

【例 7.4】修改用户名，并查看用户信息。

将用户名 mrsoft 修改为 mrkj_soft，并通过 id 命令查看用户，如果能查到用户信息，就说明已经成功修改，具体操作如图 7.4 所示。

```
[root@localhost ~]# usermod -l mrkj_soft mrsoft
[root@localhost ~]# id mrsoft
id: mrsoft: no such user
[root@localhost ~]# id mrkj_soft
uid=1002(mrkj_soft) gid=1003(mrsoft) groups=1003(mrsoft)
[root@localhost ~]#
```

图 7.4　修改用户信息

【例 7.5】锁定用户，解锁用户。

将用户名 mrkj_soft 进行锁定，再进行解锁，通过 passwd 命令查看锁定状态，具体操作如图 7.5 所示。

```
[root@localhost ~]# usermod -L mrkj_soft
[root@localhost ~]# passwd -S mrkj_soft
mrkj_soft LK 2022-12-13 0 99999 7 -1 (Password locked.)
[root@localhost ~]# usermod -U mrkj_soft
[root@localhost ~]# passwd -S mrkj_soft
mrkj_soft PS 2022-12-13 0 99999 7 -1 (Alternate authentication scheme in use.)
```

图 7.5　锁定解锁用户

7.2.3　删除用户

如果要删除的用户已经使用过系统一段时间，那么此用户可能在系统中留有其他文件，因此，如果我们想要从系统中彻底地删除某个用户，最好在使用 userdel 命令之前，先通过“find -user 用户名”命令查出系统中属于该用户的文件，然后在加以删除。

命令语法如下：

```
userdel  [选项]  用户名
```

在该语法中，选项参数的取值有 3 个，如表 7.7 所示。

表 7.7　userdel 命令选项参数的取值说明

选　项　值	说　　明
-f	表示--force，强制删除用户
-r	表示--remove，删除主目录和邮件池
-Z	表示--selinux-user，为用户删除所有的 SELinux 用户映射

【例 7.6】删除用户。

删除用户 mrkj_soft，在默认情况下，删除用户不会删除用户的主目录，可以通过参数“-r”设置是否删除主目录，为避免在实际工作中造成文件丢失，这个参数建议慎用。删除用户 mrkj_soft 具体实操如图 7.6 所示。

```
[root@localhost ~]# id mrkj_soft
uid=1002(mrkj_soft) gid=1004(mrkj_soft) groups=1004(mrkj_soft)
[root@localhost ~]# userdel mrkj_soft
[root@localhost ~]# id mrkj_soft
id: mrkj_soft: no such user
```

图 7.6　删除用户

7.3　用户组相关命令

7.3.1　创建用户组

当需要把一部分用户设置成相同权限时，就可以使用组。创建用户组使用 groupadd 命令，在 Linux 系统中，默认所有的用户必须归属到某个组中。

命令语法如下：

```
groupadd  [选项]  用户名
```

在该语法中，选项参数的取值有 5 个，如表 7.8 所示。

表 7.8　groupadd 命令选项参数的取值说明

选　项　值	说　　明
-f	表示--force，强制删除用户
-g	表示--gid GID，为新组设置 GID，若 GID 已经存在会提示
-o	表示--non-unique，允许创建有重复 GID 的组
-p	表示--password，为新组使用加密过的组密码
-r	表示--system，创建一个系统账户

【例 7.7】添加用户组，并为用户组指定组 ID。

通过 groupadd 命令添加一个名为 mrkj_user 的用户组，并通过“-g”参数指定组 ID 值，具体实操如图 7.7 所示。

```
[root@localhost ~]# groupadd -g 7788 mrkj_user
[root@localhost ~]# grep "mrkj_user" /etc/group
mrkj_user:x:7788:
```

图 7.7　创建用户组

7.3.2　修改用户组

当需要修改组名或修改组标识（GID）时，可用 groupmod 指令来完成这项工作，不过尽量不要修改组标识（GID），避免管理员逻辑混乱。

命令语法如下：

```
groupmod  [选项]  组名
```

在该语法中，选项参数的取值有两个，如表 7.9 所示。

表 7.9　groupmod 命令选项参数的取值说明

选　项　值	说　　明
-g	修改组 ID
-n	修改组名

【例 7.8】 修改用户组的组名。

把 mrkj_user 组名修改为 mrkj_home，修改组名通过“-n”参数，具体实操如图 7.8 所示。

```
[root@localhost ~]# groupmod -n mrkj_home mrkj_user
[root@localhost ~]# grep "mrkj_home" /etc/group
mrkj_home:x:7788:
[root@localhost ~]# _
```

图 7.8　修改用户组名

7.3.3　删除用户组

使用 groupdel 命令删除用户组，但是不能使用 groupdel 命令随意删除用户组。此命令仅适用于删除那些不是任何用户的初始组的用户组，换句话说，如果有用户组还是某用户的初始用户组，则无法使用 groupdel 命令成功删除。

命令语法如下：

```
groupdel  组名
```

【例 7.9】 删除用户组。

删除 mrkj_home 用户组，具体实操如图 7.9 所示。

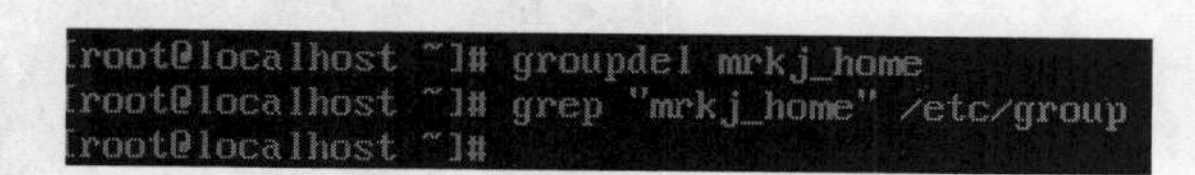

图 7.9　删除用户组

7.3.4　切换用户组

如果一个用户同时隶属于两个或两个以上分组，需要将该用户切换到其他用户组来执行一些操作，就可以使用 newgrp 命令。

命令语法如下：

```
newgrp 组名
```

【例 7.10】切换用户组，并通过创建的文件查看用户组。

从当前 root 用户切换到 mrkj 用户，mrkj 用户有一个初始组 mrkj_group，还有一个附加组 mrkj_home。通过 touch 命令新建 temp1 文件，可以查看默认文件所属组是初始组。我们再通过 newgrp 命令切换到 mrkj 用户的附加组，然后再次新建文件 temp2，这时看到创建的文件所属组变成了 mrkj_home，命令实操如图 7.10 所示。

```
[root@localhost mrkj]# su mrkj
[mrkj@localhost ~]$ cd /home/mrkj
[mrkj@localhost ~]$ pwd
/home/mrkj
[mrkj@localhost ~]$ touch temp1
[mrkj@localhost ~]$ ll
total 0
-rw-r--r--. 1 mrkj mrkj_group 0 Dec 13 19:12 temp1
[mrkj@localhost ~]$ newgrp mrkj_home
[mrkj@localhost ~]$ touch temp2
[mrkj@localhost ~]$ ll
total 0
-rw-r--r--. 1 mrkj mrkj_group 0 Dec 13 19:12 temp1
-rw-r--r--. 1 mrkj mrkj_home  0 Dec 13 19:13 temp2
```

图 7.10　切换用户组

7.4　用户配置文件

7.4.1　passwd 文件

passwd 文件是系统用户配置文件，存放路径是/etc/passwd。文件中存储的是一些系统用户信息，每行记录对应一个用户。我们可以通过 cat 命令查看这个文件，文件内容如图 7.11 所示。

```
[root@localhost /]# cat /etc/passwd
root:x:0:0:root:/root:/bin/bash
bin:x:1:1:bin:/bin:/sbin/nologin
daemon:x:2:2:daemon:/sbin:/sbin/nologin
adm:x:3:4:adm:/var/adm:/sbin/nologin
lp:x:4:7:lp:/var/spool/lpd:/sbin/nologin
sync:x:5:0:sync:/sbin:/bin/sync
shutdown:x:6:0:shutdown:/sbin:/sbin/shutdown
halt:x:7:0:halt:/sbin:/sbin/halt
mail:x:8:12:mail:/var/spool/mail:/sbin/nologin
operator:x:11:0:operator:/root:/sbin/nologin
games:x:12:100:games:/usr/games:/sbin/nologin
ftp:x:14:50:FTP User:/var/ftp:/sbin/nologin
nobody:x:99:99:Nobody:/:/sbin/nologin
systemd-network:x:192:192:systemd Network Management:/:/sbin/nologin
dbus:x:81:81:System message bus:/:/sbin/nologin
polkitd:x:999:998:User for polkitd:/:/sbin/nologin
sshd:x:74:74:Privilege-separated SSH:/var/empty/sshd:/sbin/nologin
postfix:x:89:89::/var/spool/postfix:/sbin/nologin
chrony:x:998:996::/var/lib/chrony:/sbin/nologin
mrkj:x:1000:1001::/home/mrkj:/bin/bash
```

图 7.11　查看 passwd 文件

在图 7.11 中可以看到超级管理员 root 与普通用户 mrkj 的信息，那么其他用户的信息是从哪里来的？这些用户信息并没有手动添加过。事实上，passwd 文件包括了系统中所有用户的基本信息，除了 root 用户，其中的大多数用户并非系统管理员手动添加的普通用户，而是由系统添加的用户信息。这一类用户通常称为系统用户或伪用户。系统用户无法登录系统，但也不能随意删除，因为一旦删除，依赖这些用户运行的软件可能无法正常运行。

文件内行格式如下：

```
用户名:密码:UID(用户 ID):GID(组 ID):描述:主目录:默认 Shell
```

passwd文件中的每行内容以“:”作为分隔符，可以划分为7个字段，每个字段含义如表7.10所示。

表 7.10　passwd 字段说明

字　　段	说　　明
用户名	用户名仅是为了方便用户记忆，Linux 系统通过 UID 来识别用户身份
密码	该字段表示密码，但密码字段并非存储真正的密码，“x”表示此用户设有密码，留空表示此用户没有密码
UID	用户 ID，是一个 0～65535 的数字，每个用户都有唯一的一个 UID，Linux 系统通过 UID 来识别不同的用户，不同范围的数字表示不同的用户身份
GID	表示用户初始组的组 ID 号，它对应着/etc/group 文件中的一条用户组记录。和初始组相对应的用户组为附加组
描述	记录用户的一些信息，如用户的真实姓名、电话、地址等，这个字段并没有什么实际的用途
主目录	用户的起始工作目录，它是用户登录系统之后所处的目录
默认 Shell	Shell 就是 Linux 的命令解释器，是用户和 Linux 内核之间沟通的桥梁

7.4.2　shadow 文件

shadow 文件是 passwd 的影子文件，存放路径是/etc/shadow，文件内容如图 7.12 所示。一般来说，shadow 文件内容的行数与 passwd 文件内容行数应该是相同的。shadow 文件每行也存储着用户的信息和 passwd 文件互为补充。以“:”作为分隔符，两个文件合在一起就可以完整地描述系统中的每个用户。为什么把用户的信息用两个文件进行存储，不存储在一个文件里，这是因为考虑到 Linux 系统用作服务器时的账户安全性，shadow 文件每行有 9 个字段，字段项说明如表 7.11 所示。

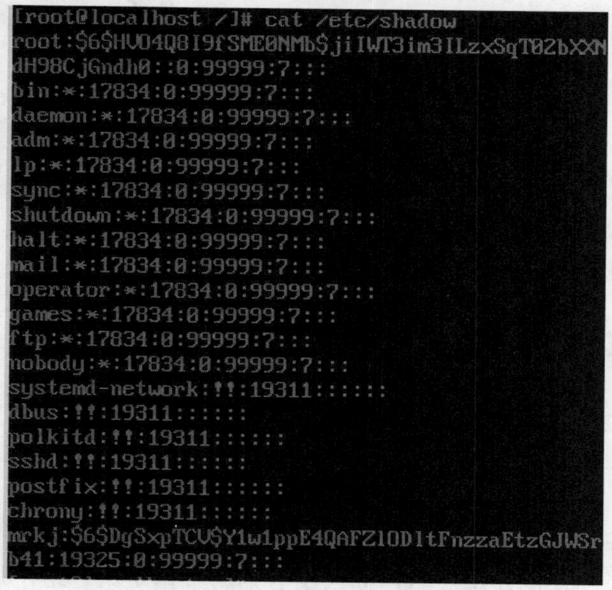

```
[root@localhost /]# cat /etc/shadow
root:$6$HV04Q8I9fSME0NMb$jiIWT3im3ILzxSqT02bXXN
dH98CjGndh0::0:99999:7:::
bin:*:17834:0:99999:7:::
daemon:*:17834:0:99999:7:::
adm:*:17834:0:99999:7:::
lp:*:17834:0:99999:7:::
sync:*:17834:0:99999:7:::
shutdown:*:17834:0:99999:7:::
halt:*:17834:0:99999:7:::
mail:*:17834:0:99999:7:::
operator:*:17834:0:99999:7:::
games:*:17834:0:99999:7:::
ftp:*:17834:0:99999:7:::
nobody:*:17834:0:99999:7:::
systemd-network:!!:19311::::::
dbus:!!:19311::::::
polkitd:!!:19311::::::
sshd:!!:19311::::::
postfix:!!:19311::::::
chrony:!!:19311::::::
mrkj:$6$DgSxpTCV$Y1w1ppE4QAFZ1ODltFnzzaEtzGJWSr
b41:19325:0:99999:7:::
```

图 7.12　查看 shadow 文件

表 7.11　shadow 字段说明

字段序号	说　　明
1	用户名
2	被加密的用户密码
3	密码最后一次修改
4	密码修改最小时间间隔
5	密码修改最大时间间隔
6	密码失效警告时间
7	用户口令作废多少天后，系统会禁用此用户，禁用后系统将不允许此用户登录，也不会提示用户过期
8	用户失效时间
9	保留字段

7.5　用户组配置文件

7.5.1　group 文件

group 文件是用户组配置文件，存放路径是/etc/group。此文件记录组的 ID。通过 cat 命令可以查看这个文件内容样式，如图 7.13 所示，此文件中的每一行各代表一个用户组，每一行字段通过":"分隔，具体字段含义如表 7.12 所示。

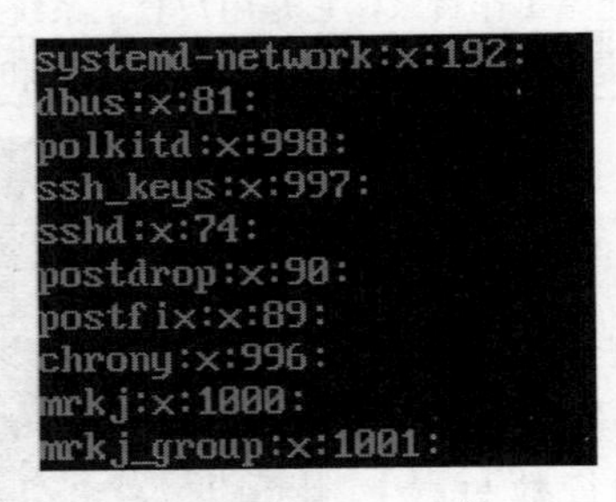

图 7.13　group 文件

表 7.12　group 字段说明

字段序号	说　　明
1	用户组名，同 passwd 文件中的用户名一样，组名也不能重复
2	用户组密码，这里的"x"仅是密码标识，真正加密后的组密码默认保存在/etc/gshadow 文件中
3	用户组 GID，这里的组 GID 与 passwd 文件中第 4 个字段的 GID 相对应
4	从属该用户组的用户列表，如果多个用户，使用逗号分隔。如果该字段为空，并不一定表示该用户组没有用户，因为如果该用户组是某个用户的主用户组，这个用户是不会显示在列表中的

在创建用户时，如果没有为用户指定用户组，那么系统会为这个用户名指定一个同名的用户组。例如：在创建 mrkj 用户时，没有指定用户组，那么系统默认他的用户组是 mrkj。

用户设置密码是为了验证用户的身份，那用户组设置密码是用来做什么的呢？怎么使用组密码

呢？用户组密码主要是用来指定组管理员的，由于系统中的账号可能会非常多，root 用户可能没有时间进行用户组的调整，这时可以给用户组指定组管理员，如果有用户需要加入或退出某用户组，可以由该组的管理员替代 root 用户进行管理，从而分担了超级管理员的工作。

7.5.2　gshadow 文件

gshadow 文件的存放路径是/etc/gshadow，gshadow 是/etc/group 文件的影子文件。用户组的管理密码就在这个文件里，一般来说，gshadow 文件内容的行数与 group 文件内容行数应该是相同的，gshadow 文件每行也存储着用户组的信息，和 group 文件互为补充。两个文件合在一起就可以完整地描述系统中的每个用户组。对于大型服务器的运维，针对很多用户和组，定制一些关系结构比较复杂的权限模型，设置用户组密码是非常有必要的。例如，我们不想让一些非用户组成员永久拥有用户组的权限和特性，我们可以通过密码验证的方式来让某些用户临时拥有一些用户组特性，这时就要用到用户组密码。gshadow 文件每行有 4 个字段，用“:”符号作为字段分隔符，gshadow 文件内容如图 7.14 所示，gshadow 文件中字段说明如表 7.13 所示。

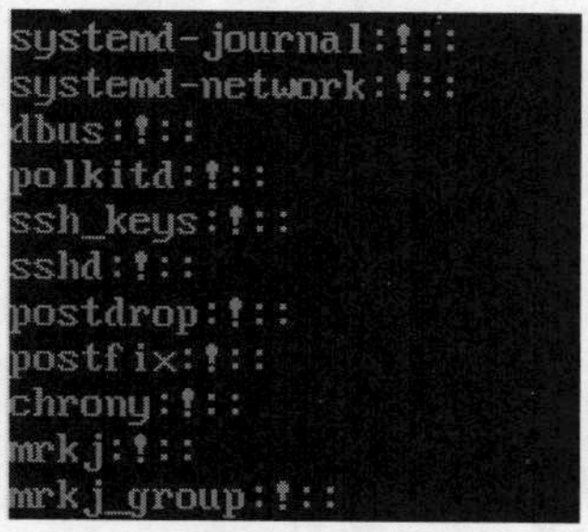

```
systemd-journal:!::
systemd-network:!::
dbus:!::
polkitd:!::
ssh_keys:!::
sshd:!::
postdrop:!::
postfix:!::
chrony:!::
mrkj:!::
mrkj_group:!::
```

图 7.14　gshadow 文件

表 7.13　gshadow 字段说明

字 段 序 号	说　明
1	用户组名，同/etc/group 文件中的组名相对应
2	用户组加密后的密码，多数情况为空，显示值为“!”时表示没有组密码和组管理员
3	组管理员，如果有多个用户组管理员需要用逗号分隔
4	从属该用户组的用户列表，和/etc/group 文件中附加组内容相同

7.6　要 点 回 顾

本章主要讲解了用户和用户组的相关概念、操作用户与用户组的相关命令及 4 个重要的配置文件。用户和用户组的概念与用户权限紧密相关，是学好用户权限的前提。要充分理解操作命令与配置文件之间的关系，以及主配置文件与影子文件之间的关系。

第 8 章

文件管理与进程

本章将介绍文件权限管理、文件的压缩与解压，以及进程管理。当用户操作文件时，经常会遇到无法创建文件或删除文件的情况，这很可能是文件权限设置的原因。在网上下载的文件多数是压缩类型的，需要解压后才能使用。如果在删除一个文件时，无法删除，也不是权限问题，那就很有可能是该文件被正在运行的进程占用，需要先结束进程才能删除文件。

本章知识架构及重点、难点内容如下：

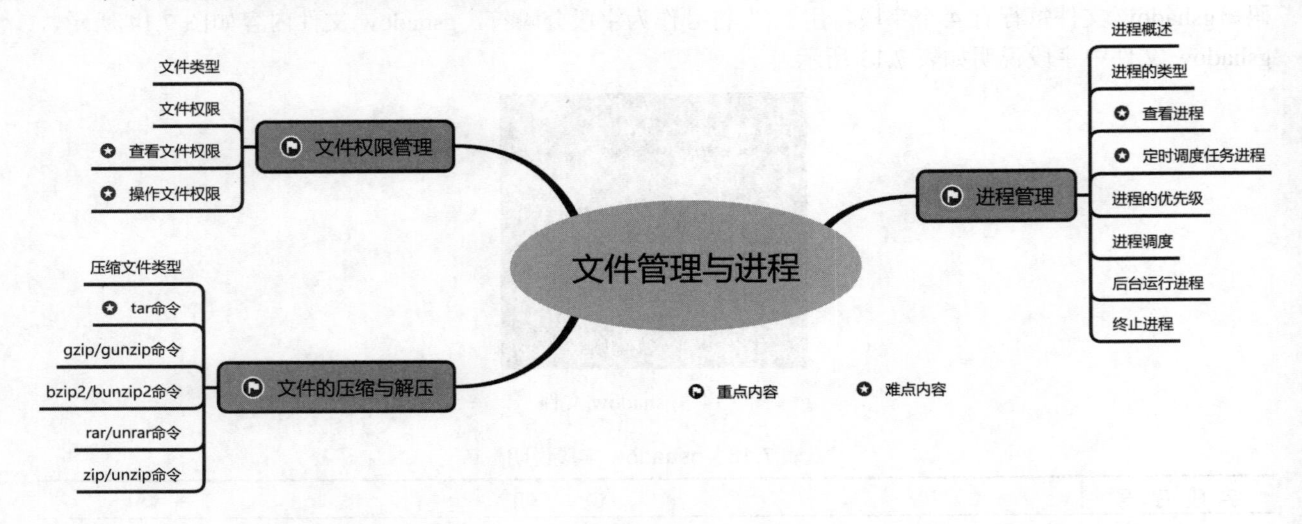

8.1 文件权限管理

8.1.1 文件类型

在 Linux 系统下，文件是用户经常访问的重要资源，学习 Linux 的人常说“Linux 系统一切皆文件”。那么 Linux 系统下文件是怎么分类的呢？在 Linux 系统下，文件主要是分为两大类，分别是普通文件和特殊文件。普通文件主要包括可执行文件、文本文件、网页文件等。而特殊文件包括目录文件、链接文件、块设备文件、字符设备文件、管道文件、安全套接字文件。可以通过 ll 命令查看指定目录下的文件信息，其中第 1 列的信息表示文件类型，如图 8.1 所示。文件类型含义如表 8.1 所示。

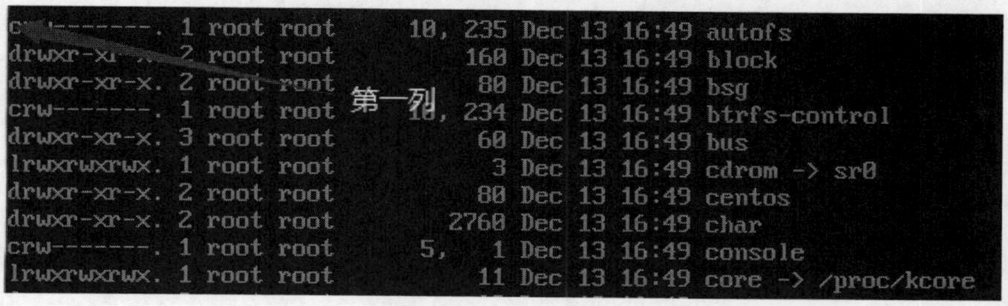

```
crw-------. 1 root root     10, 235 Dec 13 16:49 autofs
drwxr-xr-x. 2 root root         160 Dec 13 16:49 block
drwxr-xr-x. 2 root root          80 Dec 13 16:49 bsg
crw-------. 1 root root     10, 234 Dec 13 16:49 btrfs-control
drwxr-xr-x. 3 root root          60 Dec 13 16:49 bus
lrwxrwxrwx. 1 root root           3 Dec 13 16:49 cdrom -> sr0
drwxr-xr-x. 2 root root          80 Dec 13 16:49 centos
drwxr-xr-x. 2 root root        2760 Dec 13 16:49 char
crw-------. 1 root root      5,   1 Dec 13 16:49 console
lrwxrwxrwx. 1 root root          11 Dec 13 16:49 core -> /proc/kcore
```

第一列

图 8.1　文件类型

表 8.1　文件类型说明

首写字母	文件类型	说　明
-	普通文件	文本文件、网页文件、可执行文件
d	目录文件	文件夹或目录
l	链接文件	软链接，相当于 Windows 的快捷方式
b	块设备文件	指硬盘或光驱
c	字符设备文件	虚拟终端
p	管道文件	实现进程间通信的文件
s	套接字文件	用于网络通信的介质文件

8.1.2　文件权限

在 Linux 系统中，通过设置文件权限来限制用户对系统资源的访问，文件的权限决定了用户是否可以操作此文件，从而提高了系统的安全性。Linux 对文件权限的划分主要是 3 种，即读、写、执行。因为文件的权限是与用户相关的，所以在 Linux 系统中文件都是按照属主、属组、其他用户来进行控制的。

对于文件的读、写权限比较好理解，这里重点介绍执行权限，对于文件来说，执行权限是最高权限。为用户或用户组设置权限时，是否赋予执行权限需要慎重考虑，否则会对系统安全造成严重影响。如果设置的对象是目录，给目录赋予的是读权限，那么用户只能查看目录结构，无法正常进入目录，目录是无法被使用的，必须设置执行权限的目录，才能正常使用。

通常，一个用户可以访问自己创建的目录或文件，也可以访问其他同组用户共享的文件或目录，不能访问非同组的其他用户文件。超级管理 root 用户是没有这个限制的，正是因为 root 用户可以不受限制地访问 Linux 中的任何资源，所以在使用 root 用户操作各种资源时要特别小心。

8.1.3　查看文件权限

查看某个文件的权限，可以通过 ll 命令显示文件列表，在列表中有详细的文件权限信息。使用 root 用户登录，在 root 用户的主目录显示文件列表，如图 8.2 所示。第 1 列显示的是文件类型，第 2～10 列显示的是文件权限。也就是说，文件列表的每一行的前 10 个字符显示的都是文件类型和文件权限。如何正确地解读文件权限，如表 8.2 所示。

```
[root@localhost ~]# ll
total 8
-rw-------. 1 root root 1270 Nov 15 10:07 anaconda-ks.cfg
-rw-r--r--. 1 root root   44 Nov 24 19:00 mrkj_3
-rw-r--r--. 1 root root    0 Nov 23 17:01 mrkj_5
drwxrwxrwx. 3 root root   62 Nov 24 14:08 mrkj_C
drwxr-xr-x. 3 root root   62 Nov 24 14:12 mrkj_D
drwxr-xr-x. 2 root root    6 Nov 24 16:24 mrkj_E
```

图 8.2　查看文件权限

表 8.2　anaconda-ks.cfg 权限解读

列　值	内　容	说　明
第 1 列	-	普通文件
第 2～4 列	rw-	对 root 用户可读、可写、不可执行
第 5～7 列	---	对 root 组不可读、不可写、不可执行
第 8～10 列	---	对其他用户不可读、不可写、不可执行

8.1.4　操作文件权限

因为权限既可以限制人，也可以限制文件，所以要修改文件的访问权限，要么修改用户的权限，要么修改文件的属性。与此相关的命令主要有 3 个，分别是 chmod 命令，用户设置文件的访问权限；chown 命令，用于更改拥有者；chgrp 命令，用于更改所属组。

chmod 命令语法如下：

```
chmod  [选项]  模式  文件名
```

在该语法中，选项参数的取值有 4 个，如表 8.3 所示。

表 8.3　chmod 命令选项参数的取值说明

选 项 值	说　明
-c	若该文件权限确实已经更改，才显示其更改动作
-f	若该文件权限无法被更改也不要显示错误信息
-v	显示权限变更的详细信息
-R	对当前目录下的所有文件与子目录进行相同的权限变更

在该语法中，模式参数主要有 3 类，分别是用户类型符号、操作符号、权限符号，其取值说明分别如表 8.4、表 8.5、表 8.6 所示。

表 8.4　用户类型符号取值说明

用户类型符号	说　明
u	User，文件所有者
g	Group，文件所有者所在组
o	Others，所有其他用户
a	All，所有用户，相当于 ugo

表 8.5　操作符符号取值说明

操 作 符	说　明
+	为指定的用户类型增加权限
-	去除指定用户类型的权限
=	重新设置用户类型的所有权限

表 8.6　权限符号取值说明

权 限 符 号	说　明
r	设置为可读权限
w	设置为可写权限
x	设置为可执行权限
X	如果是目录和文件，或者其他类型的用户有可执行权限时，才将文件权限设置可执行
s	当文件被执行时，根据指定的用户类型设置文件的 setuid 或者 setgid 权限
t	设置粘贴位，只有超级用户可以设置该位，只有文件所有者 u 可以使用该位

chmod 命令可以使用八进制数来指定权限。文件或目录的权限位是由 9 个权限位来控制的，每 3 位为一组，如表 8.7 所示。

表 8.7　权限数值取值说明

权 限 数 值	权 限 说 明
7	rwx = 读 + 写 + 执行
6	rw- = 读 + 写
5	r-x = 读 + 执行
4	r-- = 只读
3	-wx = 写 + 执行
2	-w- = 只写
1	只执行 = --x
0	无 = ---

【例 8.1】把文件权限设置为所有用户都可以读取。

进入 root 用户的主目录，使用 root 用户主目录下的 anaconda-ks.cfg 文件作为示例文件，通过“a=r”参数设置文件用户权限，实现所有用户都可以读文件，实操如图 8.3 所示，对比权限设置前后的变化。

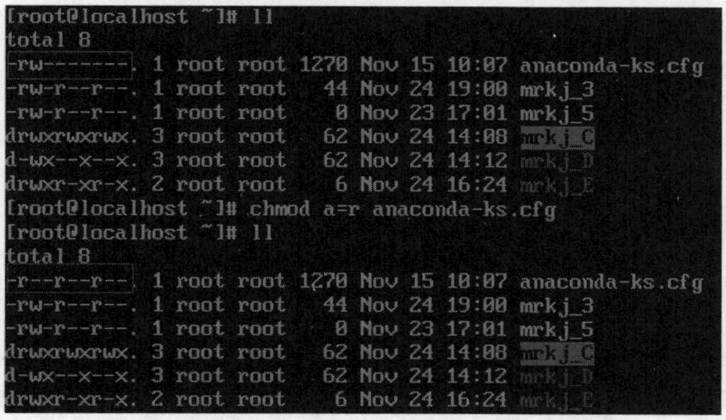

```
[root@localhost ~]# ll
total 8
-rw-------. 1 root root 1270 Nov 15 10:07 anaconda-ks.cfg
-rw-r--r--. 1 root root   44 Nov 24 19:00 mrkj_3
-rw-r--r--. 1 root root    0 Nov 23 17:01 mrkj_5
drwxrwxrwx. 3 root root   62 Nov 24 14:08 mrkj_C
d-wx--x--x. 3 root root   62 Nov 24 14:12 mrkj_D
drwxr-xr-x. 2 root root    6 Nov 24 16:24 mrkj_E
[root@localhost ~]# chmod a=r anaconda-ks.cfg
[root@localhost ~]# ll
total 8
-r--r--r--. 1 root root 1270 Nov 15 10:07 anaconda-ks.cfg
-rw-r--r--. 1 root root   44 Nov 24 19:00 mrkj_3
-rw-r--r--. 1 root root    0 Nov 23 17:01 mrkj_5
drwxrwxrwx. 3 root root   62 Nov 24 14:08 mrkj_C
d-wx--x--x. 3 root root   62 Nov 24 14:12 mrkj_D
drwxr-xr-x. 2 root root    6 Nov 24 16:24 mrkj_E
```

图 8.3　为所有用户设置读权限

【例 8.2】 多文件权限组合设置。

进入 root 用户的主目录，设置文件 mrkj_3 和 mrkj_5 的拥有者与同组用户可执行，其他用户组人员不可执行。多个用户组设置不同权限时使用“,”号分隔，具体实操如图 8.4 所示。

```
-r--r--r--. 1 root root 1270 11月  15 10:07 anaconda-ks.cfg
-rw-r--r-x. 1 root root   44 11月  24 19:00 mrkj_3
-rw-r--r--. 1 root root    0 11月  23 17:01 mrkj_5
drwxrwxrwx. 3 root root   62 11月  24 14:08 mrkj_C
d-wx--x--x. 3 root root   62 11月  24 14:12 mrkj_D
drwxr-xr-x. 2 root root    6 11月  24 16:24 mrkj_E
[root@localhost ~]# chmod ug+x,o-x mrkj_3 mrkj_5
[root@localhost ~]# ll
总用量 8
-r--r--r--. 1 root root 1270 11月  15 10:07 anaconda-ks.cfg
-rwxr-xr--. 1 root root   44 11月  24 19:00 mrkj_3
-rwxr-xr--. 1 root root    0 11月  23 17:01 mrkj_5
drwxrwxrwx. 3 root root   62 11月  24 14:08 mrkj_C
d-wx--x--x. 3 root root   62 11月  24 14:12 mrkj_D
drwxr-xr-x. 2 root root    6 11月  24 16:24 mrkj_E
```

图 8.4　多文件权限组合设置

【例 8.3】 使用数字设定法设置权限。

进入 root 用户的主目录，设置文件 mrkj_5 权限为所有人可读、可写、可执行，具体实操如图 8.5 所示。

```
-r--r--r--. 1 root root 1270 11月  15 10:07 anaconda-ks.cfg
-rwxr-xr--. 1 root root   44 11月  24 19:00 mrkj_3
-rwxr-xr--. 1 root root    0 11月  23 17:01 mrkj_5
drwxrwxrwx. 3 root root   62 11月  24 14:08 mrkj_C
d-wx--x--x. 3 root root   62 11月  24 14:12 mrkj_D
drwxr-xr-x. 2 root root    6 11月  24 16:24 mrkj_E
[root@localhost ~]# chmod 777 mrkj_5
[root@localhost ~]# ll
总用量 8
-r--r--r--. 1 root root 1270 11月  15 10:07 anaconda-ks.cfg
-rwxr-xr--. 1 root root   44 11月  24 19:00 mrkj_3
-rwxrwxrwx. 1 root root    0 11月  23 17:01 mrkj_5
drwxrwxrwx. 3 root root   62 11月  24 14:08 mrkj_C
d-wx--x--x. 3 root root   62 11月  24 14:12 mrkj_D
drwxr-xr-x. 2 root root    6 11月  24 16:24 mrkj_E
```

图 8.5　用数字设定法设置权限

8.2　文件的压缩与解压

8.2.1　压缩文件类型

在 Windows 系统下，压缩文件格式主要有两种，即.zip 文件和.rar 文件。在 Linux 系统下，压缩文件格式有.gz、.tar.gz、tgz、bz2、.Z、.tar、.7z、.xz 等，除了这些文件，Windows 下的.zip 文件与.rar 文件在 Linux 系统下也是可以使用的，不同的压缩文件扩展名对应不同的压缩技术。

8.2.2　tar 命令

tar 命令可以为 Linux 的文件和目录创建档案，还可以为某一特定文件创建备份文件，也可以在档案中改变文件，或者向档案中加入新的文件。tar 命令最初被用来在磁带上创建档案，现在用户可以在任何设备上创建档案。利用 tar 命令，可以把很多文件和目录全部打包成一个文件，这对于备份文件或将几个文件组合成为一个文件以便于网络传输是非常有用的。在学习 tar 命令前，非常有必要搞清楚两个概念，即打包与压缩，打包是指将很多文件或目录放在一个总的文件或目录里；压缩则是将一个大的文件通过一些压缩算法变成一个小文件。

命令语法如下：

```
tar  [选项] 自定义归档文件包名  被归档的文件
```

在该语法中，主选项参数值有 5 个，如表 8.8 所示，辅助选项有 8 个，如表 8.9 所示。

表 8.8　tar 命令主选项参数值说明

选　项	说　明
-c	创建新的档案或是备份文件和目录
-r	把要存档的文件追加到档案文件的末尾
-t	列出档案文件的内容，查看已经备份了哪些文件
-u	更新文件，用新增的文件取代原备份文件
-x	从档案文件中释放文件

表 8.9　tar 命令辅助选项参数值说明

选　项	说　明
-b	该选项是为磁带机设定的，其后跟一个数字，用来说明区块的大小
-f	使用档案文件或设备，这个选项通常是必选的
-k	不要解压文件的修改时间
-M	创建多卷的档案文件，以便在几个磁盘中存放
-v	详细报告 tar 处理的文件信息。如无此选项，tar 不报告文件信息
-j	代表使用 bzip2 程序进行文件压缩
-J	代表调用 xz 程序进行文件压缩
-z	用 gzip 来压缩/解压缩文件，加上该选项后可以将档案文件进行压缩，但还原时也一定要使用该选项进行解压缩

【例 8.4】创建一个没有压缩的 tar 文件。

进入 root 用户的主目录，把 mrkj_3 和 mrkj_5 文件打包成一个 tar 文件，通过参数 cvf 实现，具体实操如图 8.6 所示。

【例 8.5】把整个目录压缩成一个文件。

进入 root 用户的主目录，把目录 mrkj_d 压缩成一个文件，通过 cvzf 参数实现，其中 z 参数的意思是使用 gzip 来进行压缩。压缩文件的扩展名为“.gz”，具体实操如图 8.7 所示。

```
[root@localhost ~]# tar -cvf mrkj_file.tar mrkj_3 mrkj_5
mrkj_3
mrkj_5
[root@localhost ~]# ll
总用量 20
-r--r--r--. 1 root root  1270 11月 15 10:07 anaconda-ks.cfg
-rwxr-xr--. 1 root root    44 11月 24 19:00 mrkj_3
-rwxrwxrwx. 1 root root     0 11月 23 17:01 mrkj_5
drwxrwxrwx. 3 root root    62 11月 24 14:08 mrkj_C
d-wx--x--x. 3 root root    62 11月 24 14:12 mrkj_D
drwxr-xr-x. 2 root root     6 11月 24 16:24 mrkj_E
-rw-r--r--. 1 root root 10240 12月 14 10:23 mrkj_file.tar
```

图 8.6　创建 tar 文件

```
[root@localhost ~]# tar -cvzf mrkj_d_dir.tar.gz /root/mrkj_D
tar: 从成员名中删除开头的"/"
/root/mrkj_D/
/root/mrkj_D/mrkj_1
/root/mrkj_D/mrkj_2
/root/mrkj_D/mrkj_3
/root/mrkj_D/mrkj_A/
```

图 8.7　压缩目录为一个文件

8.2.3　gzip/gunzip 命令

gzip 最早用于 UNIX 系统的文件压缩。在 Linux 中经常会用到后缀为“.gz”的文件，这些文件就是 gzip 格式的。如今已经成为互联网上使用非常普遍的一种数据压缩格式，或者说一种文件格式。

命令语法如下：

```
gzip [选项] 压缩（解压缩）的文件名
```

在该语法中，选项参数值有 7 个，如表 8.10 所示。

表 8.10　gzip 命令选项参数值说明

选　项	说　明
-c	将输出写到标准输出上，并保留原有文件
-d	将压缩文件解压
-l	对每个压缩/未压缩文件显示文件的大小、压缩比、文件名字
-r	递归式查找指定目录，并压缩或解压缩其中的所有文件
-t	测试，检查压缩文件是否完整
-v	对每一个压缩和解压缩的文件显示文件名和压缩比
-num	用指定的数字 num 调整压缩的速度

【例 8.6】压缩单个文件。

进入 root 用户的主目录，通过 gzip 命令压缩文件 mrkj_3，显示压缩的过程，需要注意的是，在压缩后源文件会消失。具体实操如图 8.8 所示。

gunzip 是一个使用广泛的解压缩程序，它用于解压被 gzip 压缩过的文件，这些压缩文件预设最后的扩展名为“.gz”。事实上 gunzip 就是 gzip 的硬连接，因此无论是压缩或解压缩，都可通过 gzip 命令单独完成。

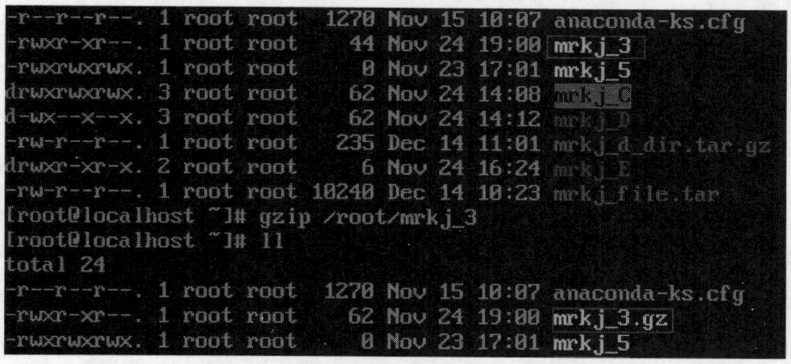

```
-r--r--r--. 1 root root  1270 Nov 15 10:07 anaconda-ks.cfg
-rwxr-xr--. 1 root root    44 Nov 24 19:00 mrkj_3
-rwxrwxrwx. 1 root root     0 Nov 23 17:01 mrkj_5
drwxrwxrwx. 3 root root    62 Nov 24 14:08 mrkj_C
d-wx--x--x. 3 root root    62 Nov 24 14:12 mrkj_D
-rw-r--r--. 1 root root   235 Dec 14 11:01 mrkj_d_dir.tar.gz
drwxr-xr-x. 2 root root     6 Nov 24 16:24 mrkj_E
-rw-r--r--. 1 root root 10240 Dec 14 10:23 mrkj_file.tar
[root@localhost ~]# gzip /root/mrkj_3
[root@localhost ~]# ll
total 24
-r--r--r--. 1 root root  1270 Nov 15 10:07 anaconda-ks.cfg
-rwxr-xr--. 1 root root    62 Nov 24 19:00 mrkj_3.gz
-rwxrwxrwx. 1 root root     0 Nov 23 17:01 mrkj_5
```

图 8.8　gzip 压缩文件

命令语法如下：

```
gunzip  [选项]  [文件或者目录]
```

在该语法中，选项参数值有 12 个，如表 8.11 所示。

表 8.11　gunzip 命令选项参数值说明

选　项	说　明
-a	使用 ASCII 码模式
-c	把解压后的文件输出到标准输出设备
-f	强行解压缩文件，不论文件是硬连接还是符号连接
-l	列出压缩文件的相关信息
-L	显示版本与版权信息
-n	若压缩文件内含有原来的文件名称及时间戳，则将其忽略不予处理
-N	若压缩文件内含有原来的文件名称及时间戳，则将其回存到解开的文件里
-q	不显示警告信息
-r	递归处理，将指定目录下的所有文件及子目录一并处理
-S	更改压缩字尾字符串
-t	测试压缩文件是否正确无误
-v	显示指令执行过程

【例 8.7】解压缩单个文件。

进入 root 用户的主目录，通过 gunzip 命令压缩文件 mrkj_3，显示解压缩的过程，需要使用的参数是 v，具体实操如图 8.9 所示。

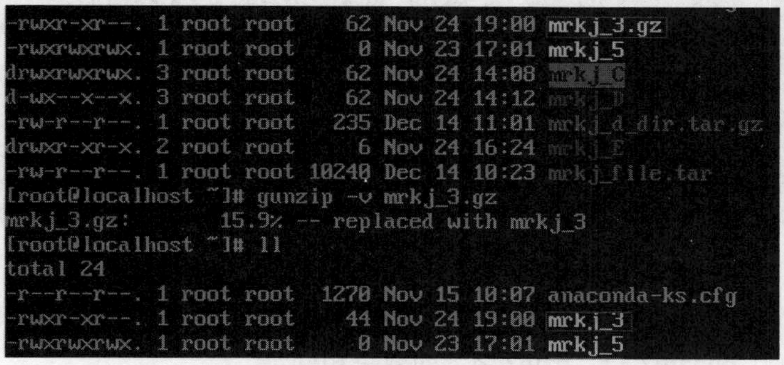

```
-rwxr-xr--. 1 root root    62 Nov 24 19:00 mrkj_3.gz
-rwxrwxrwx. 1 root root     0 Nov 23 17:01 mrkj_5
drwxrwxrwx. 3 root root    62 Nov 24 14:08 mrkj_C
d-wx--x--x. 3 root root    62 Nov 24 14:12 mrkj_D
-rw-r--r--. 1 root root   235 Dec 14 11:01 mrkj_d_dir.tar.gz
drwxr-xr-x. 2 root root     6 Nov 24 16:24 mrkj_E
-rw-r--r--. 1 root root 10240 Dec 14 10:23 mrkj_file.tar
[root@localhost ~]# gunzip -v mrkj_3.gz
mrkj_3.gz:       15.9% -- replaced with mrkj_3
[root@localhost ~]# ll
total 24
-r--r--r--. 1 root root  1270 Nov 15 10:07 anaconda-ks.cfg
-rwxr-xr--. 1 root root    44 Nov 24 19:00 mrkj_3
-rwxrwxrwx. 1 root root     0 Nov 23 17:01 mrkj_5
```

图 8.9　gunzip 解压单个文件

8.2.4 bzip2/bunzip2 命令

bzip2 是一个基于 Burrows-Wheeler 变换的无损压缩软件，压缩效果比传统的 LZ77/LZ78 压缩演算法好。它是免费的，且具有高质量的数据压缩能力。bzip2 利用先进的压缩技术，能够把文件压缩到 10%～15%，压缩的速度和解压的效率都非常高，支持大多数压缩格式，包括 tar、gzip 等。bzip2 命令同 gzip 命令类似，只能对文件进行压缩（或解压缩），对于目录只能压缩（或解压缩）该目录及子目录下的所有文件。当执行压缩任务完成后，会生成一个以“.bz2”为后缀的压缩包。

命令语法如下：

```
bzip2    [选项]    [文件]
```

在该语法中，选项参数值有 7 个，如表 8.12 所示。

表 8.12　bzip2 命令选项参数值说明

选　项	说　明
-c	将压缩与解压缩的结果送到标准输出
-d	执行解压缩，此时该选项后的源文件应为标记有“.bz2”后缀的压缩包文件
-k	压缩或解压缩任务完成后会删除原始文件，若要保留原始文件，可使用此选项
-f	在压缩或解压缩时，若输出文件与现有文件同名，默认不会覆盖现有文件，若使用此选项，则会强制覆盖现有文件
-t	测试压缩包文件的完整性
-v	压缩或解压缩文件时，显示详细信息
-数字	这个参数和 gzip 命令的作用一样，用于指定压缩等级，–1 压缩等级最低，压缩比最差；–9 压缩比最高

【例 8.8】同时压缩两个文件并保留原文件。

进入 root 用户的主目录，通过 bzip2 命令压缩文件 mrkj_3 和 mrkj_5，压缩时保留原文件，使用 k 参数，具体实操如图 8.10 所示。如果当前系统没有安装 bzip2 命令，可以通过“yum install bzip2”命令来安装。

```
[root@localhost ~]# bzip2 -k mrkj_3 mrkj_5
[root@localhost ~]# ll
total 32
-r--r--r--. 1 root root  1270 Nov 15 10:07 anaconda-ks.cfg
-rwxr-xr--. 1 root root    44 Nov 24 19:00 mrkj_3
-rwxr-xr--. 1 root root    76 Nov 24 19:00 mrkj_3.bz2
-rwxrwxrwx. 1 root root     0 Nov 23 17:01 mrkj_5
-rwxrwxrwx. 1 root root    14 Nov 23 17:01 mrkj_5.bz2
drwxrwxrwx. 3 root root    62 Nov 24 14:08 mrkj_C
d-wx--x--x. 3 root root    62 Nov 24 14:12 mrkj_D
-rw-r--r--. 1 root root   235 Dec 14 11:01 mrkj_d_dir.tar.gz
drwxr-xr-x. 2 root root     6 Nov 24 16:24 mrkj_E
-rw-r--r--. 1 root root 10240 Dec 14 10:23 mrkj_file.tar
```

图 8.10　用 bzip2 命令压缩文件

bunzip2 命令是“.bz2”文件的解压缩程序，可解压缩“.bz2”格式的压缩文件。bunzip2 实际上是 bzip2 的符号连接，执行 bunzip2 与“bzip2 -d”的效果相同。

命令语法如下：

```
bunzip2  [选项]  源文件
```

在该语法中，选项参数值有 4 个，如表 8.13 所示。

表 8.13　bunzip2 命令选项参数值说明

选　项	说　明
-k	在解压缩后，默认会删除原来的压缩文件。若要保留压缩文件，需使用此参数
-f	在解压缩时，若输出的文件与现有文件同名，默认不会覆盖现有的文件。若要覆盖，可使用此选项
-v	显示命令执行过程
-L	列出压缩文件内容

【例 8.9】解压文件并覆盖原文件。

进入 root 用户的主目录，通过 bunzip2 命令解压缩文件 mrkj_3 和 mrkj_5，解压时覆盖原文件，使用 f 参数，解压缩完成后压缩文件就不存在了，具体实操如图 8.11 所示。

```
[root@localhost ~]# bunzip2 -f mrkj_3.bz2 mrkj_5.bz2
[root@localhost ~]# ll
total 24
-r--r--r--. 1 root root  1270 Nov 15 10:07 anaconda-ks.cfg
-rwxr-xr--. 1 root root    44 Nov 24 19:00 mrkj_3
-rwxrwxrwx. 1 root root     0 Nov 23 17:01 mrkj_5
drwxrwxrwx. 3 root root    62 Nov 24 14:08 mrkj_C
d-wx--x--x. 3 root root    62 Nov 24 14:12 mrkj_D
-rw-r--r--. 1 root root   235 Dec 14 11:01 mrkj_d_dir.tar.gz
drwxr-xr-x. 2 root root     6 Nov 24 16:24 mrkj_E
-rw-r--r--. 1 root root 10240 Dec 14 10:23 mrkj_file.tar
```

图 8.11　解压并覆盖原文件

8.2.5　rar/unrar 命令

通常在 Windows 下经常使用的压缩格式就是 rar 与 zip，但是 rar 格式要比 zip 格式的压缩比高。如果我们在 Linux 下处理这种格式的压缩文件通常需要手动安装 rar 命令。

命令语法如下：

```
rar  [选项]  操作文件 文件列表
```

在该语法中，选项参数值有 15 个，如表 8.14 所示。

表 8.14　rar 命令选项参数值说明

选　项	说　明
a	添加文件到压缩文件
c	添加压缩文件注释
cf	添加文件注释
cw	写入压缩文件并注释文件
d	删除压缩文件中的文件
e	解压缩文件到当前目录

续表

选　项	说　明
f	刷新压缩文件中的文件
l[t,b]	列出压缩文件[技术信息，简介]
m[f]	移动到压缩文件[仅对文件]
p	打印文件到标准输出设备
r	修复压缩文件
rn	重命名压缩文件
t	测试压缩文件
u	更新压缩文件中的文件
x	用绝对路径解压文件

【例 8.10】把两个文件压缩成 rar 文件。

进入 root 用户的主目录，通过 rar 命令压缩文件 mrkj_3 和 mrkj_5，进行压缩文件时使用 a 参数，注意这个参数前面不能加“-”符号，具体实操如图 8.12 所示。

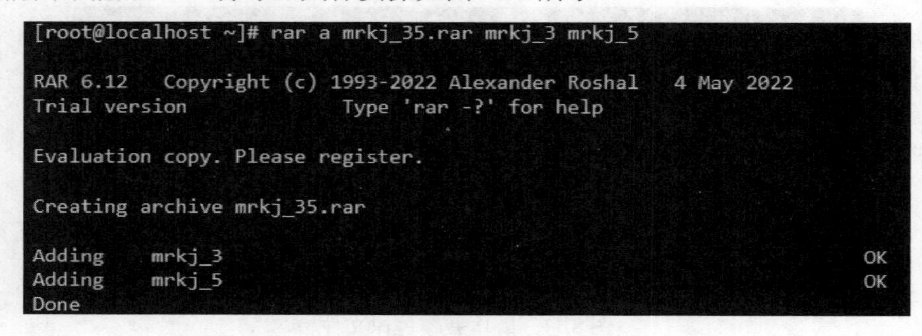

图 8.12　用 rar 压缩文件

【例 8.11】解压缩 rar 文件到指定目录。

进入 root 用户的主目录，通过 unrar 命令解压缩文件 mrkj_35.rar，进行解压缩文件时使用 x 参数，注意这个参数前面不能加“-”符号，具体实操如图 8.13 所示。

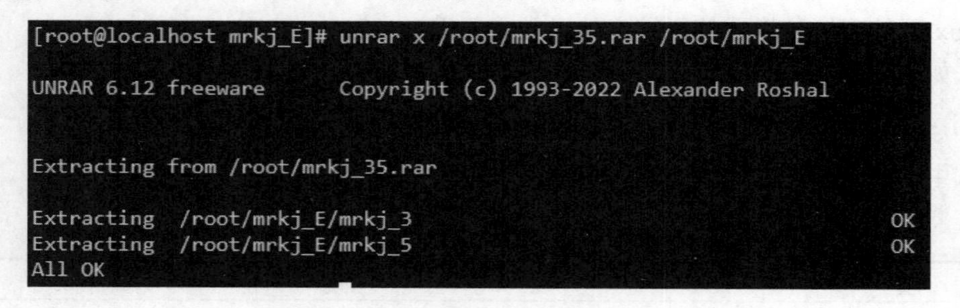

图 8.13　用 unrar 解压缩文件到指定目录

8.2.6　zip/unzip 命令

zip 是一个计算机文件的压缩的算法，原名是 deflate。在 Windows 系统上 zip 也是主流压缩格式之一，虽然在性能上不如 rar 格式的压缩率高，但 zip 的压缩时间要比 rar 短。如果系统中没有 zip 命令，

可以通过“yum install zip”命令来安装。

命令语法如下：

```
zip [选项]　压缩包名
```

在该语法中，选项参数值有 6 个，如表 8.15 所示。

表 8.15　zip 命令选项参数值说明

选　项	说　明
-r	递归压缩目录，将制定目录下的所有文件以及子目录全部压缩
-m	将文件压缩之后删除原始文件，相当于把文件移到压缩文件中
-v	显示详细的压缩过程信息
-q	在压缩时不显示命令的执行过程
-u	更新压缩文件，即往压缩文件中添加新文件
-压缩级别	压缩级别是 1～9 的数字，-1 代表速度更快，-9 代表效果更好

【例 8.12】使用 zip 同时压缩多个文件。

进入 root 用户的主目录，通过 zip 命令压缩文件 mrkj_3 和 mrkj_5，在压缩时不保留原文件，通过参数 m 实现，具体实操如图 8.14 所示。

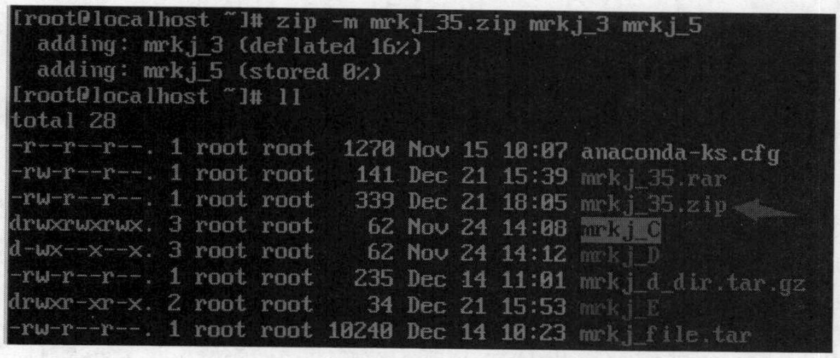

```
[root@localhost ~]# zip -m mrkj_35.zip mrkj_3 mrkj_5
  adding: mrkj_3 (deflated 16%)
  adding: mrkj_5 (stored 0%)
[root@localhost ~]# ll
total 28
-r--r--r--. 1 root root  1270 Nov 15 10:07 anaconda-ks.cfg
-rw-r--r--. 1 root root   141 Dec 21 15:39 mrkj_35.rar
-rw-r--r--. 1 root root   339 Dec 21 18:05 mrkj_35.zip
drwxrwxrwx. 3 root root    62 Nov 24 14:08 mrkj_C
d-wx--x--x. 3 root root    62 Nov 24 14:12 mrkj_D
-rw-r--r--. 1 root root   235 Dec 14 11:01 mrkj_d_dir.tar.gz
drwxr-xr-x. 2 root root    34 Dec 21 15:53 mrkj_E
-rw-r--r--. 1 root root 10240 Dec 14 10:23 mrkj_file.tar
```

图 8.14　使用 zip 同时压缩多个文件

unzip 用于解压“.zip”文件。

命令语法如下：

```
unzip [选项] 压缩包名
```

在该语法中，选项参数值有 6 个，如表 8.16 所示。

表 8.16　unzip 命令选项参数值说明

选　项	说　明
-d	指目录名，将压缩文件解压到指定目录下
-n	解压时并不覆盖已经存在的文件
-o	解压时覆盖已经存在的文件，并且无须用户确认
-v	查看压缩文件的详细信息，包括文件大小、文件名以及压缩比等
-t	测试压缩文件有无损坏，但并不解压
-x 文件列表	解压文件，但不包含文件列表中指定的文件

【例 8.13】使用 unzip 把 zip 文件解压到指定目录下。

进入 root 用户的主目录，通过 unzip 命令解压缩文件 mrkj_35.zip 到指定路径下，通过参数 d 实现，具体实操如图 8.15 所示。

```
[root@localhost ~]# unzip -d /root/ mrkj_35.zip
Archive:  mrkj_35.zip
  inflating: /root/mrkj_3
 extracting: /root/mrkj_5
[root@localhost ~]# ll
total 32
-r--r--r--. 1 root root  1270 Nov 15 10:07 anaconda-ks.cfg
-rwxr-xr--. 1 root root    44 Nov 24 19:00 mrkj_3
-rw-r--r--. 1 root root   141 Dec 21 15:39 mrkj_35.rar
-rw-r--r--. 1 root root   339 Dec 21 18:05 mrkj_35.zip
-rwxrwxrwx. 1 root root     0 Nov 23 17:01 mrkj_5
drwxrwxrwx. 3 root root    62 Nov 24 14:08 mrkj_C
d-wx--x--x. 3 root root    62 Nov 24 14:12 mrkj_D
-rw-r--r--. 1 root root   235 Dec 14 11:01 mrkj_d_dir.tar.gz
drwxr-xr-x. 2 root root    34 Dec 21 15:53 mrkj_E
-rw-r--r--. 1 root root 10240 Dec 14 10:23 mrkj_file.tar
```

图 8.15　用 unzip 解压文件到指定目录

8.3 进 程 管 理

8.3.1　进程概述

进程是正在运行的程序的实例，是一个具有一定独立功能的程序关于某个数据集合的一次运行活动，它是操作系统动态执行的基本单元，在传统的操作系统中，进程既是基本的分配单元，也是基本的执行单元。

可以用一个程序创建多个进程，进程是由内核定义的抽象实体，并为该实体分配用以执行程序的各项系统资源。从内核的角度看，进程由用户内存空间和一系列内核数据结构组成，其中用户内存空间包含了程序代码及代码所使用的变量，而内核数据结构则用于维护进程状态信息。进程记录在内核数据结构中的信息，包括许多与进程相关的标识号（IDS）、虚拟内存表、打开文件的描述符表、信号传递及处理的有关信息、进程资源使用及限制、当前工作目录和大量的其他信息。进程的状态分为 5 种，如表 8.17 所示。

表 8.17　进程状态说明

状　　态	说　　明
运行态	进程占用处理器，正在运行
就绪态	进程具备运行条件，等待系统分配处理器以便运行
阻塞态	又称为等待（wait）态或睡眠（sleep）态，指进程不具备运行条件
新建态	进程刚被创建时的状态，尚未进入就绪队列
终止态	进程完成任务到达正常结束点，或出现无法克服的错误而异常终止

8.3.2　进程的类型

Linux 中的进程一般分为交互进程、批处理进程和监控进程 3 类，进程说明如表 8.18 所示。交互进程是由一个 Shell 启动的进程，既可以在前台运行，也可以在后台运行。批处理进程和终端没有联系，是一个进程序列。监控进程也称守护进程，是一个在后台运行且不受任何终端控制的特殊进程，用于执行特定的系统任务。

表 8.18　3 类进程说明

进程类型名称	说　明
交互进程	此类进程经常与用户进行交互，因此需要花费很多时间等待键盘和鼠标操作。当接受了用户的输入后，进程必须很快被唤醒，否则用户会感觉系统反应迟钝
批处理进程	此类进程不必与用户交互，因此经常在后台运行。由于这样的进程不必很快响应，因此常受到调度程序的怠慢
监控进程	独立于控制终端并且周期性地执行某种任务或等待某些发生的事件，Linux 的大多数服务器就是用守护进程实现的，如 ftp 服务器

8.3.3　查看进程

查看 Linux 系统下的进程常用的主要有 3 个命令，因为每个查看进程命令的功能不同，所以对应的应用场景也有所不同，下面针对每个命令的应用进行详细介绍。

1. ps 命令

ps 命令是最常用的进程查看命令，通过执行 ps 命令可以查看正在运行的进程状态，以及这个进程有没有变成“僵尸进程”，进程占用资源情况等。但是 ps 命令查看进程是显示瞬间进程的状态，并不是动态连续的。

命令语法如下：

```
ps    [选项]
```

在该语法中，选项参数值有 6 个，如表 8.19 所示。

表 8.19　ps 命令选项参数值说明

选　项	说　明
-a	显示一个终端的所有进程，除了会话引线
-u	显示当前用户进程及内存的使用情况
-x	显示没有控制终端的进程
-l	长格式显示更加详细的信息
-e	显示所有进程
-f	全格式，包括命令行

在执行 ps 命令后，会显示一个进程列表，在这个列表中会显示进程的详细信息，如图 8.16 所示，

列表表头字段说明如表 8.20 所示。

```
USER       PID %CPU %MEM    VSZ   RSS TTY      STAT START   TIME COMMAND
root         1  0.0  0.3 128028  6532 ?        Ss   Dec20   0:00 /usr/lib/systemd/systemd
--root --system --deserialize 22
root         2  0.0  0.0      0     0 ?        S    Dec20   0:00 [kthreadd]
root         3  0.0  0.0      0     0 ?        S    Dec20   0:00 [ksoftirqd/0]
root         5  0.0  0.0      0     0 ?        S<   Dec20   0:00 [kworker/0:0H]
root         6  0.0  0.0      0     0 ?        S    Dec20   0:00 [kworker/u2:0]
```

图 8.16　进程列表详细信息

表 8.20　进程列表字段说明

字　段	说　明
USER	该进程是由哪个用户产生的
PID	进程的 ID
%CPU	该进程占用 CPU 资源的百分比
%MEM	该进程占用物理内存的百分比
VSZ	该进程占用虚拟内存的大小，单位为 KB
RSS	该进程占用实际物理内存的大小，单位为 KB
TTY	该进程是在哪个终端运行的
STAT	进程状态，这个状态取值如表 8.21 所示
START	该进程的启动时间
TIME	该进程占用 CPU 的运算时间，注意不是系统时间
COMMAND	产生此进程的命令名

表 8.21　STAT——进程状态取值说明

字　段	说　明
-D	不可被唤醒的睡眠状态，通常用于 I/O 情况
-R	该进程正在运行
-S	该进程处于睡眠状态，可被唤醒
-T	停止状态，可能是在后台暂停或进程处于除错状态
-W	内存交互状态
-X	崩溃的进程
-Z	僵尸进程。进程已经中止，但是部分程序还在内存当中
-<	高优先级
-N	低优先级
-L	被锁入内存
-s	包含子进程
-l	多线程
-+	位于后台

【例 8.14】列出所有正在内存中运行的进程。

如果系统当前正在运行的进程较多，可以通过 more 命令分步查看，在命令行模式下输入“ps aux|more”命令，具体实操如图 8.17 所示。

```
[root@localhost ~]# ps aux|more
USER       PID %CPU %MEM    VSZ   RSS TTY      STAT START   TIME COMMAND
root         1  0.0  0.3 128028  6532 ?        Ss   Dec20   0:00 /usr/lib/syster
-root --system --deserialize 22
root         2  0.0  0.0      0     0 ?        S    Dec20   0:00 [kthreadd]
root         3  0.0  0.0      0     0 ?        S    Dec20   0:00 [ksoftirqd/0]
root         5  0.0  0.0      0     0 ?        S<   Dec20   0:00 [kworker/0:0H]
root         6  0.0  0.0      0     0 ?        S    Dec20   0:00 [kworker/u2:0]
```

图 8.17　查看所有在内存中运行的进程

2. top 命令

top 命令查看进程是以动态方式进行查看的，可以通过按键来不断刷新当前状态，执行 top 命令后，它将独占前台，直到终止该程序为止。top 命令提供了实时的对系统处理器的状态监控，该命令可以按 CPU 使用率、内存使用率和执行时间对任务进行排序，而且该命令的很多特性都可以通过交互式命令或者在个人定制文件中进行设定。

命令语法如下：

```
top    [选项]
```

在该语法中，选项参数值有 8 个，如表 8.22 所示。

表 8.22　top 命令选项参数值说明

选　项	说　明
-d	改变显示的更新速度
-q	没有任何延迟的显示速度
-c	切换显示模式，1 是只显示执行档的名称，2 是显示完整的路径与名称
-S	累积模式，会将已完成或消失的子进程的 CPU time 累积起来
-s	安全模式，将交谈式指令取消，避免潜在的危机
-i	不显示任何闲置或无用的进程
-n	更新的次数，完成后将会退出 top
-b	批次档模式

【例 8.15】显示系统进程并且每 3 秒更新一次信息。

在命令行模式下，输入 top 命令显示进程信息，按指定秒数更新信息，通过设置“-d”参数来实现，输入完整命令为“top　-d　3”，具体实操如图 8.18 所示，退出 top 进程查看需要按 Ctrl+C 键。

```
top - 00:26:30 up 1 day,  9:50,  1 user,  load average: 0.00, 0.01, 0.05
Tasks: 102 total,   1 running, 100 sleeping,   1 stopped,   0 zombie
%Cpu(s):  0.0 us,  0.0 sy,  0.0 ni,100.0 id,  0.0 wa,  0.0 hi,  0.0 si,  0.0 st
KiB Mem :  1882300 total,  1342616 free,   132820 used,   406864 buff/cache
KiB Swap:  2097148 total,  2097148 free,        0 used.  1571816 avail Mem

  PID USER      PR  NI    VIRT    RES    SHR S %CPU %MEM     TIME+ COMMAND
    1 root      20   0  128028   6532   4140 S  0.0  0.3   0:00.00 systemd
    2 root      20   0       0      0      0 S  0.0  0.0   0:00.00 kthreadd
    3 root      20   0       0      0      0 S  0.0  0.0   0:00.00 ksoftirqd/0
    5 root       0 -20       0      0      0 S  0.0  0.0   0:00.00 kworker/0:0H
    6 root      20   0       0      0      0 S  0.0  0.0   0:00.00 kworker/u2:0
    7 root      rt   0       0      0      0 S  0.0  0.0   0:00.00 migration/0
```

图 8.18　使用 top 命令查看进程

3．pstree 命令

pstree 命令是以树形结构显示程序和进程之间的关系的，ps 命令可以显示当前正在运行的进程信息，tree 主要功能是创建文件列表，将所有文件以树的形式列出来。pstree 命令用于查看进程树之间的关系，即哪个进程是父进程，哪个是子进程，以树形结构展示。

命令语法如下：

```
pstree [选项] [进程号] [用户]
```

在该语法中，选项参数值有 5 个，如表 8.23 所示。

表 8.23　pstree 命令选项参数值说明

选　项	说　明
-a	显示启动每个进程对应的完整指令，包括启动进程的路径、参数等
-c	不使用精简法显示进程信息，即显示的进程中包含子进程和父进程
-p	显示进程的 PID
-u	显示进程对应的用户名称
-n	根据进程 PID 号排序输出，默认是以程序名排序输出的

【例 8.16】显示进程树的同时显示进程号。

在命令行模式下输入“pstree -p”命令，“-p”参数用于显示进程的 PID 值，结果以树型结构显示，可以直观地看出进程间的父子关系。具体实操如图 8.19 所示。

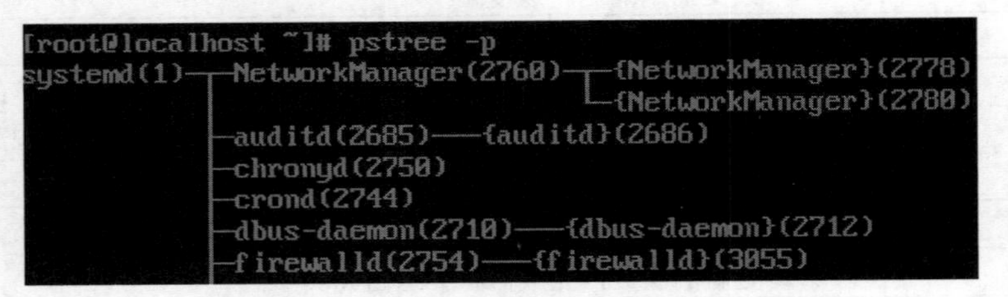

图 8.19　显示进程树

8.3.4　定时调度任务进程

crond 是 Linux 下用来周期性地执行某种任务或等待处理某些事件的一个守护进程，与 Windows 下的计划任务类似，当操作系统安装完成后，默认会安装此服务工具，并且会自动启动 crond 进程。crond 进程每分钟会定期检查是否有要执行的任务，如果有要执行的任务，则自动执行该任务。

为什么要使用定时任务呢？例如，我们的数据库或者代码程序需要每天晚上零点做一次全备份，这样每天夜里都需要执行周期性的工作，如果让人操作，就需要每天半夜爬起来登录系统执行任务。另外，执行任务的过程可能持续几个小时，这样一来，运维人员晚上无法正常休息，显然是不行的。那么有什么办法能解决这个周期性的执行任务需求呢？于是便有了定时任务。

crontab 是 Linux 系统自带的定时执行工具，可以在无须人工干预的情况下运行作业。crontab 通过 crond 进程来提供服务，crond 进程每分钟会定期检查是否有要执行的任务，如果有，则自动执行该任务。crond 进程通过读取 crontab 配置来判断是否有任务执行，以及何时执行。crond 进程会在 3 个位置

查找 crontab 配置文件，如表 8.24 所示。crontab 命令中的时间参数配置文件如图 8.20 所示，时间参数说明如表 8.25 所示。在设置定时时间时，除了设置固定的数据，也会使用一些特殊字符，以方便对定时任务进行设置，这些特殊字符如表 8.26 所示。

表 8.24　crontab 配置文件所在位置

路　径	说　明
/var/spool/cron/	该目录存放用户的 crontab 任务，每个任务以登录名命名
/etc/crontab	该目录存放由系统管理员创建并维护的 crontab 任务
/etc/cron.d/	该目录存放任何要执行的 crontab 任务

```
[root@localhost ~]# cat /etc/crontab
SHELL=/bin/bash
PATH=/sbin:/bin:/usr/sbin:/usr/bin
MAILTO=root

# For details see man 4 crontabs

# Example of job definition:
# .---------------- minute (0 - 59)
# |  .------------- hour (0 - 23)
# |  |  .---------- day of month (1 - 31)
# |  |  |  .------- month (1 - 12) OR jan,feb,mar,apr ...
# |  |  |  |  .---- day of week (0 - 6) (Sunday=0 or 7) OR sun,mon,tue,wed,thu,fri,sat
# |  |  |  |  |
# *  *  *  *  * user-name  command to be executed
```

图 8.20　crontab 配置文件

表 8.25　crontab 时间参数说明

时　间	说　明
minute	一小时当中的第几分钟，时间取值可以是 0～59 的任何整数
hour	一天当中的第几小时，时间取值可以是 0～23 的任何整数
day of month	一个月当中的第几天，时间取值可以是 1～31 的任何整数
month	一年当中的第几个月，时间取值可以是 1～12 的任何整数
day of week	一周当中的星期几，时间取值可以是 0～7 的任何整数

表 8.26　crontab 中的特殊字符

特 殊 字 符	说　明
*	代表所有可能的值。例如，month 字段如果是星号，则表示在满足其他字段的制约条件后，每个月都执行该命令
,	可以用逗号隔开的值指定一个列表范围，例如，“1,2,5,7,8,9”
-	表示一个整数范围，例如，“2-6”表示“2,3,4,5,6”
*/n	指定时间的间隔频率，例如，“0-23/2”表示每两小时执行一次

命令语法如下：

```
crontab [选项]
```

在该语法中，选项参数值有 3 个，如表 8.27 所示。

表 8.27 crontab 命令选项参数值说明

选 项	说 明
-e	使用文字编辑器来设定时程表，内定的文字编辑器是 vi
-r	删除目前的时程表
-l	列出目前的时程表

【例 8.17】设置定时任务，每隔一分钟执行一次。

每隔一分钟把 root 用户主目录下的文件列表保存到 filelist 文件中，实现这个功能需要在命令行模式下输入“crontab -e”命令，按 Enter 键，进入 vi 编辑脚本，输入设置的脚本保存退出即可，具体实操如图 8.21 所示。

```
*/1 * * * * ls -l /root > /root/filelist
```

图 8.21 设置定时任务脚本

8.3.5 进程的优先级

CPU 在运算数据时，并不是把一个进程数据运算完成，再进行下一个进程数据的运算。如果当前系统中有 3 个应用进程，它们的进程优先级是相同的，分别是进程 A、进程 B、进程 C。CPU 是先运算进程 A，再运算进程 B，再运算进程 C，然后再运算进程 A，循环进行，直到进程任务结束。如果是在进程中设置了优先级，进程并不会依次运算，而是哪个进程的优先级高，哪个进程就会在一次运算循环中被更多次的执行运算。在进程中表示优先级的参数主要有两个，即 Priority 和 Nice，其中 PRI 是 Priority 的缩写，NI 是 Nice 的缩写。这两个参数的数值越小，代表该进程越优先被 CPU 处理。这两个参数的区别是，PRI 值用户不能直接修改，由 Linux 系统内核动态调整；NI 值可以由用户进行修改。所以我们可以通过修改 NI 值来调整 PRI 的值，间接调整进程的优先级。关于 PRI 与 NI 的关系可以使用一个公式来表示。

```
PRI (最终值) = PRI (原始值) + NI
```

在修改 NI 值时，需要注意几个问题。NI 值可修改的范围是−20～19，但对于普通用户可调整 NI 值的范围是 0～19，而且只能调整自己的进程。普通用户只能调高 NI 值，且不能降低。只有 root 用户才能设置 NI 值为负值，而且可以调整任何用户的进程。

8.3.6 进程调度

在 Linux 系统下为什么要进行进程调度？这里的调度是什么意思呢？所有程序的运行都需要 CPU 的运算，面对众多的进程执行请求，CPU 如何响应及管理的方式就是调度，或对 CPU 进行时间分割管理的具体做法就叫作调度。

最早的计算机是没有进程调度功能的，程序只能一次运行一个，一个进程结束后才能去运行下一个进程。也就是说，系统没有办法同时运行多个进程。即便是没有运行多个进程的需求，如果程序在运行的过程中需要等待 IO，CPU 就只能空转，十分浪费 CPU 资源。基于这个问题，最早的研发人员提出了协作式多任务。当程序需要 IO 而阻塞时，就会去调度执行其他进程。但是这种方式存在很大的

问题，就是每个进程运行的时间片长短是不确定的，而且是很偶然、很随机的。如果一个进程一直在做运算，就是不进行 IO 操作，那么它就会一直占用 CPU 资源。针对这个问题，当时想出来的解决办法就是靠道德约束。因为当时的计算机使用者只是少数科研机构和政府机关人员，一台计算机的共同使用者都认识。

随着计算机的普及，计算机的使用者从专业人员变成了大众，主要靠“道德约束”的协作式多任务已经行不通了，需要强制执行多任务，也就是抢占式多任务。抢占式多任务使得每个进程都可以相对公平地平分 CPU 时间，如果一个进程运行了过长的时间，就会被强制性地调度出去，不管这个进程是否愿意。有了抢占式多任务，我们在宏观上不仅可以同时运行多个进程，而且它们会一起齐头并进地往前运行，不会出现某个进程被“饿死”的情况，这样运行程序的体验就非常好了。

8.3.7　后台运行进程

在 Linux 系统下，使用命令执行某个比较耗时的任务时，会长时间占用终端，例如，上传较大文件，这会给运行其他程序或命令带来很多麻烦。如果把这种比较耗时的命令发送到后台去执行，这样就能把终端释放出来，去继续执行其他命令，这是比较好的选择。如何把程序发送到后台去执行，其实非常简单，只需要在命令的后面加上“&”符号即可。

命令语法如下：

```
命令 &
```

如果已经运行了一个程序，又想把这个程序发送到后台去运行，也是可以做到的。这时需要先按 Ctrl+Z 键，暂停正在运行的进程。然后使用 bg 命令向后台发送进程，被挂起的进程就会被转到后台继续运行。

命令语法如下：

```
正在运行的程序
^z
bg
```

如果想要查看正在运行的后台进程有哪些，可以使用 jobs 命令进行查看，在使用这个命令查看后台运行进程时，会看到有的序号后面会跟着“+-”符号，“+”表示最后执行的一个进程，“-”表示倒数第二执行的进程。

8.3.8　终止进程

在运行 Linux 系统的过程中，难免会有某个进程出现僵死状态，由于端口资源被占用或其他原因，想重启进程也无法实现，只有通过终止进程的方式来结束该进程。下面主要介绍两种常用的结束进程的方法，分别是 kill、killall 命令，其中 kill 可以用于结束指定进程，killall 用于结束同名进程。

通过 kill 命令结束进程，这个命令是结束进程使用频率最高的命令，需要与 ps 命令配合使用，因为需要先确认进程号 PID 值，才能结束指定的进程。如果遇到的是僵死进程，直接执行 kill 命令可能会失败，通常使用“-9”参数来强制结束进程。

命令语法如下：

```
kill [选项] [进程号]
```

在该语法中，选项参数值有 5 个，如表 8.28 所示。

表 8.28　kill 命令选项参数值说明

选　项	说　明
-l	如果不加信号的编号参数，则使用“-l”参数会列出全部的信号名称
-a	当处理当前进程时，不限制命令名和进程号的对应关系
-p	指定 kill 命令只打印相关进程的进程号，而不发送任何信号
-s	指定发送信号
-u	指定用户

kill 命令一共有 7 种信号，可以无条件终止进程，如表 8.29 所示。

表 8.29　kill 无条件终止进程信号

数　字	说　明
1	终端断线
2	中断 = Ctrl+C
3	退出 = Ctrl+\
9	强制终止
15	终止
18	继续
19	暂停

【例 8.18】强制杀掉一个正在运行的进程。

杀掉一个正在运行的 vi 进程。在杀掉这个 vi 进程前，需要先查询它的进程号，在查询 vi 进程时可以看到有两个 vi 进程，杀掉其中一个，具体实操如图 8.22 所示。

```
[root@localhost ~]# ps -ef|grep vi
root      4408  4108  0 Dec21 tty1     00:00:00 vi
root      6593  4108  0 06:39 tty1     00:00:00 vi
root      6632  4108  0 06:44 tty1     00:00:00 grep --color=auto vi
[root@localhost ~]# kill -9 6593
[root@localhost ~]# ps -ef|grep vi
root      4408  4108  0 Dec21 tty1     00:00:00 vi
root      6639  4108  0 06:45 tty1     00:00:00 grep --color=auto vi
[2]+  Killed                  vi
```

图 8.22　杀掉一个正在运行的进程

8.4　要点回顾

在本章的文件管理内容中，有两个重要的文件管理操作，分别是文件权限操作与文件的压缩和解压操作。在文件权限的操作中，应重点掌握权限的查看、修改、添加、删除操作，会根据文件的需求设置文件的权限。在解压缩的操作中，能把各种下载的压缩文件类型进行解压。除了以上知识点，本章还讲解了进程概念，在理解进程的定义上，要实践进程的基本操作，如查看进程、终止进程，在实际的生产环境中，这两个基本操作非常有用。

第 9 章

Linux 文件系统

在 Linux 系统下做运维的人员，都有这样一种体会，“Linux 的一切皆文件”，可见文件管理在 Linux 系统中的重要程度。Linux 系统是如何管理文件的？本章将介绍 Linux 文件系统的工作原理，以及文件系统是如何管理文件的。

本章知识架构及重点、难点内容如下：

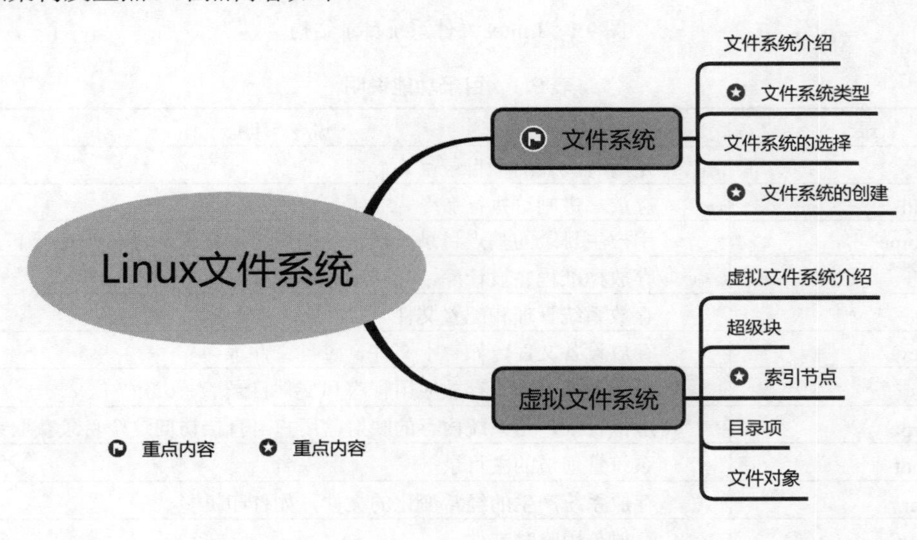

9.1 文 件 系 统

9.1.1 文件系统介绍

Linux 文件系统是操作系统用于明确存储设备或分区上的文件管理方法和数据结构，即在存储设备上组织文件的方法。操作系统中负责管理和存储文件信息的软件结构称为文件管理系统，简称文件系统。从系统角度来看，文件系统是对文件存储设备的空间进行组织和分配，负责文件存储并对存入的文件进行保护和检索的系统。具体地说，文件系统负责为用户建立、存入、读出、修改、转储文件，控制文件的存取、安全、日志、压缩、加密等操作。在 Windows 系统中也有文件系统，与 Windows 系统的文件系统相比，Linux 的文件系统没有盘符，如 C 盘、D 盘。所有存在不同分区的数据构成一个唯一的目录树。用户可以根据需要选择是否挂载某个分区。

Linux 文件系统采用树状目录结构，即只有一个根目录，其中含有下级子目录或文件的信息，子目录中又可以包含更多的子目录或者文件信息，这样一层一层地延伸下去，构成了一棵倒置的树。在目录树中，根结点和中间结点都必须是目录，而文件只能作为叶子结点出现，当然，目录也可以是叶子结点。Linux 文件系统目录结构如图 9.1 所示，目录功能说明如表 9.1 所示。

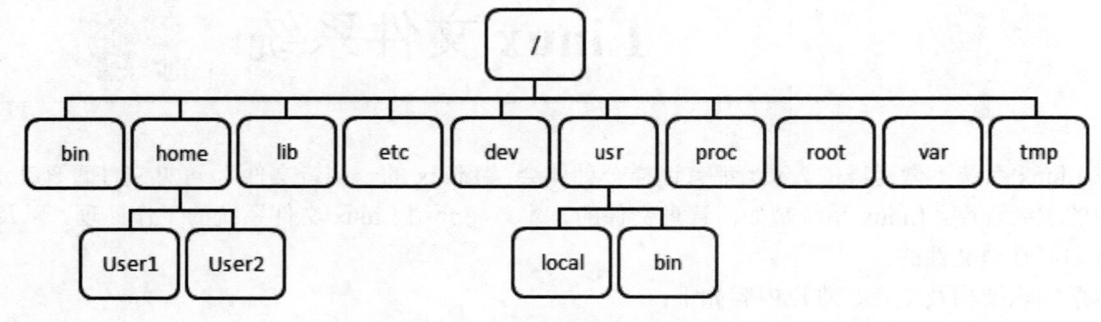

图 9.1　Linux 文件系统目录结构

表 9.1　目录功能说明

目　录	说　明
/	是所有文件的根目录
bin	存放二进制可执行命令
home	用户主目录的基点目录，默认每个用户主目录都设在该目录下
lib	存放标准程序设计库，又叫动态链接共享库目录
etc	存放系统管理和配置文件
dev	存放设备文件，如声卡文件、磁盘文件等
usr	最庞大的目录，存放应用程序和文件目录
proc	虚拟目录，是系统内存的映射，用户可直接访问这个目录获取系统信息
root	系统管理员的主目录
var	存放系统产生的经常变化的文件，如打印机
tmp	存放公用临时文件

9.1.2　文件系统类型

在 Linux 系统下，不同文件系统采用不同的方法来管理磁盘空间，各有优缺点。不同的分区是可以采用不同的文件系统的，在进行分区格式化时可以采用指定的文件系统类型对分区空间进行登记、索引建立相应的管理表格。Linux 系统下常用的文件系统类型及说明如表 9.2 所示。

表 9.2　Linux 文件系统类型

文件系统类型	说　明
Ext3	Ext3 是第三代扩展文件系统，具有高可用性、数据完整性等特点
Ext4	Ext4 是第四代扩展文件系统，具有支持更多子目录、更多结点等特点
XFS	该文件系统是高性能的日志文件系统，特别擅长处理大文件
tmpfs	临时文件系统，是一种基于内存的文件系统
devtmpfs	设备文件系统，将所有文件保存在虚拟内存中

续表

文件系统类型	说 明
swap	该文件系统是交换分区使用的，并且在交换分区只能使用 swap
FAT	Windows 98 以前的微软操作系统主要用的文件系统
ISO9660	这是光盘所使用的文件系统，在 Linux 中对光盘已有了很好的支持
Btrfs	新一代的文件系统，目标是取代 Ext 系列文件系统
JFS	该文件系统主要是为满足服务器的高吞吐量和可靠性
NFS	该文件系统是指网络文件系统，可实现局域网内文件共享

Linux 系统支持多文件系统，在不同的分区可以使用不同的文件系统，如何在当前系统下查看文件系统的类型呢？这就需要用到 df 命令。

命令语法如下：

```
df [选项] [目录或文件]
```

在该语法中，选项参数值有 6 个，如表 9.3 所示。

表 9.3 df 命令选项参数值说明

选 项	说 明
-a	显示所有文件系统信息，包括系统特有的/proc、/sysfs 等文件系统
-m	以 MB 为单位显示容量
-k	以 KB 为单位显示容量，默认以 KB 为单位
-h	使用人们习惯的 KB、MB 或 GB 等单位自行显示容量
-T	显示该分区的文件系统名称
-i	不用硬盘容量显示，而是以含有 inode 的数量来显示

【例 9.1】查看所有分区文件系类型。

在命令行模式下输入“df -ah”命令，注意“-a”选项会把很多特殊文件系统显示出来，这些文件系统包含的大多是系统数据，存在内存当中，不占用硬盘空间，具体实操如图 9.2 所示。

```
[root@localhost ~]# df -ah
Filesystem       Size  Used Avail Use% Mounted on
rootfs              -     -     -    - /
sysfs               0     0     0    - /sys
proc                0     0     0    - /proc
devtmpfs         908M     0  908M   0% /dev
securityfs          0     0     0    - /sys/kernel/security
tmpfs            920M     0  920M   0% /dev/shm
devpts              0     0     0    - /dev/pts
tmpfs            920M  8.6M  911M   1% /run
tmpfs            920M     0  920M   0% /sys/fs/cgroup
cgroup              0     0     0    - /sys/fs/cgroup/systemd
pstore              0     0     0    - /sys/fs/pstore
```

图 9.2 查看所有分区文件系统

9.1.3 文件系统的选择

由于 Linux 系统支持非常多的文件系统类型，各个文件系统在功能及性能方面又有不小的差异，因此在选择文件系统时，是一件比较困难的事情，本节主要针对 3 个主流的文件系统进行分析，分别是 Ext4、XFS 和 Batrfs。

（1）Ext4 日志文件系统是第四代扩展文件系统，此文件系统是 Linux 应用最广泛的日志文件系统之一。Ext4 稳定版本发布于 2008 年，即 Linux 2.6.28 版本。Ext4 在 Ext3 的基础上增加了许多新特性，主要有对大文件的支持、优化了日志校验、无日志模式、多块分配、延迟分配、在线去除碎片等。在对大文件的支持中，最大卷支持 1EiB，最大文件支持 16TiB。Ext4 中实现了基于连续块的数据管理。通过这个功能大大降低了用于索引大文件的元数据量，访问性能也得到了极大的提升。

（2）XFS 文件系统是扩展文件系统，同时 XFS 也是 64 位高性能日志文件系统。对 XFS 的支持大概是在 2002 年合并到了 Linux 内核，到了 2009 年，redhat 企业版 Linux 5.4 也支持了 XFS 文件系统。对于 64 位文件系统，XFS 支持的最大文件系统大小为 8EiB。目前 RHEL7.0 文件系统默认使用 XFS，2001 年进入 Linux 内核，如今已被大多数 Linux 发行版支持。兼容性最好的是红帽公司主打的操作系统 RHEL7 和 RHEL8，二者都选 XFS 为默认的文件系统，红帽的很多工程师也深度参与了 XFS 的开发和维护。XFS 文件系统的结构不同于 Ext4，它通过 B+树来索引 Inode 和数据块。用树结构的文件系统通常相比 Ext4 用表结构，如链表、直接/间接 Block 以及 Extent，能更好地支持大文件，如视频/数据库文件等。另外，其元数据规模少，使得硬盘可用空间更多，实测 XFS 平均至少 1.5%以上的可用空间。而且是其动态分配 Inode 的实现机制，只要有空间，就不会耗尽 Inode。通过 df 命令可看出，其 Inode 初始值就是 Ext4 的 10 倍左右。另外，XFS 可以更高效地支持并行 IO 操作，RAID 上的扩展性更好，多线程并行读写时相比 Ext4 有优势。当然 XFS 文件系统也有一些缺陷，如它不能压缩，导致删除大量文件时性能低下。

（3）Btrfs 是一个支持 COW（copy on write，写时复制）的文件系统，复制文件时不复制数据而只创建引用链接，引用链接和硬链接类似，都是不同文件指向同一份数据。和硬链接不同的是，引用链接不共享源文件的 Inode，所以修改引用链接并不会影响源文件。Btrfs 的强大之处在于实现了很多先进特性的同时，保持了很高的容错能力、可扩展性以及可靠性。其最早的 B-tree 数据结构也是 2007 年才提出的，Btrfs 比 Ext4、XFS 小了近 20 年，是一个现代文件系统。Btrfs 相对其他文件系统提供了更多功能，主要有超大文件支持、高效率的文件存储、内置 RAD 支持、动态 Inode 分配等。另一方面，Btrfs 是一个现代文件系统，可以处理多达 16 倍于 Ext4 的数据以及更好的容错。这种改进特别重要，因为 Linux 现在在更多企业实体中使用。Btrfs 有很多很好的特性，如快照、校验和复制。Btrfs 正在快速增长，但仍被认为不稳定。

9.1.4 文件系统的创建

任何的存储介质都需要在建立文件系统后才能正常使用，如硬盘、U 盘等。在 Windows 系统下，我们可以通过格式化 U 盘来建立文件系统，Windows 常用的文件系统格式主要有 FAT16、FAT32、NTFS。在 Linux 系统下，建立文件系统是通过 mkfs 命令来实现的。

命令语法如下：

```
mkfs [选项] [设备名]
```

在该语法中，选项参数的取值有 4 种，如表 9.4 所示。

表 9.4　mkfs 命令选项参数的取值说明

选　项	说　明
-V	详细显示模式
-t	给定档案系统的型式
-c	在制作档案系统前，检查该分区是否有坏轨
-l	将有坏轨的块资料加到坏块文件中

【例 9.2】在一个新的磁盘分区下创建文件系统。

关于如何给磁盘分区，如何格式化磁盘，将在第 10 章有详细介绍，这里只讲解在新的磁盘中进行格式化时如何建立文件系统，本例建立的文件系统格式为 Ext4，指定系统格式需要通过参数“-t”来设置，本实例给磁盘分区 sdb1 建立一个 Ext4 的文件系统，具体实操如图 9.3～图 9.5 所示。

图 9.3　查看 sdb1 磁盘分区文件系统

```
[root@localhost ~]# mkfs -t ext4 /dev/sdb1
mke2fs 1.42.9 (28-Dec-2013)
Filesystem label=
OS type: Linux
Block size=4096 (log=2)
Fragment size=4096 (log=2)
Stride=0 blocks, Stripe width=0 blocks
65536 inodes, 261888 blocks
13094 blocks (5.00%) reserved for the super user
First data block=0
Maximum filesystem blocks=268435456
8 block groups
32768 blocks per group, 32768 fragments per group
8192 inodes per group
Superblock backups stored on blocks:
        32768, 98304, 163840, 229376
```

图 9.4　执行格式化创建文件系统

图 9.5　查看 sdb1 磁盘分区的文件系统

9.2 虚拟文件系统

9.2.1 虚拟文件系统介绍

Linux 支持多种文件系统格式，如 Ext3、Ext4、FAT、NTFS、iso9660 等，不同的磁盘分区、光盘或其他存储设备都有不同的文件系统格式，然而这些文件系统都可以使用 mount 命令挂载到某个目录下，使我们看到一个统一的目录树，各种文件系统上的目录和文件我们用 ls 命令查看是一样的，读写操作也都是一样的，这是怎么做到的呢？Linux 内核在各种不同的文件系统格式之上做了一个抽象层，使得文件、目录、读写访问等概念成为抽象层的概念，因此各种文件系统看起来、用起来都一样，这个抽象层称为虚拟文件系统。虚拟文件系统的原理如图 9.6 所示。

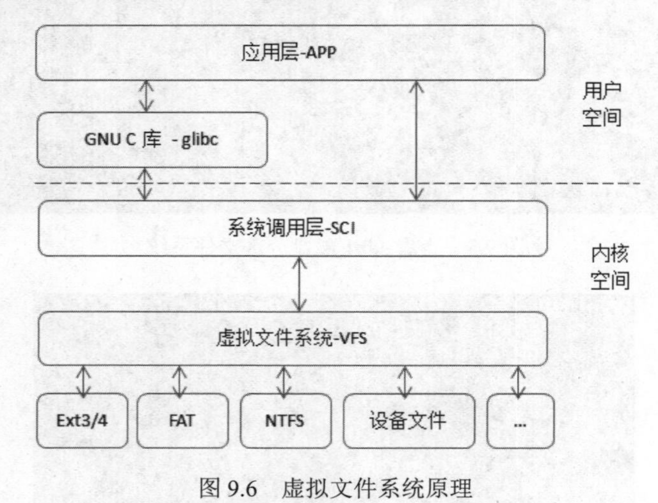

图 9.6 虚拟文件系统原理

9.2.2 超级块

超级块对象是虚拟文件系统非常重要的数据结构，一个文件系统对应一个超级块，一个硬盘的第一个扇区存储着主引导记录和分区表，每个分区表管理一个硬盘分区，每个分区的第一个块存储着超级块的信息，然后是 Inode 位图、块位图、数据块。超级块数据结构的成员变量如图 9.7 所示。

```
struct super_block {

struct list_head s_list; //通过该变量链接到超级块全局链表super_blocks上
dev_t s_dev; //该文件系统对应的块设备标识符
unsigned char s_blocksize_bits;
unsigned long s_blocksize; //该文件系统的block size
loff_t s_maxbytes; //文件系统支持的最大文件
struct file_system_type *s_type; //文件系统类型，比如ext3、ext4
const struct super_operations *s_op; //超级块的操作函数
const struct dquot_operations *dq_op; //文件系统限额相关操作
const struct quotactl_ops *s_qcop; //磁盘限额
const struct export_operations *s_export_op;
```

图 9.7 主要的超级块数据结构成员变量

在超级块中，文件系统类型是个重要的数据类型，在这个结构体中设置了文件系统的类型，file_system_type 数据结构成员变量如图 9.8 所示。

```
struct file_system_type {

const char *name; //文件系统名称，如ext4, xfs
...
struct dentry *(*mount) (struct file_system_type *, int,
const char *, void *); //对应的mount函数
void (*kill_sb) (struct super_block *);
struct module *owner;
struct file_system_type * next; //通过该变量将系统上所有文件系统类型链接到一起
struct hlist_head fs_supers; //该文件系统类型锁包含的超级块对象
...
};
```

图 9.8　文件系统类型数据结构成员变量

下面以 Ext4 文件系统为例，介绍超级块创建的过程，这要从文件系统的挂载开始，主要是分配超级块和填充超级块。先看分配超级块，需要考虑该设备是否已经挂载（mount）过，不能重复挂载，就像同类型的文件系统也不能重复注册一样。分配超级块后需要做一些初始化工作，如各种链表初始化，以及设置缓存回收函数等。分配后就要考虑如何管理这个超级块，要将其加入全局超级块链表，对应的文件类型也要加入全局文件系统列表，同时还要把刚才初始化设置的缓存回收函数注册到全局回收链表。超级块的填充主要针对具体的文件系统，设置对应的超级块信息。设置该文件系统对应的超级块操作函数，里面包含了对 Inode 资源本身的一些操作集合，如分配、销毁、写等操作。

9.2.3　索引结点

在 Linux 系统中，如果要分区就要进行格式化，创建文件系统。在每个 Linux 存储设备或存储设备的分区（可以是硬盘、软盘、U 盘等）被格式化为 Ext4 文件系统后，一般分为两个部分，第一部分就是索引结点，用 Inode 表示，这个结点的数据也被叫作元数据；第二部分是块，用 Block 表示。

索引结点对象 Inode 是用来存储文件属性信息的（也就是 ls -l 命令列出的大部分内容），Inode 包含的属性信息有文件大小、用户 ID、用户组 ID、读写权限、文件类型、修改时间，还包括指向文件实体的指针功能，但是，不包括文件名。因为 Inode 要存放文件的属性信息，所以 inode 是有大小的。有的系统是 128 个字节，有的是 256 个字节。Inode 大小在文件系统被格式化之后就无法更改了，格式化之前可以指定 Inode 大小。

块对象 Block 是用来存储文件实际内容的，如文本内容、照片内容、视频内容等。一个文件要占用一个 Inode 和至少一个 Block，一个 Block 只能被一个文件使用，不同文件可以共用一个 Inode，如硬链接。Inode 的总数是固定的，小文件过多就可能造成磁盘空间剩余过多，而 Inode 却使用完了，剩余的磁盘空间没有办法通过分配 Inode 进行存储的情况。如果想查看 Inode 的使用情况，可以通过“df -i”命令实现，实操效果如图 9.9 所示。

一个大文件，其文件内容占用了大量存储空间，明显一个 Inode 就不能完全记录这个文件存储位置的指针。为此记录区块的区域定义为 12 个直接、一个间接、一个双间接、一个三间接记录区。这些“间接”就是拿一个区块作为记录区来使用的，这些就是延伸出来的“记录区”，当一个 Inode 中的 12

个直接记录区直接指向真实内容 block 号码。间接记录区指向 block1，block1 记录了真实内容的 block 号码；双间接记录区指向 block1，这个 block1 指向一个 block2，block2 记录了真实内容的 block 号码；三间接记录区指向 block1，这个 block1 指向一个 block2，block2 指向 block3，block3 记录了真实内容的 block 号码，Inode 指向模型如图 9.10 所示。

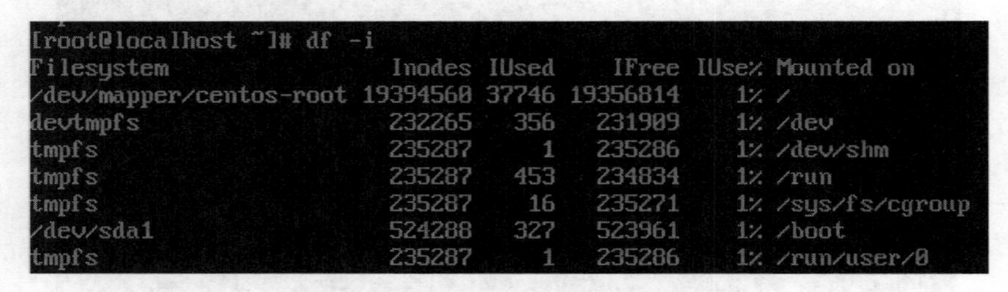

```
[root@localhost ~]# df -i
Filesystem               Inodes IUsed    IFree IUse% Mounted on
/dev/mapper/centos-root 19394560 37746 19356814    1% /
devtmpfs                 232265   356   231909    1% /dev
tmpfs                    235287     1   235286    1% /dev/shm
tmpfs                    235287   453   234834    1% /run
tmpfs                    235287    16   235271    1% /sys/fs/cgroup
/dev/sda1                524288   327   523961    1% /boot
tmpfs                    235287     1   235286    1% /run/user/0
```

图 9.9　查看 Inode 的使用情况

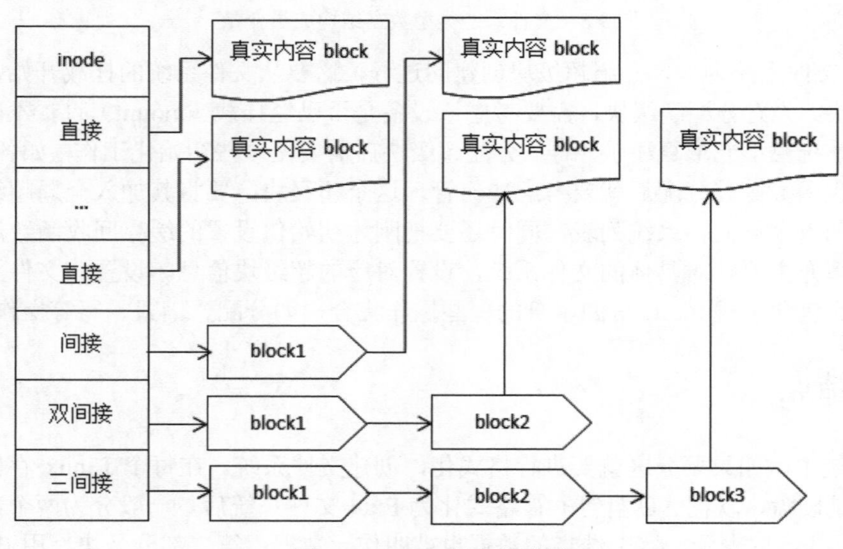

图 9.10　Inode 指向模型图

9.2.4　目录项

通过索引结点对象可以定位指定的对象，但是索引结点对象的属性非常多，在查找或比较文件时，直接使用索引结点对象效率非常低，所以引入了目录项。以字符串比较为例，编写解析一个文件路径的代码，执行很耗时。以目录项为基础，编写解析一个文件路径的代码，执行非常快。目录项对象主要有 3 种状态，对于这 3 种状态的说明如表 9.5 所示。

表 9.5　目录项 3 种状态

状　态	说　明
被使用	对应一个有效的索引结点，并且该对象有一个或多个使用者
未使用	对应一个有效的索引结点，但是 VFS 当前并没有使用这个目录项
负状态	没有对应的有效索引结点

9.2.5　文件对象

虚拟文件系统中的最后一个对象是文件对象，文件对象表示进程已打开的文件。进程直接处理的是文件，而不是超级块、索引结点或目录项。文件对象包含我们非常熟悉的信息，如访问模式、当前偏移等，同样道理，其文件操作和我们非常熟悉的系统调用读写操作也很类似。

文件对象是已打开的文件在内存中的表示。该对象不是物理文件，由相应的打开文件函数系统调用创建，由关闭文件系统调用销毁，所有文件相关的调用实际上都是文件操作表中定义的方法。因为多个进程可以同时打开和操作同一个文件，所以同一个文件也可能存在多个对应的文件对象。文件对象仅在进程上代表已打开文件，它反过来指向目录项对象，其实只有目录项对象才表示已打开的实际文件。虽然同一文件对应的文件对象不是唯一的，但对应的索引结点和目录项是唯一的。类似于目录项，文件对象也没有实际的磁盘数据，只有当进程打开文件时，才会在内存中产生一个文件对象。

9.3　要 点 回 顾

本章详细讲解了 Linux 文件系统的相关知识，从文件系统的底层实现，到文件系统的上层应用，并列举了相关实例。本章相关术语概念较多，需要通过具体操作相关实例去理解，文件系统不但是 Linux 中一个重要的概念，也是 Linux 内核的重要组成部分，希望读者通过本章内容的学习，为深入理解 Linux 打下良好的基础。

第 10 章

Linux 磁盘管理

磁盘是数据的重要存储载体，学习磁盘的管理，更有助于运维人员操作控制数据。本章主要介绍有关磁盘分区的查看、删除、挂载、格式化等相关操作命令，以及磁盘阵列及逻辑卷管理等内容。

本章知识架构及重点、难点内容如下：

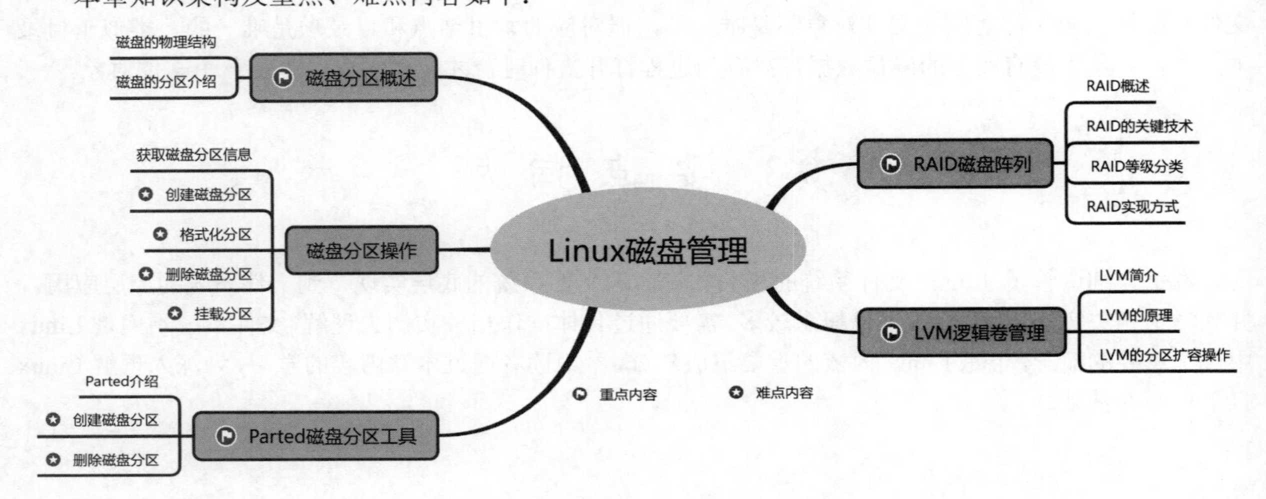

10.1 磁盘分区概述

10.1.1 磁盘的物理结构

磁盘是计算机主要的存储设备，也是计算机的主要构成硬件，一切的数据都存储在磁盘中。磁盘的内部结构是什么样的？由哪些部件组成？从存储数据的介质上来区分，硬盘可分为机械硬盘和固态硬盘，机械硬盘采用磁性碟片来存储数据，而固态硬盘通过闪存颗粒来存储数据。下面分别针对这两种硬盘的物理结构进行说明。

☑ 机械硬盘主要由盘片、磁头、盘片主轴、控制电机、磁头控制器、数据转换器、接口、缓存等几个部分组成。所有的盘片都固定在一个旋转轴上，这个轴即盘片主轴。而所有盘片之间是绝对平行的，在每个盘片的存储面上都有一个磁头，磁头与盘片之间的距离比头发丝的直径还小。所有的磁头连在一个磁头控制器上，由磁头控制器负责各个磁头的运动。磁头可沿盘片的半径方向运动，而盘片以每分钟数千转到上万转的速度在高速旋转，这样磁头就能对盘片上的指定位置进行数据的读写操作。由于硬盘是精密设备，尘埃是其大敌，所以必须完全密封。

☑ 固态硬盘和传统的机械硬盘最大的区别就是不再采用盘片进行数据存储，而采用存储芯片进行数据存储。固态硬盘的存储芯片主要分为两种，一种采用闪存作为存储介质，另一种采用 DRAM 作为存储介质。目前使用较多的主要是采用闪存作为存储介质的固态硬盘。固态硬盘因为丢弃了机械硬盘的物理结构，所以相比机械硬盘具有低能耗、无噪声、抗震动、低散热、体积小和速度快的优势，不过价格相比机械硬盘更高，而且使用寿命有限。

10.1.2　磁盘的分区介绍

对于 Windows 用户理解的分区，就是把一个硬盘的驱动器分成了 C 盘、D 盘等多个盘符，有几个盘符就有几个分区。在 Linux 下，硬盘的分区主要分为基本分区和扩充分区两种，基本分区和扩充分区的数目之和不能大于 4 个。且基本分区可以马上被使用，但不能再分区。扩充分区必须再进行分区后才能使用，也就是说它必须要进行二次分区。那么由扩充分区再分下去的是什么呢？它就是逻辑分区，逻辑分区没有数量限制。

在 Linux 中，每一个硬件设备都映射到一个系统文件，Linux 把各种 IDE 设备定义为一个由 hd 前缀组成的文件，例如，第一个 IDE 设备，Linux 就定义为 hda 文件，第二个 IDE 设备就定义为 hdb 文件，后面以此类推。如果是 SCSI 设备，Linux 就定义为 sda 文件、sdb 文件等，后面以此类推。

要进行分区就必须针对每一个硬件设备进行操作，硬盘可能是一块 IDE 硬盘或是一块 SCSI 硬盘。对于每一个硬盘设备，Linux 分配了一个 1～16 的序列号码，代表这块硬盘上面的分区号码。例如，第一个 IDE 硬盘的第一个分区，在 Linux 下面映射的就是 hda1，第二个分区就是 hda2。对于 SCSI 硬盘则是 sda1、sdb1 等。

每一个硬盘设备最多由 4 个主分区构成，任何一个扩展分区都要占用一个主分区号码，也就是在一个硬盘中，主分区和扩展分区最多是 4 个。计算机启动操作系统的引导程序都是存放在主分区上的。对于逻辑分区，Linux 规定必须建立在扩展分区上，而不是主分区上。

在 Linux 系统下，比较常用的分区命令是 fdisk，这个命令的缺点是不支持大于 2TB 的分区，如果需要对大于 2TB 的分区操作，需要使用 parted 命令。一般情况下，使用 fdsik 命令就足够了，此命令参数如表 10.1 所示。

表 10.1　fdsik 命令参数的取值说明

参　数	说　明
-a	设置可引导标记
-b	编辑 bsd 磁盘标签
-c	设置 DOS 操作系统兼容标记
-d	删除一个分区
-1	显示文件系统类型，82 为 Linux swap 分区，83 为 Linux 分区
-m	显示帮助菜单
-n	新建分区
-0	建立空白 DOS 分区表
-P	显示分区列表

续表

参　数	说　明
-q	不保存退出
-s	新建空白 SUN 磁盘标签
-t	改变一个分区的系统 ID
-u	改变显示记录单位
-V	验证分区表
-w	保存退出
-X	附加功能（仅专家）

10.2　磁盘分区操作

10.2.1　获取磁盘分区信息

在 Linux 系统下，作为运维人员需要一次又一次地查看硬盘分区表，通过查看分区合理重新组织旧驱动器，腾出更多可用空间。每次进行分区前后，都需要查看当前分区情况，查看整个磁盘的大小、当前的磁盘分区个数、每个磁盘分区的大小、主分区是哪个等。执行“fdisk -l”命令查看磁盘分区信息，具体实操如图 10.1 所示。

```
[root@localhost ~]# fdisk -l

Disk /dev/sda: 42.9 GB, 42949672960 bytes, 83886080 sectors
Units = sectors of 1 * 512 = 512 bytes
Sector size (logical/physical): 512 bytes / 512 bytes
I/O size (minimum/optimal): 512 bytes / 512 bytes
Disk label type: dos
Disk identifier: 0x000b8814

   Device Boot      Start         End      Blocks   Id  System
/dev/sda1   *        2048     2099199     1048576   83  Linux
/dev/sda2         2099200    83886079    40893440   8e  Linux LVM

Disk /dev/mapper/centos-root: 39.7 GB, 39720058880 bytes, 77578240 sectors
Units = sectors of 1 * 512 = 512 bytes
Sector size (logical/physical): 512 bytes / 512 bytes
I/O size (minimum/optimal): 512 bytes / 512 bytes


Disk /dev/mapper/centos-swap: 2147 MB, 2147483648 bytes, 4194304 sectors
Units = sectors of 1 * 512 = 512 bytes
Sector size (logical/physical): 512 bytes / 512 bytes
I/O size (minimum/optimal): 512 bytes / 512 bytes
```

图 10.1　查看磁盘分区信息

此命令正确执行后，显示了大量的数据信息，包括磁盘大小、磁面、扇区、磁柱、分区等，如何正确解读这些信息？磁盘信息如表 10.2 所示，分区信息如表 10.3 所示。

表 10.2　磁盘列表信息

字　　段	说　　明
Disk /dev/sda：42.9 GB	磁盘总大小是 42.9GB
Units = sectors of 1 * 512 = 512 byes	每个扇区的大小是 512byes
I/O size (minimum/optimal): 512 bytes / 512 bytes	每次读写的字节数
Disk label type:dos	表示分区类型是 MBR
Disk identifier	磁盘标识符

表 10.3　分区列表信息

字　　段	说　　明
Device	分区，这里有两个分区
Boot	启动分区，用*表示启动分区
Start	表示开始的柱面
End	表示结束的柱面
Blocks	block 块数量
Id	分区类型 id
System	分区类型

10.2.2　创建磁盘分区

在实际服务器运维工作中，会遇到磁盘空间不足，需要添加磁盘并扩充分区的情况，如何在新的磁盘建立分区？首先这个操作是在虚拟机上进行的，需要关闭当前虚拟机，在“设置”菜单中找到“存储”选项卡，如图 10.2 所示。单击控制器右侧的“添加”按钮，进入添加硬盘的操作页面，如图 10.3 所示。

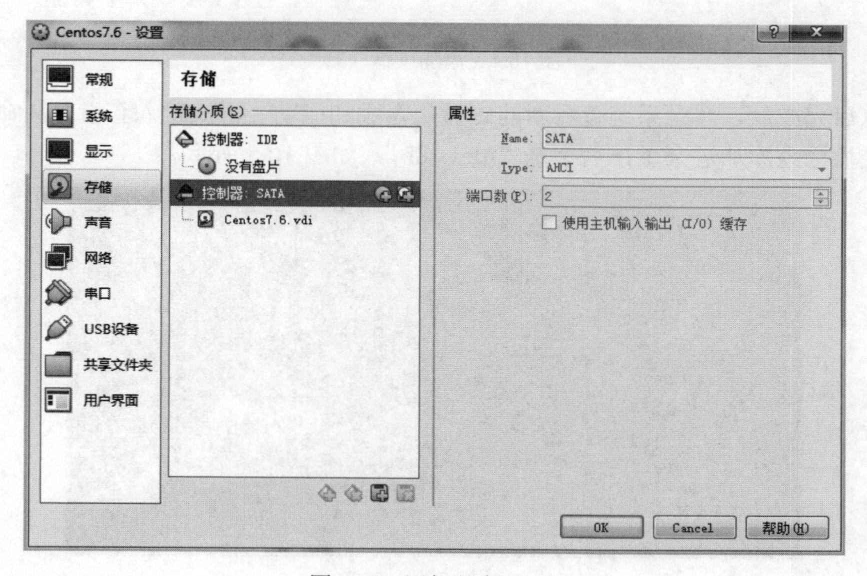

图 10.2　添加硬盘（1）

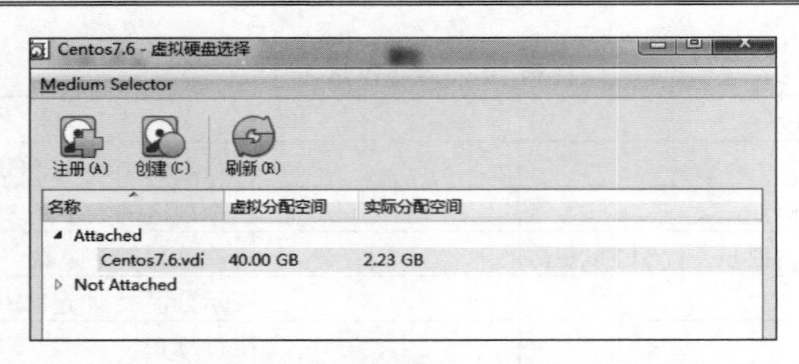

图 10.3　添加硬盘（2）

在如图 10.3 所示页面中，单击“创建”按钮，会显示一个磁盘创建的向导，在选择磁盘大小时选择 1GB，其他页面选择默认值。创建完成后，选择新添加的磁盘返回上一个页面，如图 10.4 所示。单击 OK 按钮完成添加磁盘，重新启动虚拟机。

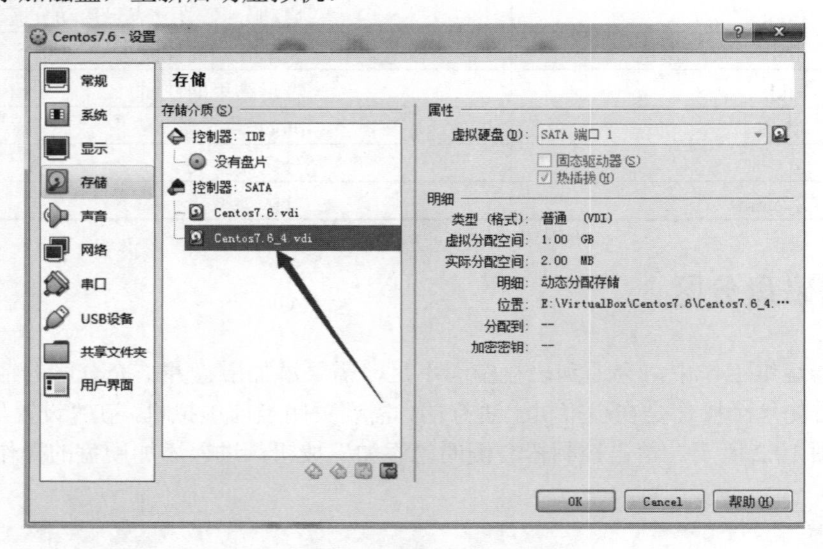

图 10.4　添加硬盘（3）

在虚拟机重启完成后，登录系统查看新的磁盘是否添加成功，再次输入查看分区命令“fdisk -l”，可以看到新的磁盘已经添加进来了，名字是“/dev/sdb”，如图 10.5 所示。

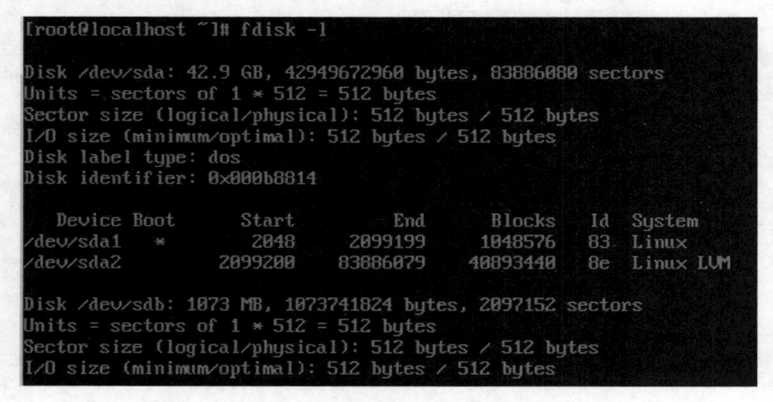

图 10.5　查看新添加的磁盘

在新的磁盘下添加新的分区，添加分区的命令参数是 n，添加的分区数量是 1，添加的分区类型是主分区，添加完成后需要保存并写入，具体实操如图 10.6 所示。查看新添加的磁盘分区，具体实操如图 10.7 所示。

```
[root@localhost ~]# fdisk /dev/sdb
Welcome to fdisk (util-linux 2.23.2).

Changes will remain in memory only, until you decide to write them.
Be careful before using the write command.

Device does not contain a recognized partition table
Building a new DOS disklabel with disk identifier 0xbabe7d20.

Command (m for help): n
Partition type:
   p   primary (0 primary, 0 extended, 4 free)
   e   extended
Select (default p): p
Partition number (1-4, default 1): 1
First sector (2048-2097151, default 2048):
Using default value 2048
Last sector, +sectors or +size{K,M,G} (2048-2097151, default 2097151):
Using default value 2097151
Partition 1 of type Linux and of size 1023 MiB is set

Command (m for help): w
The partition table has been altered!

Calling ioctl() to re-read partition table.
Syncing disks.
[root@localhost ~]#
```

图 10.6　添加分区命令

```
[root@localhost ~]# lsblk
NAME            MAJ:MIN RM  SIZE RO TYPE MOUNTPOINT
sda               8:0    0   40G  0 disk
├─sda1            8:1    0    1G  0 part /boot
└─sda2            8:2    0   39G  0 part
  ├─centos-root 253:0    0   37G  0 lvm  /
  └─centos-swap 253:1    0    2G  0 lvm  [SWAP]
sdb               8:16   0    1G  0 disk
└─sdb1            8:17   0 1023M  0 part
sr0              11:0    1 1024M  0 rom
```

图 10.7　添加新分区结果

10.2.3　格式化分区

格式化分区本质是给磁盘分区创建文件系统。Linux 系统下的文件系统种类很多，这里选择 Ext4 文件系统。格式化分区操作是通过 mkfs 命令来完成的，具体实操如图 10.8 所示。如果一个分区被成功格式化，会存在一个 UUID 值，用于标识这个分区，通过 blkid 命令查看分区是否有 UUID 值，如图 10.9 所示。

```
[root@localhost ~]# mkfs -t ext4 /dev/sdb1
mke2fs 1.42.9 (28-Dec-2013)
Filesystem label=
OS type: Linux
Block size=4096 (log=2)
Fragment size=4096 (log=2)
Stride=0 blocks, Stripe width=0 blocks
65536 inodes, 261888 blocks
13094 blocks (5.00%) reserved for the super user
First data block=0
Maximum filesystem blocks=268435456
8 block groups
32768 blocks per group, 32768 fragments per group
8192 inodes per group
Superblock backups stored on blocks:
        32768, 98304, 163840, 229376

Allocating group tables: done
Writing inode tables: done
Creating journal (4096 blocks): done
Writing superblocks and filesystem accounting information: done
```

图 10.8　格式化分区

```
[root@localhost ~]# blkid
/dev/sda1: UUID="2c412625-57dd-4d03-9b5e-d1d56a7e805e" TYPE="xfs"
/dev/sda2: UUID="SvoOPT-aaL2-4NFT-lrjw-owEb-1weq-uIFF9f" TYPE="LVM2_member"
/dev/mapper/centos-root: UUID="fe414cc2-b8aa-435e-9fea-4ce34bc4cbc3" TYPE="xfs"
/dev/mapper/centos-swap: UUID="31733789-aca1-49a4-bd92-37bef6b8999e" TYPE="swap"
/dev/sdb1: UUID="405d352f-27db-48b2-a043-07c79ee5ca82" TYPE="ext4"
```

图 10.9　查看 UUID

10.2.4　删除磁盘分区

当不需要某个磁盘分区时，可以通过“fdisk -d”命令删除分区，删除分区前要确认数据已备份，当前系统共有两个磁盘，3 个分区，本操作删除第三个分区 sdb1，删除分区前先查看当前分区情况，具体实操如图 10.10 所示。删除分区 sdb1 需要操作的磁盘是“/dev/sdb”，所以执行的命令是“fdisk /dev/sdb”，随后执行删除分区与写入保存操作，具体实操如图 10.11 所示。成功删除后，再次查看分区情况，如图 10.12 所示。

```
[root@localhost ~]# fdisk -l | grep sd
Disk /dev/sda: 42.9 GB, 42949672960 bytes, 83886080 sectors
/dev/sda1   *        2048     2099199     1048576   83  Linux
/dev/sda2         2099200    83886079    40893440   8e  Linux LVM
Disk /dev/sdb: 1073 MB, 1073741824 bytes, 2097152 sectors
/dev/sdb1            2048     2097151     1047552   83  Linux
```

图 10.10　查看当前分区

```
[root@localhost ~]# fdisk /dev/sdb
Welcome to fdisk (util-linux 2.23.2).

Changes will remain in memory only, until you decide to write them.
Be careful before using the write command.


Command (m for help): d
Selected partition 1
Partition 1 is deleted

Command (m for help): w
The partition table has been altered!

Calling ioctl() to re-read partition table.
```

图 10.11　删除分区与写入保存

```
[root@localhost ~]# fdisk -l | grep sd
Disk /dev/sda: 42.9 GB, 42949672960 bytes, 83886080 sectors
/dev/sda1   *        2048     2099199     1048576   83  Linux
/dev/sda2         2099200    83886079    40893440   8e  Linux LVM
Disk /dev/sdb: 1073 MB, 1073741824 bytes, 2097152 sectors
```

图 10.12　查询删除分区

10.2.5　挂载分区

挂载通常是将一个存储设备挂接到一个已经存在的目录上，访问这个目录就是访问该存储设备的内容，文件的挂载命令是 mount，本操作将刚被格式化的分区挂载到根目录下的 newdisk 文件夹，具体实操如图 10.13 和图 10.14 所示。

```
[root@localhost /]# lsblk
NAME            MAJ:MIN RM  SIZE RO TYPE MOUNTPOINT
sda               8:0    0   40G  0 disk
├─sda1            8:1    0    1G  0 part /boot
└─sda2            8:2    0   39G  0 part
  ├─centos-root 253:0    0   37G  0 lvm  /
  └─centos-swap 253:1    0    2G  0 lvm  [SWAP]
sdb               8:16   0    1G  0 disk
└─sdb1            8:17   0 1023M  0 part
sr0              11:0    1 1024M  0 rom
```

图 10.13　分区挂载前

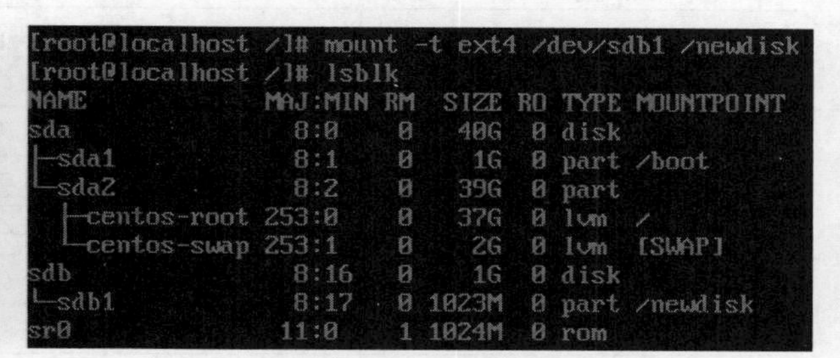

```
[root@localhost /]# mount -t ext4 /dev/sdb1 /newdisk
[root@localhost /]# lsblk
NAME            MAJ:MIN RM  SIZE RO TYPE MOUNTPOINT
sda               8:0    0   40G  0 disk
├─sda1            8:1    0    1G  0 part /boot
└─sda2            8:2    0   39G  0 part
  ├─centos-root 253:0    0   37G  0 lvm  /
  └─centos-swap 253:1    0    2G  0 lvm  [SWAP]
sdb               8:16   0    1G  0 disk
└─sdb1            8:17   0 1023M  0 part /newdisk
sr0              11:0    1 1024M  0 rom
```

图 10.14　分区挂载后

10.3　Parted 磁盘分区工具

10.3.1　Parted 介绍

在 10.2 节介绍了磁盘分区工具 fidsk，这个工具有一个问题，就是不能操作 2TB 的分区，那么如何操作大于 2TB 的磁盘分区呢？Parted 就是用于操作大磁盘分区的工具，它允许用户创建、删除、调整大小、移动、复制分区，重新组织磁盘使用，以及将数据复制到新硬盘。Parted 是一个比 fdisk 更高级的工具，它支持多种分区表格式，包括 MS-DOS 和 GPT。在 Linux 系统下，如果没有安装 Parted 分区工具，可以通过 yum 命令进行安装，下面具体说明这个命令工具的语法与参数。

命令语法如下：

```
parted  [选项]  [设备]  [指令]
```

在该语法中，选项参数的取值有 5 种，指令参数取值有 17 个，如表 10.4 和表 10.5 所示。

表 10.4　parted 命令选项参数说明

选　项	说　明
-h	显示求助信息
-l	列出系统中所有的磁盘设备，与 fdisk -l 命令的作用差不多
-m	进入交互模式，如果后面不加设备，则对第一个磁盘进行操作

续表

选　项	说　明
-s	脚本模式
-v	显示版本

表 10.5　parted 命令指令参数说明

指　令	说　明
align-check	检查分区 N 的类型（min|opt）是否对齐
help	打印通用求助信息，或关于[指令]的帮助信息
mklabel	创建新的磁盘标签（分区表）
mkpart	创建一个分区
name	给指定的分区命名
print	打印分区表，或者分区
quit	退出程序
rescue	修复丢失的分区
resizepart	调整分区大小
rm	删除分区
select	选择要编辑的设备，默认只对指定的设备操作
disk_set	更改选定设备上的标志
disk_toggle	切换选定设备上的标志状态
set	更改分区的标记
toggle	设置或取消分区的标记
unit	设置默认的单位
version	显示版本信息

10.3.2　创建磁盘分区

在正式创建分区前，先在虚拟机上添加一个 2TB 的硬盘，添加硬盘的过程，可以参考 10.2 节内容。硬盘添加成功后，重启虚拟机，进入命令行模式，查看添加的硬盘是否可以正常识别，如图 10.15 所示，新加到的硬盘为 sdc，大小为 2TB。

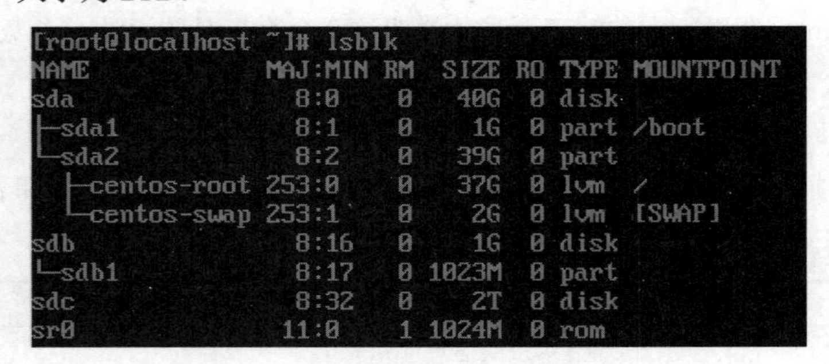

图 10.15　添加磁盘

parted 命令可以在命令行下直接分区，但是大多数的用户更习惯于交互模式，进入交互模式的方法

与 fdisk 命令相似。成功进入交互模式后，设置分区表为 gpt，如图 10.16 所示。

```
[root@localhost ~]# parted /dev/sdc
GNU Parted 3.1
Using /dev/sdc
Welcome to GNU Parted! Type 'help' to view a list of commands.
(parted) mklabel gpt
(parted) _
```

图 10.16　设置分区表

在完成分区表的设置后，创建一个主分区，主分区的大小是整个磁盘的大小，创建主分区的命令是 mkpart，创建完成后通过 print 命令打印查看主分区是否创建成功，具体实操如图 10.17 所示。

```
(parted) mkpart primary 0% 100%
(parted) print
Model: ATA VBOX HARDDISK (scsi)
Disk /dev/sdc: 2199GB
Sector size (logical/physical): 512B/512B
Partition Table: gpt
Disk Flags:

Number  Start   End     Size    File system  Name     Flags
 1      1049kB  2199GB  2199GB               primary
```

图 10.17　创建主分区

如图 10.17 所示，通过“Disk Flags”下面的分区信息可以看出分区已被成功创建，再次输入 quit 命令退出 parted 的交互模式，输入 lsblk 命令查看分区详细信息，如图 10.18 所示。

```
[root@localhost ~]# lsblk
NAME            MAJ:MIN RM  SIZE RO TYPE MOUNTPOINT
sda               8:0    0   40G  0 disk
├─sda1            8:1    0    1G  0 part /boot
└─sda2            8:2    0   39G  0 part
  ├─centos-root 253:0    0   37G  0 lvm  /
  └─centos-swap 253:1    0    2G  0 lvm  [SWAP]
sdb               8:16   0    1G  0 disk
└─sdb1            8:17   0 1023M  0 part
sdc               8:32   0    2T  0 disk
└─sdc1            8:33   0    2T  0 part
sr0              11:0    1 1024M  0 rom
```

图 10.18　成功创建分区 sdc1

10.3.3　删除磁盘分区

如果是在真实生产环境删除分区，请先确定数据已经完整备份，再进行分区的删除。首先进入 parted 的交互模式，如图 10.19 所示。

通过查看当前分区数据得知，当前磁盘只有一个分区，Number 的值是 1，所以输入命令“rm 1”，按 Enter 键，如果成功删除不会有任何提示，再次打印查看分区信息，具体实操如图 10.20 所示。退出交互模式，再次输入 lsblk 命令查看分区信息，如果 sdc1 分区已经没有了，说明已被彻底删除，如图 10.21 所示。

```
[root@localhost ~]# parted /dev/sdc
GNU Parted 3.1
Using /dev/sdc
Welcome to GNU Parted! Type 'help' to view a list of commands.
(parted) print
Model: ATA VBOX HARDDISK (scsi)
Disk /dev/sdc: 2199GB
Sector size (logical/physical): 512B/512B
Partition Table: gpt
Disk Flags:

Number  Start   End     Size    File system  Name     Flags
 1      1049kB  2199GB  2199GB               primary
```

图 10.19　进入 parted 交互模式

```
(parted) rm 1
(parted) print
Model: ATA VBOX HARDDISK (scsi)
Disk /dev/sdc: 2199GB
Sector size (logical/physical): 512B/512B
Partition Table: gpt
Disk Flags:

Number  Start  End  Size  File system  Name  Flags

(parted)
```

图 10.20　删除分区并查看分区信息

```
[root@localhost ~]# lsblk
NAME            MAJ:MIN RM  SIZE RO TYPE MOUNTPOINT
sda               8:0    0   40G  0 disk
├─sda1            8:1    0    1G  0 part /boot
└─sda2            8:2    0   39G  0 part
  ├─centos-root 253:0    0   37G  0 lvm  /
  └─centos-swap 253:1    0    2G  0 lvm  [SWAP]
sdb               8:16   0    1G  0 disk
└─sdb1            8:17   0 1023M  0 part
sdc               8:32   0    2T  0 disk
sr0              11:0    1 1024M  0 rom
```

图 10.21　查看分区信息

10.4　RAID 磁盘阵列

10.4.1　RAID 概述

RAID（redundant array of inexpensive disk，廉价冗余磁盘阵列）技术的原理是通过将多个磁盘组成一个阵列整体，而应用时可以作为单个磁盘使用。从用户的角度来看，组成的磁盘组就像是一个硬盘，用户可以对它进行分区、格式化等操作。不同的是，磁盘阵列的存储速度要比单独的硬盘快很多，而且还可以提供数据的自动备份功能。一旦数据发生损坏，利用备份信息可以迅速恢复原始数据，从而保障了数据的安全。

总结 RAID 技术的两大特点，一是速度快、二是安全。由于这两项优点，RAID 技术早期被应用于

高级服务器中的 SCSI 接口的硬盘系统中，随着近年计算机技术的发展，PC 机的 CPU 的速度已进入 GHz 时代。IDE 接口的硬盘也不甘落后，相继推出了 ATA66 和 ATA100 硬盘，这就使得 RAID 技术被应用于中低档，甚至个人计算机上成为可能。RAID 通常是由在硬盘阵列塔中的 RAID 控制器或计算机中的 RAID 卡来实现的。

10.4.2　RAID 的关键技术

RAID 的第一个关键技术是镜像技术。镜像技术是一种冗余技术，为磁盘提供保护功能，防止磁盘因发生故障而造成数据丢失。对于 RAID 而言，采用镜像技术将会同时在阵列中产生两个完全相同的数据副本，分布在两个不同的磁盘驱动器组上。镜像提供了完全的数据冗余能力，当一个数据副本失效不可用时，外部系统仍可正常访问另一副本，不会对应用系统运行和性能产生影响。而且，镜像不需要额外的计算和校验，故障修复非常快，直接复制即可。镜像技术可以从多个副本进行并发读取数据，提供更高的读 I/O 性能，但不能并行写数据，写多个副本会导致一定的 I/O 性能降低。镜像技术提供了非常高的数据安全性，其代价也是非常昂贵的，需要至少双倍的存储空间。高成本限制了镜像的广泛应用，主要应用于至关重要的数据保护，在这种场合下数据丢失会造成巨大的损失。另外，镜像通过“拆分”能获得特定时间点上的数据快照，从而可以实现一种备份窗口几乎为零的数据备份技术。

RAID 的第二个关键技术是数据条带技术。数据条带将数据分片保存在多个不同的磁盘，多个数据分片共同组成一个完整数据副本，这与镜像的多个副本是不同的，它通常出于性能考虑。数据条带具有更高的并发粒度，当访问数据时，可以同时对位于不同磁盘上的数据进行读写操作，从而获得非常可观的 I/O 性能提升。磁盘存储的性能瓶颈在于磁头寻道定位，它是一种慢速机械运动，无法与高速的 CPU 匹配。单个磁盘驱动器性能存在物理极限，I/O 性能非常有限。RAID 由多块磁盘组成，数据条带技术将数据以块的方式分布存储在多个磁盘中，从而可以对数据进行并发处理。这样写入和读取数据就可以在多个磁盘上同时进行，并发产生非常高的聚合 I/O，有效提高了整体 I/O 性能，而且具有良好的线性扩展性。这对大容量数据尤其显著，如果不分块，数据只能按顺序存储在磁盘阵列的磁盘上，需要时再按顺序读取。而通过数据条带技术，可获得数倍于顺序访问的性能提升。

数据条带技术的分块大小选择非常关键。条带粒度可以是一个字节至几千字节大小，分块越小，并行处理能力就越强，数据存取速度就越快，但同时就会增加块存取的随机性和块寻址时间。实际应用中，要根据数据特征和需求来选择合适的分块大小，在数据存取随机性和并发处理能力之间进行平衡，以争取尽可能高的整体性能。

数据条带是基于提高 I/O 性能而提出的，也就是说它只关注性能，而对数据可靠性、可用性没有任何改善。实际上，其中任何一个数据条带损坏都会导致整个数据不可用，采用数据条带技术反而增加了数据丢失的概率。

RAID 的第三个关键技术是数据校验技术。数据校验利用冗余数据进行数据错误检测和修复，冗余数据通常采用海明码、异或操作等算法来计算获得。利用校验功能，可以在很大程度上提高磁盘阵列的可靠性、鲁棒性和容错能力。不过，数据校验需要从多处读取数据并进行计算和对比，会影响系统性能。镜像具有高安全性、高可读性能，但冗余开销太昂贵。数据条带通过并发性来大幅度提高性能，然而对数据安全性、可靠性未作考虑。数据校验是一种冗余技术，它通过校验数据来提供数据的安全性，可以检测数据错误，并在能力允许的前提下进行数据重构。相对镜像，数据校验缩减了冗余开销，用较小的代价换取了极佳的数据完整性和可靠性。数据条带技术提供高性能，数据校验提供数据安全性，RAID 不同等级往往同时结合使用这两种技术。

采用数据校验时，RAID 要在写入数据的同时进行校验计算，并将得到的校验数据存储在 RAID 成员磁盘中。校验数据可以集中保存在某个磁盘或分散存储在多个不同磁盘中，甚至校验数据也可以分块，不同 RAID 等级实现各不相同。当其中一部分数据出错时，可以对剩余数据和校验数据进行反校验计算，重建丢失的数据。校验技术相对镜像技术的优势在于节省了大量开销，但由于每次数据读写都要进行大量的校验运算，对计算机的运算速度要求很高，必须使用硬件 RAID 控制器。在数据重建恢复方面，检验技术比镜像技术复杂且慢得多。

海明校验码和异或校验是两种最为常用的数据校验算法。海明校验码是由理查德·海明提出的，其不仅能检测错误，还能给出错误位置并自动纠正。海明校验的基本思想是将有效信息按照某种规律分成若干组，对每一个组作奇偶测试并安排一个校验位，从而提供多位检错信息，以定位错误点并纠正。可见海明校验实质上是一种多重奇偶校验。异或校验通过异或逻辑运算产生，将一个有效信息与一个给定的初始值进行异或运算，从而得到校验信息。如果有效信息出现错误，通过校验信息与初始值的异或运算能还原正确的有效信息。

不同等级的 RAID 采用一种或多种技术（镜像、数据条带、数据校验）来获得不同的数据可靠性、可用性和 I/O 性能。至于设计何种 RAID（甚至新的等级或类型）或采用何种模式的 RAID，需要在深入理解系统需求的前提下，综合评估可靠性、性能和成本来进行折中的合理选择。

10.4.3 RAID 等级分类

组成磁盘阵列的不同方式称为 RAID 级别，RAID 技术经过不断的发展，现在已拥有了从 0 到 7，8 种基本的 RAID 级别。另外，还有一些基本 RAID 级别的组合形式，如 RAID10（RAID0 与 RAID1 的组合）、RAID50（RAID0 与 RAID5 的组合）等。不同 RAID 级别代表着不同的存储性能、数据安全性和存储成本。

- ☑ RAID0 是一种简单的、无数据校验的数据条带化技术。实际上它不是一种真正的 RAID，因为它并不提供任何形式的冗余策略。RAID0 将所在磁盘条带化后组成大容量的存储空间，将数据分散存储在所有磁盘中，以独立访问的方式实现多块磁盘的并读访问。由于可以并发执行 I/O 操作，总线带宽得到充分利用。再加上不需要进行数据校验，RAID0 的性能在所有 RAID 等级中是最高的。理论上讲，一个由 n 块磁盘组成的 RAID0，它的读写性能是单个磁盘性能的 n 倍，但由于总线带宽等多种因素的限制，实际的性能提升低于理论值。RAID0 具有低成本、高读写性能、100%的高存储空间利用率等优点，但是它不提供数据冗余保护，一旦数据损坏，将无法恢复。因此，RAID0 一般适用于对性能要求严格但对数据安全性和可靠性不高的应用，如视频、音频存储、临时数据缓存空间等。
- ☑ RAID1 称为镜像，它将数据完全一致地分别写到工作磁盘和镜像磁盘，它的磁盘空间利用率为 50%。RAID1 在数据写入时，响应时间会有所影响，但是读数据的时候没有影响。RAID1 提供了最佳的数据保护，一旦工作磁盘发生故障，系统自动从镜像磁盘读取数据，不会影响用户工作。RAID1 与 RAID0 刚好相反，为了增强数据安全性，使两块磁盘数据呈现完全镜像，从而达到安全性好、技术简单、管理方便的目标。RAID1 拥有完全容错的能力，但实现成本高。RAID1 应用于对顺序读写性能要求高以及对数据保护极为重视的应用，如对邮件系统的数据保护。

- ☑ RAID2 称为纠错海明码磁盘阵列，其设计思想是利用海明码实现数据校验冗余。海明码是一种在原始数据中加入若干校验码来进行错误检测和纠正的编码技术，其中第 2n 位（1, 2, 4, 8, …）是校验码，其他位置是数据码。因此在 RAID2 中，数据按位存储，每块磁盘存储一位数据编码，磁盘数量取决于所设定的数据存储宽度，可由用户设定。数据宽度为 4 的 RAID2 需要 4 块数据磁盘和 3 块校验磁盘。如果是 64 位数据宽度，则需要 64 块数据磁盘和 7 块校验磁盘。可见，RAID2 的数据宽度越大，存储空间利用率越高，但同时需要的磁盘数量也越多。海明码自身具备纠错能力，因此 RAID2 可以在数据发生错误的情况下纠正错误，以保证数据的安全性。它的数据传输性能相当高，设计复杂性要低于后面介绍的 RAID3、RAID4 和 RAID5。但是，海明码的数据冗余开销太大，而且 RAID2 的数据输出性能受阵列中最慢磁盘驱动器的限制。而且海明码是按位运算，RAID2 数据重建非常耗时。由于这些显著的缺陷，再加上大部分磁盘驱动器本身都具备了纠错功能，因此 RAID2 在实际中很少应用，没有形成商业产品，目前主流存储磁盘阵列均不提供 RAID2 支持。
- ☑ RAID3 是使用专用校验盘的并行访问阵列，它采用一个专用的磁盘作为校验盘，其余磁盘作为数据盘，数据按位和字节的方式交叉存储到各个数据盘中。RAID3 至少需要 3 块磁盘，不同磁盘上同一带区的数据作 XOR 校验，校验值写入校验盘中。RAID3 读性能与 RAID0 完全一致，并行从多个磁盘条带读取数据，性能非常高，同时还提供了数据容错能力。向 RAID3 写入数据时，必须计算与所有同条带的校验值，并将新校验值写入校验盘中。一次写操作包含了写数据块、读取同条带的数据块、计算校验值、写入校验值等多个操作，系统开销非常大，性能较低。如果 RAID3 中某一磁盘出现故障，不会影响数据读取，可以借助校验数据和其他完好数据来重建数据。假如所要读取的数据块正好位于失效磁盘，则系统需要读取所有同一条带的数据块，并根据校验值重建丢失的数据，系统性能将受到影响。当故障磁盘被更换后，系统按相同的方式重建故障盘中的数据至新磁盘。RAID3 只需要一个校验盘，阵列的存储空间利用率高，再加上并行访问的特征，能够为高带宽的大量读写提供高性能，适用大容量数据的顺序访问应用，如影像处理、流媒体服务等。目前，RAID5 算法不断改进，在大数据量读取时能够模拟 RAID3，而且 RAID3 在出现坏盘时性能会大幅下降，因此常使用 RAID5 替代 RAID3 来运行具有持续性、高带宽、大量读写特征的应用。
- ☑ RAID4 与 RAID3 的原理大致相同，区别在于条带化的方式不同。RAID4 按照块的方式来组织数据，写操作只涉及当前数据盘和校验盘，多个 I/O 请求可以同时得到处理，提高了系统性能。RAID4 按块存储可以保证单块的完整性，可以避免受到其他磁盘上同条带产生的不利影响。RAID4 在不同磁盘上的同级数据块同样使用 XOR 校验，结果存储在校验盘中。写入数据时，RAID4 按这种方式把各磁盘上的同级数据的校验值写入校验盘，读取时进行即时校验。因此，当某块磁盘的数据块损坏，RAID4 可以通过校验值以及其他磁盘上的同级数据块进行数据重建。RAID4 提供了非常好的读性能，但单一的校验盘往往成为系统性能的瓶颈。对于写操作，RAID4 只能一个磁盘一个磁盘地写，并且还要写入校验数据，因此写性能比较差。而且随着成员磁盘数量的增加，校验盘的系统瓶颈将更加突出。正是如上这些限制和不足，RAID4 在实际应用中很少见，主流存储产品也很少使用 RAID4 保护。

☑ RAID5 应该是目前最常见的 RAID 等级，它的原理与 RAID4 相似，区别在于校验数据分布在阵列中的所有磁盘上，而没有采用专门的校验磁盘。对于数据和校验数据，它们的写操作可以同时发生在完全不同的磁盘上。因此，RAID5 不存在 RAID4 中的并发写操作时的校验盘性能瓶颈问题。另外，RAID5 还具备很好的扩展性。当阵列磁盘数量增加时，并行操作量的能力也随之增长，可比 RAID4 支持更多的磁盘，从而拥有更高的容量以及更高的性能。RAID5 的磁盘上同时存储数据和校验数据，数据块和对应的校验信息保存在不同的磁盘上，当一个数据盘损坏时，系统可以根据同一条带的其他数据块和对应的校验数据来重建损坏的数据。与其他 RAID 等级一样，重建数据时，RAID5 的性能会受到较大的影响。

☑ RAID6 引入了双重校验的概念，当阵列中两个磁盘同时失效时，它可以保护阵列仍能继续工作，不会发生数据丢失的情况。RAID6 等级是在 RAID5 的基础上为了进一步增强数据保护性能而设计的一种 RAID 方式，它可以看作是一种扩展的 RAID5 等级。前面所述的各个 RAID 等级都只能保护因单个磁盘失效而造成的数据丢失。如果两个磁盘同时发生故障，数据将无法恢复。RAID6 不仅要支持数据的恢复，还要支持校验数据的恢复，因此实现代价很高，控制器的设计也比其他等级更复杂、更昂贵。RAID6 思想最常见的实现方式是采用两个独立的校验算法，假设称为 P 和 Q，校验数据可以分别存储在两个不同的校验盘上，或者分散存储在所有成员磁盘上。当两个磁盘同时失效时，即可通过求解两元方程来重建两个磁盘上的数据。RAID6 具有快速的读取性能、更高的容错能力。但是，它的成本要高于 RAID5 许多，写性能也较差，并且设计和实施非常复杂。因此，RAID6 很少得到实际应用，主要用于对数据安全等级要求非常高的场合。它一般是替代 RAID10 方案的经济性选择。

☑ RAID7 是一种支持磁带、磁盘和网络的存储技术，它包括冗余错误检测和纠正（REDEC）、数据校验和冗余（DCR）以及与 SCSI 控制器和多维度并行传输相关的其他功能。RAID7 通常用于虚拟化、用户的网络合作和数据保护，以及大型文件服务器等。它能够以低成本高效率地部署高容量存储，可提供低延迟和可靠性的访问，并且能够节省用户的存储空间和磁带。RAID7 RAID 是一种支持传统技术的新 RAID 模式，它能够对 RAID5 和 RAID6 的失败磁盘进行自动冗余，并且能够提供较大的容错性和可靠性，同时还具有更高的写入性能和容量，从而大大减少冗余检测时间。RAID7 Tredec 是一种由 RAID7 RAID 和 RAID5/6 技术混合而成的 RAID 模式，它采用了 RAID7 RAID 的自动重建技术，并增加了 RAID5/6 的读写能力，能够达到高可用性、高可靠性以及高性能，为用户提供更可靠的存储服务。

10.4.4 RAID 实现方式

实现磁盘阵列有两种方式，分别是硬件 RAID 和软件 RAID，下面针对这两种实现方式进行详细说明。

如何实现硬件 RAID？前提是在当期主机上有一个控制芯片，通过主板上的线路连接到主板上的几个插槽，这几个插槽是 SATA 口的插槽。在机箱的某个托架上放几个硬盘，每个硬盘都连接到插槽上，而后用芯片控制这几个插槽。但我们如何设置芯片呢？使用 BIOS 界面配置启用这个芯片，并且把这几个硬盘配置成 RAID 你指定的级别，假如有 4 个硬盘，把 1、2 组合成 RAID0，3、4 组合成 RAID1，BIOS 配置成功后，硬件设备识别现在的 4 个硬盘只是 RAID0 和 RAID1。接着在主机上安装操作系统，操作系统识别不到磁盘，只能识别 RAID0 和 RAID1，要想安装操作系统，必须先安装对应 RAID 的驱动程序，才能发现 RAID0 和 RAID1，而后就可以把操作系统安装到 RAID0 或 RAID1 上，此时操作系统的内核才能识别 RAID 级别。有的芯片自带 RAID 驱动程序，但这种自带 RAID 驱动程序的芯片比较昂贵，如果没有太多资金流动，一般不会使用这种芯片。

如何实现软件 RAID？如果你的主板既没有控制芯片，也没有识别器，上面直接给了 5 块 SATA 盘，其中一块盘专门安装操作系统，另外的 4 块盘用于存储数据。

现在操作系统安装在第一块硬盘上，另外的几块硬盘分区、格式化，识别后可能表现为/dev/sdb、/dev/sdc、/dev/sdd、/dev/sde，共 4 块硬盘。如果想让操作系统识别 RAID，要保证操作系统内核支持软件 RAID。事实上软件 RAID 的实现就是通过内核的一个多配置模块，模块工作起来之后可以配置它读取配置文件，如果用户访问数据要经过内核，则内核识别的是独立的磁盘，访问每一个硬件设备都要靠硬件设备文件。在内核中模拟一个假 RAID，在设备文件下都会有一个“/dev/md#”，md 后面的#号表示不同 RAID 的设备，并不标识 RAID 的级别。对于用户而言，其实就是一个 RAID，而对于内核而言，还是原来的一块块硬盘。软件 RAID 的实现一定是把硬盘文件类型封装为 fd 格式，这需要一个内核模块（md），此外还需要用户空间有一个配置文件能配置 MD 命令（mdadm），这样在 Linux 上就支持将任何块设备做成 RAID。

10.5　LVM 逻辑卷管理

10.5.1　LVM 简介

对于生产环境中的服务器来说，如果存储数据的分区磁盘空间不够了怎么办？只能换一个更大的磁盘。如果用了一段时间后，空间又不够了怎么办？再加一块更大的磁盘？换磁盘的过程中，还需要把数据从一个磁盘复制到另一个磁盘，过程太慢了。如果可以实现在线动态扩容就太方便了，LVM（logical volume manager，逻辑卷管理）就可以实现这个功能。LVM 是 Linux 系统用于对硬盘分区进行管理的一种机制，理论性较强，其创建初衷是为了解决硬盘设备在创建分区后不易修改分区大小的缺陷。尽管对传统的硬盘分区进行强制扩容或缩容从理论上来讲是可行的，但是却可能造成数据的丢失。而 LVM 技术是在硬盘分区和文件系统之间添加了一个逻辑层，它提供了一个抽象的卷组，可以把多块硬盘进行卷组合并。这样一来，用户不必关心物理硬盘设备的底层架构和布局，就可以实现对硬盘分区的动态调整。LVM 相关术语说明如表 10.6 所示。

表 10.6　LVM 相关术语说明

术　语	说　明
PP	物理分区，如硬盘的分区，或 RAID 分区
PV	物理卷，是组成 VG 的基本逻辑单元，一般一个 PV 对应一个 PP
PE	物理扩展单元，每个 PV 都会以 PE 为基本单元划分
VG	即 LVM 卷组，它可由一个或数个 PV 组成，相当于 LVM 的存储池
LE	逻辑扩展单元，组成 LV 的基本单元，一个 LE 对应一个 PE
LV	逻辑卷，它建立在 VG 之上，文件系统之下，由若干个 LE 组成

10.5.2　LVM 的原理

LVM 在每个 PV 头部都维护了一个 MetaData，叫作 VGDA（卷组描述域，volume group description area），每个 VGDA 中都包含了整个 VG 的信息，包括每个 VG 的布局配置、PV 的编号、LV 的编号，以及每个 PE 到 LE 的映射关系。同一个 VG 中的每个 PV 头部的信息都是相同的，这样有利于在发生故障时进行数据恢复。LVM 对上层文件系统提供 LV 层，隐藏了操作细节。对文件系统而言，对 LV 的操作与原先对 Partition 的操作没有差别。当对 LV 进行写入操作时，LVM 定位相应的 LE，通过 PV 头部的映射表，将数据写入相应的 PE 上。LVM 实现的关键在于在 PE 和 LE 间建立映射关系，不同的映射规则决定了不同的 LVM 存储模型。LVM 支持多个 PV 的 stripe（条带逻辑卷）和 mirror（镜像卷），这点和软件 RAID 的实现十分相似。

10.5.3　LVM 的分区扩容操作

在进行分区扩容实验之前，需要添加两块新的硬盘，硬盘的添加过程这里不再描述，在 10.2 节有详细讲解。添加两块大小为 10GB 的硬盘，添加后通过 lsblk 命令查看是否添加成功，如图 10.22 所示。sdd 和 sde 分别是新添加的两块硬盘。添加硬盘后，需要安装 LVM，直接使用 yum 的方式安装，输入安装命令“yum -y install lvm2”后按 Enter 键，即可完成安装。安装完成后，就可以使用命令创建物理卷了，可以一次把多个磁盘创建成物理卷，物理卷的创建过程及命令如图 10.22 所示。

```
[root@localhost /]# lsblk
NAME            MAJ:MIN RM  SIZE RO TYPE MOUNTPOINT
sda               8:0    0   40G  0 disk
├─sda1            8:1    0    1G  0 part /boot
└─sda2            8:2    0   39G  0 part
  ├─centos-root 253:0    0   37G  0 lvm  /
  └─centos-swap 253:1    0    2G  0 lvm  [SWAP]
sdb               8:16   0    1G  0 disk
└─sdb1            8:17   0 1023M  0 part
sdc               8:32   0    2T  0 disk
sdd               8:48   0   10G  0 disk
sde               8:64   0   10G  0 disk
sr0              11:0    1 1024M  0 rom
[root@localhost /]# pvcreate /dev/sdd /dev/sde
  Physical volume "/dev/sdd" successfully created.
  Physical volume "/dev/sde" successfully created.
```

图 10.22　查看磁盘与创建物理卷

在物理卷创建完成后，可以通过 pvdisplay 命令查看创建的物理卷的详细信息，如图 10.23 所示，从图中可以看到两个 PV 的大小是 10GB。也可以通过 pvs 命令查看物理卷的简略信息。

物理卷创建完成后，接下来就是创建卷组了，把创建好的物理卷加入当前的卷组中，输入创建卷组完整的命令是“vgcreate degroup /dev/sdd /dev/sde”，其中 degroup 是卷组的名字，命令输入完成后按 Enter 键，即可成功创建卷组。查看卷组信息的命令是 vgdisplay，命令成功执行后列出的卷组信息如图 10.24 所示。

```
"/dev/sdd" is a new physical volume of "10.00 GiB"
--- NEW Physical volume ---
PV Name               /dev/sdd
VG Name
PV Size               10.00 GiB
Allocatable           NO
PE Size               0
Total PE              0
Free PE               0
Allocated PE          0
PV UUID               q4lnpD-sujk-vsyO-azYF-10ZC-DKfa-D7CD0v
```

```
"/dev/sde" is a new physical volume of "10.00 GiB"
--- NEW Physical volume ---
PV Name               /dev/sde
VG Name
PV Size               10.00 GiB
Allocatable           NO
PE Size               0
Total PE              0
Free PE               0
Allocated PE          0
PV UUID               RDNWSZ-QRW8-Z8Cg-vbbb-fwXQ-7hJQ-O1ooiT
```

图 10.23　物理卷详细信息

```
--- Volume group ---
VG Name               degroup
System ID
Format                lvm2
Metadata Areas        2
Metadata Sequence No  3
VG Access             read/write
VG Status             resizable
MAX LV                0
Cur LV                1
Open LV               1
Max PV                0
Cur PV                2
Act PV                2
VG Size               19.99 GiB
PE Size               4.00 MiB
Total PE              5118
Alloc PE / Size       3840 / 15.00 GiB
Free  PE / Size       1278 / 4.99 GiB
VG UUID               NFETyy-nhI3-J15H-Pd3c-Dt4m-yo9E-IAZqb4
```

图 10.24　卷组信息

卷组创建完成后，接下来是创建逻辑卷，为了体现 LVM 动态扩容的功能，我们先把逻辑卷的大小定义为 10GB，随后再进行扩容。在这个操作中把逻辑卷的名称定义为 lv，创建逻辑卷的命令为 lvcreate，具体实操如图 10.25 所示。

```
[root@localhost /]# lvcreate -n lv -L 10G degroup
  Logical volume "lv" created.
```

图 10.25　创建逻辑卷

逻辑卷创建完成后，通过 lvdisplay 命令查看逻辑卷信息，如图 10.26 所示。在图中可以看出逻辑卷的路径是“/dev/degroup/lv”，其中 degroup 是卷组名，lv 是逻辑卷名。

看到逻辑卷的信息后，下一步就是格式化操作，这里把文件系统格式化成 ext4 类型，具体实操如图 10.27 所示。

```
--- Logical volume ---
LV Path                /dev/degroup/lv
LV Name                lv
VG Name                degroup
LV UUID                ehbp1S-woBq-5mA0-HMdI-UjV0-xM7d-g0U6cl
LV Write Access        read/write
LV Creation host, time localhost.localdomain, 2023-01-09 14:54:35 +0800
LV Status              available
# open                 0
LV Size                10.00 GiB
Current LE             2560
Segments               2
Allocation             inherit
Read ahead sectors     auto
- currently set to     8192
Block device           253:2
```

图 10.26　逻辑卷信息

```
[root@localhost /]# mkfs.ext4 /dev/degroup/lv
mke2fs 1.42.9 (28-Dec-2013)
Filesystem label=
OS type: Linux
Block size=4096 (log=2)
Fragment size=4096 (log=2)
Stride=0 blocks, Stripe width=0 blocks
655360 inodes, 2621440 blocks
131072 blocks (5.00%) reserved for the super user
First data block=0
Maximum filesystem blocks=2151677952
80 block groups
32768 blocks per group, 32768 fragments per group
8192 inodes per group
Superblock backups stored on blocks:
        32768, 98304, 163840, 229376, 294912, 819200, 884736, 1605632

Allocating group tables: done
Writing inode tables: done
Creating journal (32768 blocks): done
Writing superblocks and filesystem accounting information: done
```

图 10.27　格式化

如何才能使用创建的逻辑卷？那就需要把逻辑卷挂载到某个目录下，访问这个目录就相当于访问这个逻辑卷了。先在根目录创建目录 lvdisk。然后执行挂载命令，具体实操如图 10.28 所示。挂载完成后，可以通过 df 命令查看实际的挂载点。

```
[root@localhost /]# mount /dev/degroup/lv /lvdisk
[root@localhost /]# df -h
Filesystem               Size  Used Avail Use% Mounted on
/dev/mapper/centos-root   37G  1.7G   36G   5% /
devtmpfs                 908M     0  908M   0% /dev
tmpfs                    920M     0  920M   0% /dev/shm
tmpfs                    920M  8.6M  911M   1% /run
tmpfs                    920M     0  920M   0% /sys/fs/cgroup
/dev/sda1               1014M  145M  870M  15% /boot
tmpfs                    184M     0  184M   0% /run/user/0
/dev/mapper/degroup-lv   9.8G   37M  9.2G   1% /lvdisk
```

图 10.28　挂载逻辑卷与目录

在查看逻辑卷的挂载目录 lvdisk 时，可以看到现在的空间大小是 9.8GB，加上系统占用的空间共 10GB。

这时我们对这个分区进行扩容，扩容的大小为增加 5GB，输入命令“lvextend -L +5G /dev/degroup/lv”后按 Enter 键进行扩容，扩容后的大小并不能马上同步到文件系统，需要通过 resize2fs 命令把扩容的大小同步到文件系统。通过 df 命令查看扩容后的分区大小，已经变为 15GB，说明已经成功动态扩容，具体实操如图 10.29 所示。

```
[root@localhost /]# resize2fs /dev/degroup/lv
resize2fs 1.42.9 (28-Dec-2013)
Filesystem at /dev/degroup/lv is mounted on /lvdisk; on-line resizing required
old_desc_blocks = 2, new_desc_blocks = 2
The filesystem on /dev/degroup/lv is now 3932160 blocks long.

[root@localhost /]# df -h
Filesystem               Size  Used Avail Use% Mounted on
/dev/mapper/centos-root   37G  1.7G   36G   5% /
devtmpfs                 908M     0  908M   0% /dev
tmpfs                    920M     0  920M   0% /dev/shm
tmpfs                    920M  8.6M  911M   1% /run
tmpfs                    920M     0  920M   0% /sys/fs/cgroup
/dev/sda1               1014M  145M  870M  15% /boot
tmpfs                    184M     0  184M   0% /run/user/0
/dev/mapper/degroup-lv    15G   41M   14G   1% /lvdisk
```

图 10.29　查看扩容后的磁盘

10.6　要点回顾

本章主要介绍了磁盘操作的相关概念，从原理上讲解了磁盘分区的结构，在实操上讲解了磁盘分区工具的使用。对于磁盘分区动态扩容问题，通过 LVM 逻辑卷进行实操演示。本章内容较为实用，建议多在模拟环境中实操以加深理解。

第 11 章

Linux 网络

本章将从 3 个方面介绍 Linux 网络相关知识，分别是网络设备、网络协议、网络命令。这 3 个方面的知识结构将由底层硬件延伸到上层应用。其中网络协议是比较难理解的知识点，同时也是比较重要的内容。

本章知识架构及重点、难点内容如下：

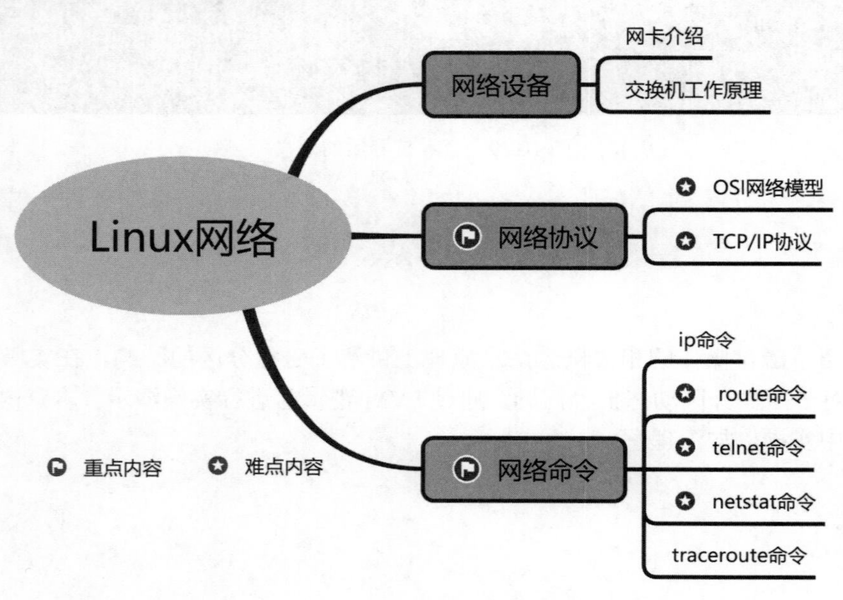

11.1 网络设备

11.1.1 网卡介绍

网卡长什么样子？如图 11.1 所示。网卡主要有什么功能？网卡是用来在计算机网络上进行通信的计算机硬件。每一个网卡都有一个全世界独一无二的串行号，这个串行号共有 48 位，被称为 MAC 地址。

网卡上存在两个主要部件，分别是处理器和存储器。网卡在局域网之间的通信是通过电缆和双绞线以及串行传输方式进行的。网卡与计算机之间的通信是通过计算机主板上的 I/O 总线以并行传输方式进行的。所以网卡的一个重要功能就是进行串行与并行的转换。

图 11.1　网卡

大部分新的计算机都在主板上集成了网络接口，网卡是作为扩展卡插到计算机总线上的，由于其价格低廉而且以太网标准普遍存在，这些主板或是在主板芯片中集成了以太网的功能，或是使用一块通过 PCI 连接到主板上的廉价网卡。除非需要多接口或者使用其他种类的网络，否则不再需要一块独立的网卡，甚至更新的主板可能含有内置的双网络接口。

在安装网卡时必须将管理网卡的设备驱动程序安装到计算机的操作系统中。这个驱动程序以后就会告诉网卡，应当从存储器的什么位置将局域网传送过来的数据块存储下来。网卡还要能够实现以太网协议。

网卡并不是独立的自治单元，因为网卡本身不带电源，而是必须使用所插入的计算机的电源，并受该计算机的控制。因此网卡可看作一个半自治的单元。当网卡收到一个有差错的帧时，会将这个帧丢弃。当网卡收到一个正确的帧时，它就使用中断来通知计算机并交付给协议栈中的网络层。

11.1.2　交换机工作原理

交换机最早起源于电话通信系统。现在还能在电影中看到这样的场景，首长拿起话筒来一阵猛摇，终端是一排插满线头的机器，戴着耳麦的话务人员接到连接要求后，把线头插在相应的出口，为两个用户端建立起连接，直到通话结束。使用交换机也可以把网络“分段”，通过对照地址表，交换机只允许必要的网络流量通过交换机。交换机英文名称为 switch，译为开关，是一种网络连接时不可缺少的设备，用于电/光信号的转发，可按照两端网络结点传输信息的需要，将所需传送的信息送至相应的路由上。交换机外观如图 11.2 所示。常见的交换机有以太网交换机、电话语音交换机、光纤交换机等。

图 11.2　交换机

交换机根据其工作位置的不同可分为广域网交换机和局域网交换机。其中，广域网交换机主要用于提供通信用基础平台，而局域网交换机主要用于连接终端设备。除此之外，交换机还可根据其传输介质、传输速度的不同分为以太网交换机、FDDI 交换机、ATM 交换机等，根据其应用规模的不同分为企业级交换机、部门级交换机和工作组交换机。

数据传输基于 OSI 七层模型，而交换机就工作于其第二层，即数据链路层。在交换机内部存有一条背部总线和内部交换矩阵。其中，背部总线用于连接交换机的所有端口，内部交换矩阵用于查找数据包所需传送的目的地址所在端口。控制电路收到数据包后，通过内部交换矩阵对其目的端口进行查询，若查询到则立刻将数据包发往该端口；若没有查询到，则广播至所有端口，接收端口发出响应后，将数据包发往该端口，并将其添加至内部交换矩阵中。

交换机具有全双工和半双工两种传输方式。其中，全双工指交换机可同时完成发送数据和接收数据的功能，类似于我们打电话的过程，在发出声音的同时也可以听到接收的声音；而半双工指交换机在发送数据与接收数据间只能选择一个动作去完成，类似于对讲机的通话过程，在发送声音时无法听到接收的声音，在接收声音时无法发送声音。随着科技的发展，目前大多数交换机都使用全双工的传输方式，半双工的传输方式已逐步被淘汰。

11.2 网 络 协 议

11.2.1 OSI 网络模型

OSI（open system interconnection，开放系统互联）模型是一个由国际标准化组织提出的概念模型，试图提供一个使各种不同的计算机和网络在世界范围内实现互联的标准框架。计算机网络体系结构划分为七层, 该模型从上到下包括应用层、表示层、会话层、传输层、网络层、数据链路层、物理层，每一层都可以提供抽象良好的接口。了解 OSI 模型有助于理解实际互联网络的工业标准 TCP/IP 协议。每一层其实际上都是一个协议包，如当我们提起应用层时，并不仅指计算机的应用程序，还包含了大量的应用层协议，应用层协议能使应用层程序在网络中正确地运行，下面对 OSI 的七层模型进行详细说明。

1. 应用层

应用层是由网络应用程序使用的，是离用户最近的一层。应用层通过各种协议，如 FTP（文件传输协议）、HTTP/HTTPS（网上冲浪协议）、SMTP（邮件传输协议）、Telnet（远程登录服务协议）网络应用提供服务，网络应用是指使用互联网的计算机应用执行用户活动。

2. 表示层

表示层是 OSI 模型的第六层。表示层从应用层接收数据，这些数据是以字符和数字的形式出现的，表示层将这些字符和数据转换成机器能够理解的二进制格式，这个功能称为“翻译”功能，即把人类的语言翻译成机器能理解的语言。在传输数据之前，表示层减少了用来表示原始数据的比特数，也就是将原始数据进行了压缩，数据压缩减少了原始数据所需的空间，随着文件大小的减少，它就可以在很短的时间内到达目的地。数据压缩对实时视频和音频传输有很大的帮助，以保持完整的数据传输前

的数据加密。

3．会话层

会话层是 OSI 模型的第五层，是用户应用程序和网络之间的接口，其主要任务是向两个实体的表示层提供建立和使用连接的方法。不同实体之间的表示层的连接称为会话，因此会话层的任务就是组织和协调两个会话进程之间的通信，并对数据交换进行管理。用户可以按照半双工、单工和全工的方式建立会话。当建立会话时，用户必须提供他们想要连接的远程地址，而这些地址与 MAC 地址或网络层的逻辑地址不同，它们是为用户专门设计的，更便于用户记忆。

4．传输层

传输层是 OSI 模型的第四层，是整个网络体系结构中的关键层次之一，主要负责向两个主机进程之间的通信提供服务。由于一个主机同时运行多个进程，因此传输层具有复用和分用功能。传输层在终端用户之间提供透明的数据传输，向上层提供可靠的数据传输。传输层在给定的链路上通过流量控制、分段/重组和差错控制来保证数据传输的可靠性。传输层的一些协议是面向链接的，这就意味着传输层能保持对分段的跟踪，并且重传那些失败的分段。

5．网络层

网络层是 OSI 模型的第三层，它是 OSI 参考模型中最复杂的一层，也是通信子网的最高一层。它在下两层的基础上向资源子网提供服务。其主要任务是通过路由选择算法，为报文或分组通过通信子网选择最适当的路径。该层控制数据链路层与传输层之间的信息转发，建立、维持和终止网络的连接。具体地说，数据链路层的数据在这一层先被转换为数据包，然后通过路径选择、分段组合、顺序、进/出路由等控制，将信息从一个网络设备传送到另一个网络设备。网络层负责在源和终点之间建立连接。

6．数据链路层

数据链路层是 OSI 模型的第二层，负责建立和管理结点间的链路。该层的主要功能是通过各种控制协议，将有差错的物理信道变为无差错的、能可靠传输数据帧的数据链路。在计算机网络中由于各种干扰的存在，物理链路是不可靠的。因此，这一层的主要功能是在物理层提供的比特流的基础上，通过差错控制、流量控制方法，使有差错的物理线路变为无差错的数据链路，即提供可靠的通过物理介质传输数据的方法。

7．物理层

由于 OSI 模型制定的是统一标准，所以在物理层也有很多统一标准，包括电气特性统一、机械特性统一、功能特性统一、规程特性统一 4 个方面。一定要在这 4 个层面上建立起高度的统一，才能够实现网络在全球范围内互通的目标。

11.2.2　TCP/IP 协议

我们正在使用的 Internet 网络的前身是 ARPANET，ARPANET 采用的是一种名为 NCP 的网络协议，但是随着网络的发展，以及多结点接入和用户对网络需求的提高，NCP 协议已经不能充分支持 ARPANET 的发展需求。而且 NCP 还有一个非常重要的缺陷，就是它只能用于相同的操作系统环境，也就是说，Windows 用户不能和 MacOS 用户以及 Android 用户进行通信。所以，ARPANET 急需一种新的协议来替换已经无法满足需求的 NCP 协议，这个任务的重担交给了罗伯特・卡恩和温顿・瑟夫，这是计算机网络的发展中两位非常著名的科学家，很多人把罗伯特・卡恩和温顿・瑟夫称为互联网之父。1974 年，他们在 IEEE 期刊上发表了题为《关于分组交换的网络通信协议》的论文，正式提出 TCP/IP，用以实现计算机网络之间的互联。

TCP/IP 不是一个单独的协议，而是一个协议簇，是一组不同层次上的多个协议的组合。图 11.3 给出了 OSI 与 TCP/IP 模型的对比、TCP/IP 不同层次的协议。

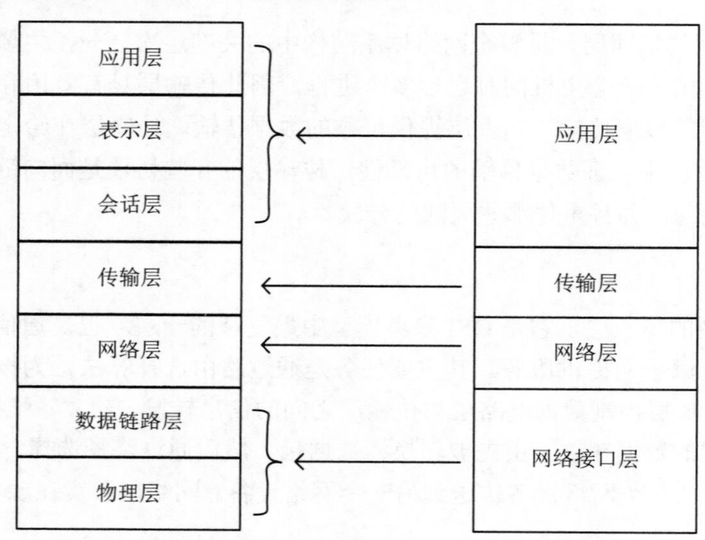

图 11.3　OSI 与 TCP/IP 模型对比

严格来讲，分层模型的动机就是将各层的功能尽量独立，每层的功能对另一层来说是透明的，只对通信的另一端负责，为编程和诊断提供良好的层次隔离。然而实际情况并非如此，首先，软件编程完全按照分层模型来做，编程效率会降低，与其分层，不如按功能实现来模块化。其次，对于许多功能实现来说，必须实现两层之间的交互，这又违背了当初的出发点，如链路层在成帧时需要接收端的物理地址，该地址必须由网络层处理 ARP 地址解析才行，简单地将 ARP 放在那一层都有些牵强。

1．网络接口层

网络接口层也称作数据链路层或链路层，通常包括操作系统中的设备驱动程序和计算机中对应的网络接口卡。主要用于处理与电缆的物理接口细节。在 TCP/IP 协议簇中，链路层的协议比较多，网络接口层决定了网络形态，但很多都不是专门为 TCP/IP 设计的。

2．网络层

网络层负责处理分组在网络中的活动，在底层通信网络的基础上，完成路由、寻径功能，提供主机到主机的连接。IP 是尽力传送的、不可靠的协议。

3．传输层

传输层主要为两台主机上的应用程序提供端到端的通信。在 TCP/IP 协议簇中，有两个不同的传输协议：TCP（传输控制协议）和 UDP（用户数据报协议），它们分别承载不同的应用。TCP 协议提供可靠的服务，UDP 协议提供不可靠但是高效的服务。

4．应用层

应用层负责具体的应用，如 HTTP 访问、FTP 文件传输、SMTP/POP3 邮件处理等。几乎各种不同的 TCP/IP 实现都会提供下面这些通用的应用程序：远程登录（Telnet）、文件传输协议（FTP）、域名管理（DNS）、简单网络管理协议（SNMP），如图 11.4 所示。

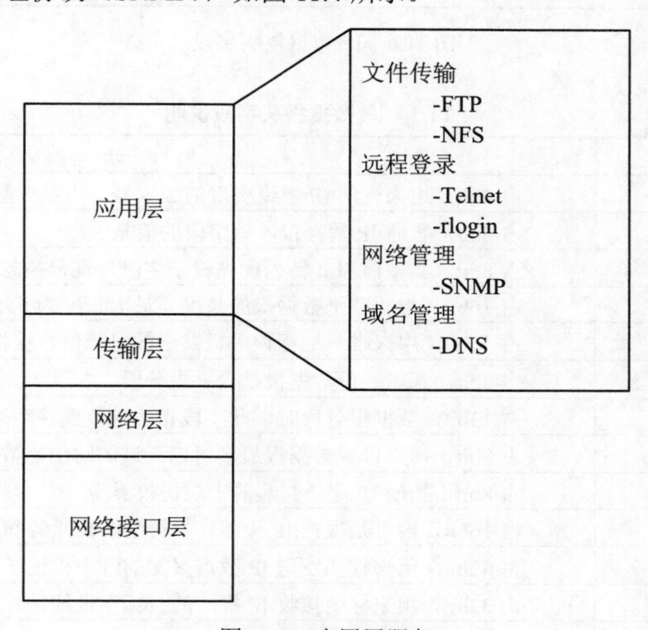

图 11.4　应用层服务

IP 协议是 TCP/IP 协议族中最为核心的协议。IP 协议提供不可靠、无连接的服务，即依赖其他层的协议进行差错控制。在局域网环境中，IP 协议往往被封装在以太网帧中传送。而所有的 TCP、UDP、ICMP、IGMP 数据都被封装在 IP 数据报中传送，如图 11.5 所示。

Ethernet 帧头	IP 头部	TCP 头部	上层数据	FCS

图 11.5　IP 数据报

在 IP 网络中传输的单位称为 IP 数据包，IP 数据包包括 IP 报头与更高层协议的相关数据。IP 数据包的报头至少为 20 个字节，其中包括版本、报头长度、服务类型、总长度、标识、标志、段偏移量、生存期、协议、头部校验和、源地址、目标地址、可选项、数据。引入 IP 报头字段的目的是为网络实体提供互联机制，IP 报头不仅带有数量可观的 IP 数据包信息，如源和目标 IP 地址、数据包内容等，而且还为网络实体提供了从源到目标地址之间传送数据包的处理方法。如图 11.6 所示为 IP 数据报头字段结构，如表 11.1 所示为 IP 数据报头字段说明。

<table>
<tr><td>版本</td><td>报头长度</td><td>服务类型</td><td colspan="2">总长度</td></tr>
<tr><td colspan="3">标识</td><td>标志</td><td>段偏移量</td></tr>
<tr><td colspan="2">生存期</td><td>协议</td><td colspan="2">头部校验和</td></tr>
<tr><td colspan="5">源地址</td></tr>
<tr><td colspan="5">目标地址</td></tr>
<tr><td colspan="5">可选项</td></tr>
<tr><td colspan="5">数据</td></tr>
</table>

图 11.6　IP 数据报头字段

表 11.1　IP 数据报头字段说明

IP 头部字段	说　明
版本	占 4bit，用来表明 IP 协议实现的版本号，当前一般为 IPv4，即 0100
报头长度	占 4bit，普通 IP 数据报，该字段的值是 5
服务类型	占 8bit，其中前 3bit 特为优先权子字段，现已被忽略，第 8bit 保留未用
总长度	占 16bit，指明整个数据报的长度，最大长度为 65535 字节
标识	占 16bit，用来唯一地标识主机发送的每一份数据报
标志	占 3bit，标志一份数据报是否要求分段
段偏移量	占 13bit，数据报分段时，此字段指明该段偏移距原始数据报开始的位置
生存期	占 8bit，用来设置数据报最多可以经过的路由器数
协议	占 8bit，指明 IP 层所封装的上层协议类型
头部校验和	占 16bit，内容是根据 IP 头部计算得到的校验码和
源地址	占 32bit，用来标明发送 IP 数据报文的源主机地址
目标地址	占 32bit，用来标明接收 IP 报文的目标主机地址
可选项	占 32bit，用来定义一些任选项，如记录路径、时间戳等

11.3　网 络 命 令

11.3.1　ip 命令

网络配置工具 ip 命令与 ifconfig 命令功能类似，但比 ifconfig 命令功能更加强大，可以配置几乎所有的网络参数，可以显示和操作网络路由、网络设备，以及设置路由等。

命令语法如下：

```
ip [选项] 对象 [命令]
```

在该语法中，选项参数值有 17 个，如表 11.2 所示。

表 11.2　ip 命令选项参数值说明

选　项	说　明
-V	显示版本
-h	符合人类阅读习惯显示输出
-f	-family {inet, inet6, link}强制使用指定的协议族
-4	指定使用的网络层协议是 IPv4 协议
-6	指定使用的网络层协议是 IPv6 协议
-B	指定使用的网络层协议是 Bridge 协议
-D	指定使用的网络层协议是 decnet 协议
-M	指定使用的网络层协议是 mpls 协议
-0	指定使用的网络层协议是 link 协议
-i	指定使用的网络层协议是 ipx 协议
-d	输出更详细的信息
-o	-oneline，输出信息时每条记录输出一行，即使内容较多也不换行显示
-r	-resolve，显示主机时不使用 IP 地址，而使用主机的域名
-l	-loops，指定 IP 地址刷新的最大循环数。
-t	-timestamp，当使用监视器选项时，输出时间戳
-a	-all，执行指定命令给所有对象（如果命令支持这个选项）
-c	-color，使用颜色输出

在该语法中，对象参数值有 12 个，如表 11.3 所示。

表 11.3　ip 命令对象参数值说明

对　象	说　明
address	网络设备的 IP（v4 或者 v6）地址信息
link	网络设备信息
maddress	多播地址
mourte	组播路由缓存条目
monitor	监控网络链接消息
netns	管理网络命名空间
ntable	管理邻居表缓存操作
neighbour	邻居表
route	路由表
rule	IP 策略
tunnel	IP 隧道
tuntap	管理 tun/tap 设备

在该语法中，命令参数值有 4 个，如表 11.4 所示。

表 11.4　ip 命令参数值说明

命　　令	说　　明
add	新增
delete	删除
show	显示
set	设置参数

【例 11.1】显示所有的设备信息。

这个实例演示显示整个网卡硬件设备相关信息，包括 MAC 地址、MTU 等，使用的命令是“ip link show”，具体实操如图 11.7 所示。

```
[root@localhost ~]# ip link show
1: lo: <LOOPBACK,UP,LOWER_UP> mtu 65536 qdisc noqueue state UNKNOWN mode DEFAULT group default qlen
1000
    link/loopback 00:00:00:00:00:00 brd 00:00:00:00:00:00
2: enp0s3: <BROADCAST,MULTICAST,UP,LOWER_UP> mtu 1500 qdisc pfifo_fast state UP mode DEFAULT group d
efault qlen 1000
    link/ether 08:00:27:c5:0c:c8 brd ff:ff:ff:ff:ff:ff
```

图 11.7　显示网卡硬件设备相关信息

11.3.2　route 命令

route 命令用于显示和操作 IP 路由表。要实现两个不同的子网之间的通信，需要通过一台连接两个网络的路由器，或者同时位于两个网络的网关来实现。设置路由可以解决这样的问题，Linux 系统在一个局域网中，局域网中有一个网关能够让机器访问 Internet，那么就需要将这台机器的 IP 地址设置为 Linux 机器的默认路由。

命令语法如下：

```
route [添加|删除] [网络|主机] 目标 [网络掩码] [网关]
```

在该语法中，主选项参数值有 8 个，如表 11.5 所示。

表 11.5　route 命令选项参数值说明

参　　数	说　　明
add	添加一条路由规则
del	删除一条路由规则
-net	目的地址是一个网络
-host	目的地址是一个主机
target	目的网络或主机
netmask	目的地址的网络掩码
gw	路由数据包通过的网关
dev	指定网卡

【例 11.2】显示当前路由表。

本实例演示如何显示当前路由表，默认情况是无法直接使用 route 命令显示路由表的，需要通过 yum 命令来安装，但是 route 命令并不能单独安装，它存放在 net-tools 工具包中，通过执行“yum -y install

net-tools”命令来安装。安装完成后执行显示路由表的命令，如图 11.8 所示。

```
[root@localhost ~]# route -n
Kernel IP routing table
Destination     Gateway         Genmask         Flags Metric Ref    Use Iface
0.0.0.0         192.168.137.1   0.0.0.0         UG    100    0        0 enp0s3
192.168.137.0   0.0.0.0         255.255.255.0   U     100    0        0 enp0s3
[root@localhost ~]#
```

图 11.8　显示路由表

11.3.3　telnet 命令

telnet 命令通常用来远程登录。telnet 是基于 TELNET 协议的远程登录客户端程序。TELNET 协议是 TCP/IP 协议族中的一员，是 Internet 远程登录服务的标准协议和主要方式，为用户提供了在本地计算机上远程登录主机工作的能力。在终端使用者的计算机上使用 telnet 程序连接到服务器。终端使用者可以在 telnet 程序中输出命令，这些命令会在服务器上运行，就像直接在服务器的控制台上输入一样，可以在本地控制远程服务器。要开始一个 telnet 会话，必须输入用户名和密码来登录服务器。telnet 是常用的远程控制 Web 服务器的方法。telnet 命令还可以有别的用途，例如，测试远程服务的状态，测试远程服务器的某个端口是否能访问等。

命令语法如下：

```
telnet [参数] [主机]
```

在该语法中，主选项参数值有 18 个，如表 11.6 所示。

表 11.6　telnet 命令选项参数值说明

参　数	说　明
-8	允许使用 8 位字符资料，包括输入与输出
-a	尝试自动登录远端系统
-b	使用别名指定远端主机名称
-c	不读取用户专属目录里的.telnetrc 文件
-d	启动排错模式
-e	设置脱离字符
-E	滤除脱离字符
-f	此参数的效果和指定“-F”参数相同
-F	使用 Kerberos V5 认证时，把本地主机的认证数据上传到远端主机
-k	使用 Kerberos 认证时，加上此参数让远端主机采用指定的域名
-K	不自动登录远端主机
-l	指定要登录远端主机的用户名称
-L	允许输出 8 位字符资料
-n	指定文件记录相关信息
-r	使用类似 rlogin 指令的用户界面
-S	设置 telnet 连线所需的 IP TOS 信息
-x	如果主机有支持数据加密的功能，就使用此参数
-X	关闭指定的认证形态

【例 11.3】检测指定的服务器某个端口是否开启。

本实例演示使用 telnet 命令检测百度 80 与 8080 端口开启状态，如果你的当前系统没有安装此命令，可以通过 yum 命令直接安装。如果提示连接已经被主机关闭，则说明端口状态是开放的；如果提示连接超时，则说明端口是关闭的。具体实操如图 11.9 所示。

```
[root@localhost ~]# telnet www.baidu.com 80
Trying 110.242.68.3...
Connected to www.baidu.com.
Escape character is '^]'.
Connection closed by foreign host.
[root@localhost ~]# telnet www.baidu.com 8080
Trying 110.242.68.3...
telnet: connect to address 110.242.68.3: Connection timed out
```

图 11.9　检测服务器端口

11.3.4　netstat 命令

在 Internet RFC 标准中，netstat 是在内核中访问网络连接状态及其相关信息的程序，它能提供 TCP 连接、TCP 和 UDP 监听、进程内存管理的相关报告。netstat 命令的功能是显示网络连接、路由表和网络接口信息，可以让用户得知有哪些网络连接正在运行。使用 netstat 命令时如果不带参数，则显示活动的 TCP 连接。

命令语法如下：

```
netstat  [选项]
```

在该语法中，选项参数值有 20 个，如表 11.7 所示。

表 11.7　netstat 命令选项参数值说明

选　项	说　明
-a	显示所有连线中的 Socket
-A	列出该网络类型连线中的相关地址
-c	持续列出网络状态
-C	显示路由器配置的快取信息
-e	显示网络其他相关信息
-F	显示 FIB
-g	显示多重广播功能群组组员名单
-h	在线帮助
-i	显示网络界面信息表单
-l	显示监控中的服务器的 Socket
-M	显示伪装的网络连线
-n	直接使用 IP 地址，而不通过域名服务器
-N	显示网络硬件外围设备的符号连接名称
-o	显示计时器
-p	显示正在使用 Socket 的程序识别码和程序名称
-r	显示路由表

续表

选　项	说　明
-s	显示网络工作信息统计表
-t	显示 TCP 传输协议的连线状况
-u	显示 UDP 传输协议的连线状况
-v	显示指令执行过程

【例 11.4】找出运行在指定端口的进程。

本实例查找一个正在 80 端口运行的进程，如果可以查找到这个进程，系统会把这个进程的端口号标红，本实例是通过 grep 命令进行过滤的，因此查找到的进程号是包含 80 的，具体实操如图 11.10 所示。

图 11.10　查找指定端口号运行的进程

11.3.5　traceroute 命令

Linux 系统下的 traceroute 命令可以追踪网络数据包的路由途径，每次数据包由某一同样的出发点到达某一同样的目的地走的路径可能会不一样，但大部分所走的路由是相同的。

命令语法如下：

```
traceroute [选项] 对象 [命令]
```

在该语法中，选项参数值有 15 个，如表 11.8 所示。

表 11.8　traceroute 命令选项参数值说明

选　项	说　明
-d	使用 Socket 层级的排错功能
-f	设置第一个检测数据包的存活数值 TTL 的大小
-F	设置勿离断位
-g	设置来源路由网关，最多可设置 8 个
-i	使用指定的网络界面送出数据包
-I	使用 ICMP 回应取代 UDP 资料信息
-m	设置检测数据包的最大存活数值 TTL 的大小
-n	直接使用 IP 地址而非主机名称
-p	设置 UDP 传输协议的通信端口
-r	忽略普通的路由表，直接将数据包送到远端主机上
-s	设置本地主机送出数据包的 IP 地址
-t	设置检测数据包的 TOS 数值
-v	详细显示指令的执行过程
-w	设置等待远端主机回报的时间
-x	开启或关闭数据包的正确性检验

【例 11.5】显示到达目的主机的数据包路由。

本实例演示到达百度服务器主机的数据包路由，如果你的当前系统不存在此命令，可通过 yum 命令进行安装，具体实操如图 11.11 所示。

```
[root@localhost ~]# traceroute www.baidu.com
traceroute to www.baidu.com (110.242.68.3), 30 hops max, 60 byte packets
 1  USER-20170623GW.mshome.net (192.168.137.1)  0.151 ms * *
 2  localhost (192.168.1.1)  3.119 ms  3.061 ms  3.036 ms
 3  125.22.244.58.adsl-pool.jlccptt.net.cn (58.244.22.125)  4.058 ms  3.160 ms  3.870 ms
 4  61.221.48.119.adsl-pool.jlccptt.net.cn (119.48.221.61)  2.784 ms  2.669 ms  2.635 ms
 5  69.29.9.221.adsl-pool.jlccptt.net.cn (221.9.29.69)  7.818 ms 9.29.9.221.adsl-pool.jlccptt.net.cn
(221.9.29.9)  7.738 ms 45.29.9.221.adsl-pool.jlccptt.net.cn (221.9.29.45)  7.657 ms
 6  219.158.114.153 (219.158.114.153)  18.326 ms * *
 7  110.242.66.170 (110.242.66.170)  17.704 ms 110.242.66.186 (110.242.66.186)  23.290 ms 110.242.66
.190 (110.242.66.190)  17.504 ms
 8  221.194.45.134 (221.194.45.134)  23.076 ms  23.054 ms 221.194.45.130 (221.194.45.130)  22.915 ms
```

图 11.11　查看数据包路由

11.4 要点回顾

本章主要讲述了 Linux 下的网络设备、网络协议、网络命令相关知识。网络是服务器与客户终端的必经之路。本章重点的学习内容是网络的原理及网络命令的实操，深入理解 TCP/IP 协议，重点学习 OSI 模型，了解每个层的具体含义。

第 12 章

防火墙

在现代计算机通信中，有很多种安全技术，防火墙就是其中的一种，它是抵御攻击的一道防线。防火墙的使用在一定程度上减少了系统被网络攻击的概率，加固了系统安全。本章将从防火墙的定义、分类、主要功能、配置与应用几个方面进行介绍。

本章知识架构及重点、难点内容如下：

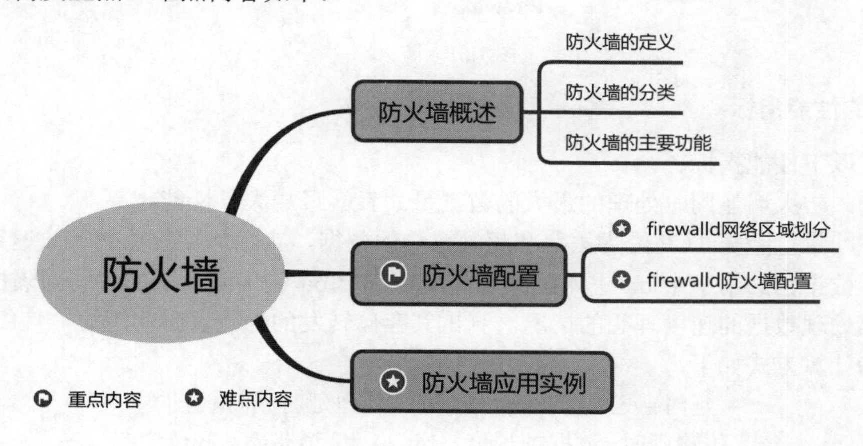

12.1　防火墙概述

在 CentOS 7 上使用的默认防火墙为 firewalld，它是新一代（即第四代）防火墙（ipfwadm→ipchains→iptables→firewalld），支持防火墙规则动态更新（更改规则时不需要重启服务），不过原先的 iptables/ip6tables 并没有被移除且仍可以使用，只是默认处于关闭状态。

12.1.1　防火墙的定义

1. 什么是防火墙

如图 12.1 所示，防火墙是一种将内部网络和外部网络（如 Internet）分开的方法，它实际上是一种建立在现代通信网络技术和信息安全技术基础上的应用性安全技术，隔离技术，现在越来越多地应用于专用网络与公用网络的互联环境之中，尤其以接入 Internet 网络最为广泛。

传统的网络系统存在安全问题，会把自身暴露给 NFS 或 NIS，并受到网络上其他系统的攻击。引入防火墙后，在一定程度上提高了主机整体安全性，防止了外来的恶意攻击。防火墙技术主要在于能及时发现并处理计算机网络运行时可能存在的安全风险、数据传输等问题，同时对计算机网络安全相关的各项操作实施记录与检测，以确保计算机网络运行的安全性，保障用户资料与信息的完整性，为用户提供更好、更安全的计算机网络使用体验。

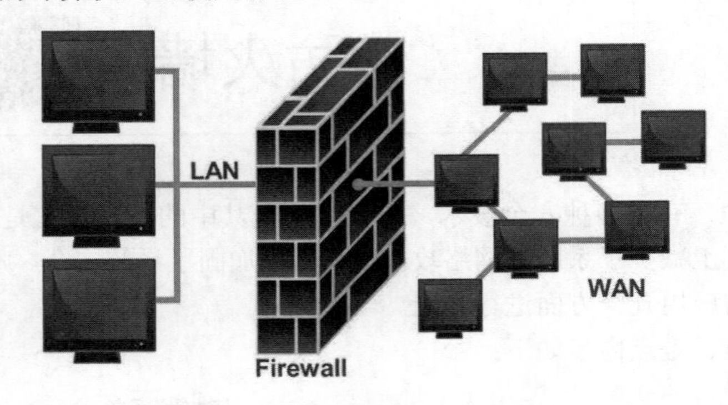

图 12.1　防火墙

2．防火墙的性能指标

防火墙具有以下性能指标。

☑　吞吐量：防火墙能同时处理的最大的数据量。吞吐量越大，性能越高。

☑　有效吞吐量：除去 TCP 因为丢包和超时重传的数据，实际每秒传输的有效速率。

☑　延时：数据包的第一个 bit 进入防火墙到最后一个 bit 输出防火墙的时间间隔指标。用于测量防火墙处理数据的速度理想的情况，测试其存储转发的性能。时间越短，性能越高。

延时的计算方式如下：

延时=发送延时+传播延时+处理延时+排队延时

传输延时=数据帧长度（bit/s）/信道带宽（bit/s）

传播延时=信道长度（m）/电磁波在信道上的传播速率（m/s）

➢　处理延时：主机或路由器在收到分组时要花费一定的时间进行处理，例如，分析分组的首部，从分组中提取数据部分，进行差错检验或查找适当的路由等。

➢　排队时延：分组在进入路由器后要先在输入队列中排队等待处理，然后在路由器确定了转发接口后，还要在输出队列中排队等待转发。

☑　丢包率：在连续负载的情况下，防火墙由于资源不足，应转发但是未转发的百分比。可以查看设备在流量过载时，对正常转发性能的影响。丢包率越小，防火墙的性能越高。

☑　背靠背：即缓冲区大小，测试设备缓冲处理突发数据的能力。缓冲区越大，设备处理突发数据流、缓存数据并快速处理的能力就越高。

☑　并发连接数。并发连接数峰值越大，抗攻击能力也越强。由于防火墙是针对连接进行处理的，并发连接数是指防火墙可以同时容纳的最大的连接数，一个连接即为一个 TCP/UDP 的访问。当防火墙并发连接数达到峰值后，新的连接请求报文到达防火墙时，将被丢弃。

3．区别

firewalld 与 iptables 的区别如下。

☑　iptables 主要是基于接口来设置规则，从而判断网络的安全性。firewalld 是基于区域，根据不

同的区域来设置不同的规则，从而保证网络的安全性，与硬件防火墙的设置类似。

☑ iptables 在/etc/sysconfig/iptables-config 目录中储存配置，firewalld 配置储存在/etc/firewalld/（优先加载）和/usr/lib/firewalld/（默认的配置文件）目录中的各种 XML 文件里。

☑ 使用 iptables 每一个单独更改意味着清除所有旧有的规则和从/etc/sysconfig/iptables-config 目录里读取所有新的规则。使用 firewalld 却不会再创建任何新的规则，仅运行规则中的不同之处。因此 firewalld 可以在运行时更改设置，而不丢失现有连接。

☑ iptables 防火墙类型为静态防火墙。firewalld 防火墙类型为动态防火墙。

12.1.2　防火墙的分类

目前市场上防火墙产品的种类很多，划分的标准也不尽相同，大体分为以下 6 类。

☑ 物理特性分类：分为软件防火墙、硬件防火墙、芯片级防火墙。

☑ 技术分类：分为滤型防火墙、应用代理型防火墙。

☑ 结构分类：分为单一主机防火墙、路由器集成式防火墙、分布式防火墙。

☑ 性能分类：分为百兆级防火墙、千兆级防火墙。

☑ 使用方法分类：分为网络层防火墙、物理层防火墙、链路层防火墙。

☑ 应用部署位置分类：分为边界防火墙、个人防火墙、混合防火墙。

12.1.3　防火墙的主要功能

防火墙的功能很多，主要包括以下 5 个。

1．网络安全保障

一个防火墙（作为阻塞点、控制点）能极大地提高一个内部网络的安全性，并通过过滤不安全的服务而降低风险。由于只有经过选择的应用协议才能通过防火墙，所以网络环境变得更加安全。防火墙可以禁止不安全的 NFS 协议进出受保护的网络，这样外部的攻击者就不可能利用这些脆弱的协议来攻击内部网络。防火墙同时可以保护网络免受基于路由的攻击，如 IP 选项中的源路由攻击和 ICMP 重定向中的重定向路径攻击。防火墙可以拒绝以上类型攻击的报文并通知防火墙管理员。

2．强化网络安全策略

通过以防火墙为中心的安全方案配置，能将所有安全软件（如口令、加密、身份认证、审计等）配置在防火墙上。与将网络安全问题分散到各个主机上相比，防火墙的集中安全管理更经济。例如，在网络访问时，一次一密口令系统和其他的身份认证系统完全可以不必分散在各个主机上，而只集中在防火墙上即可。

3．监控审计

如果所有的访问都经过防火墙，那么防火墙就能记录这些访问并做出日志记录，同时也能提供网络使用情况的统计数据。当发生可疑动作时，防火墙能够及时报警，并提供网络是否受到监测和攻击的详细信息。另外，收集一个网络的使用情况也是非常重要的。首先可以清楚防火墙是否能够抵挡攻击者的探测和攻击，其次可以清楚防火墙的控制是否有效。网络使用统计对网络需求分析和威胁分析等也是非常重要的。

4．防止内部信息的外泄

通过防火墙对内部网络的划分，可实现内部网络重点网段的隔离，从而降低网络安全问题对全局网络造成的影响。另外，隐私是内部网络重要的问题，内部网络中一个不显眼的细节可能包含了安全相关的线索，从而引起外部攻击者的兴趣，其后果可想而知。

使用防火墙可以有效隐蔽内部容易透露的细节，如 Finger、DNS 等服务。Finger 显示了主机的所有用户的注册名、真名、最后登录时间和使用 shell 类型等，Finger 显示的信息非常容易被攻击者所获悉。攻击者可以知道一个系统使用的频繁程度，这个系统是否有用户正在连线上网，这个系统是否在被攻击时会引起注意等。

防火墙可以同样阻塞有关内部网络中的 DNS 信息，这样一台主机的域名和 IP 地址就不会被外界所了解。除了安全作用，防火墙还支持企业内部网络技术 VPN（虚拟专用网络）。

5．日志记录与事件通知

进出网络的数据都必须经过防火墙，防火墙通过日志对其进行记录，能提供网络使用的详细统计信息。当发生可疑事件时，防火墙能根据机制进行报警和通知，并提供相应有效的信息。

作为公司安全管理的一部分，制定安全策略很有必要。首先，要知道哪些资源需要保护。然后，还要了解当前的 Web 服务、FTP 服务、电子邮件服务等服务器的组成，以及常用的一些攻击方法、控制内部网络的访问权限等问题。

12.2　防火墙配置

CentOS 7 系列之前默认是通过 iptables 管理防火墙，现在新版本默认通过 firewalld 管理防火墙，本节介绍 firewalld 防火墙配置。

12.2.1　firewalld 网络区域划分

firewalld 防火墙为了简化管理，将所有网络流量分为 9 个区域（zone），每个区域都定义了自己打开或者关闭的端口和服务列表。9 个区域具体介绍如下。

- ☑ trusted（信任区域）：允许所有的传入流量。
- ☑ public（公共区域）：允许与 ssh 或 dhcpv6-client 预定义服务匹配的传入流量，其余均拒绝。是新添加网络接口的默认区域。
- ☑ external（外部区域）：允许与 ssh 预定义服务匹配的传入流量，其余均拒绝。默认将通过此区域转发的 IPv4 传出流量进行地址伪装，可用于为路由器启用伪装功能的外部网络。
- ☑ home（家庭区域）：允许与 ssh、ipp-client、mdns、samba-client 或 dhcpv6-client 预定义服务匹配的传入流量，其余均拒绝。

- ☑ internal（内部区域）：默认值与 home 区域相同。
- ☑ work（工作区域）：允许与 ssh、ipp-client、dhcpv6-client 预定义服务匹配的传入流量，其余均拒绝。
- ☑ dmz（隔离区域，也称为非军事区域）：允许与 ssh 预定义服务匹配的传入流量，其余均拒绝。
- ☑ block（限制区域）：拒绝所有传入流量。
- ☑ drop（丢弃区域）：丢弃所有传入流量，并且不产生包含 ICMP 的错误响应。

说明

最终一个区域的安全程度取决于管理员在此区域设置的规则。区域如同进入主机的安全门，每个区域都具有不同的限制规则，只会允许符合规则的流量传入。可以根据网络规模，使用一个或多个区域，但是任何一个活跃区域至少需要关联源地址或接口。默认情况下，public 区域是默认区域，包含所有接口（网卡）。

12.2.2　firewalld 防火墙配置

1. 配置方法

firewalld 有如下 3 种配置方法。

- ☑ 使用 firewall-config 图形工具。如图 12.2 所示，前提是安装 CentOS 图形化界面。

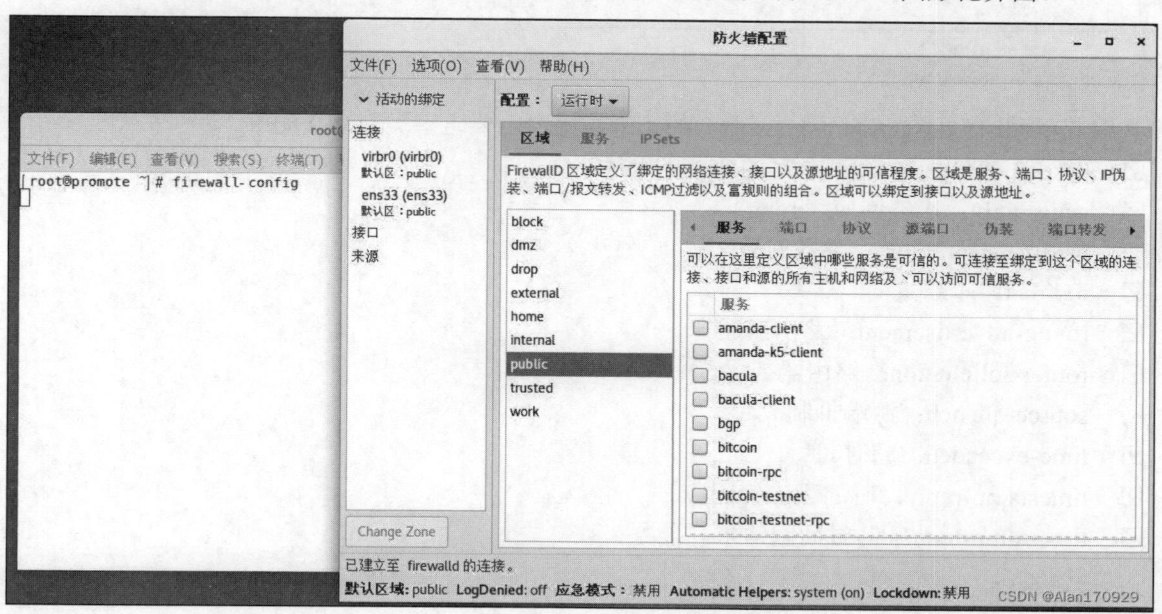

图 12.2　firewall-config 图形工具

- ☑ 编写/etc/firewalld/目录中的配置文件。firewalld 会优先使用/etc/firewalld/目录中的配置文件，如果不存在配置文件，则使用/usr/lib/firewalld/目录中的配置文件。
  - ➢ /etc/firewalld/：用户自定义配置文件，需要时可从/usr/lib/firewalld/目录中复制。

  - ➢ /usr/lib/firewalld/：默认配置文件，不建议修改，若恢复至默认配置，可以直接删除/etc/firewalld/目录中的配置。
- ☑ 使用 firewall-cmd 命令行工具。它分为运行时配置和永久配置两种模式，区别如下：
  - ➢ 运行时模式（runtime mode）：实时生效，并持续至 firewalld 重新启动或重新加载配置。不中断现有连接。不能修改服务配置。
  - ➢ 永久模式（permanent mode）：不立即生效，除非 firewalld 重新启动或重新加载配置。中断现有连接。可以修改服务配置。

2．firewalld 服务命令

firewalld 服务命令如下。

```
# 启动 / 重启 / 停止 / 查看
systemctl start/restart/stop/status firewalld
# 开机自启/不自启
systemctl enable/disable firewalld
```

3．获取预定义信息

firewall-cmd 预定义信息主要包括 3 种：预定义区域、预定义服务以及预定义 ICMP 阻塞类型，使用命令如下。

```
# 显示预定义的区域
firewall-cmd --get-zones
# 显示预定义的服务
firewall-cmd --get-service
# 显示预定义的 ICMP 类型
firewall-cmd --get-icmptypes
```

其中 firewall-cmd --get-icmptypes 命令的执行结果中主要阻塞类型含义如下。

- ☑ destination-unreachable：目的地址不可达。
- ☑ echo-reply：应答回应（pong）。
- ☑ parameter-problem：参数问题。
- ☑ redirect：重新定向。
- ☑ router-advertisement：路由器通告。
- ☑ router-solicitation：路由器征寻。
- ☑ source-quench：源端抑制。
- ☑ time-exceeded：超时。
- ☑ timestamp-reply：时间戳应答回应。
- ☑ timestamp-request：时间戳请求。

4．区域管理

使用 firewall-cmd 命令可以实现获取和管理区域，为指定区域绑定网络接口等功能。firewall-cmd 命令区域管理选项说明如下。

- ☑ --get-default-zone：显示网络连接或接口的默认区域。
- ☑ --set-default-zone=<zone>：设置网络连接或接口的默认区域。

☑ --get-active-zones：显示当前正在使用的区域及其对应的网卡接口。
☑ --get-zone-of-interface=<interface>：显示指定接口绑定的区域。
☑ --zone=<zone> --add-interface=<interface>：为指定接口绑定区域。
☑ --zone=<zone> --change-interface=<interface>：为指定的区域更改绑定的网络接口。
☑ --zone=<zone> --remove-interface=<interface>：为指定的区域删除绑定的网络接口。
☑ --list-all-zones：显示所有区域及其规则。
☑ [--zone=<zone>] --list-all：显示所有指定区域的所有规则。

注意

省略--zone=<zone>时表示对默认区域操作。

5．服务管理

Firewalld 预先定义了很多服务，存放在/usr/lib/firewalld/services/目录中，服务通过单个的 XML 配置文件来指定。这些配置文件命名格式如 service-name.xml。每个文件对应一项具体的网络服务，如 ssh 服务等。与之对应的配置文件中记录了各项服务所使用的 tcp/udp 端口。在最新版本的 firewalld 中默认已经定义了多种服务供我们使用，对于每个网络区域，均可以配置允许访问的服务。当默认提供的服务不适用或者需要自定义某项服务的端口时，我们需要将 service 配置文件放置在/etc/firewalld/services/目录中。

Service 配置具有以下优点。

☑ 通过服务名称来管理更加人性化。
☑ 通过服务来组织端口分组的模式更加高效，如果一个服务使用了若干个网络端口，则服务的配置文件就相当于提供了这些端口规则管理的批量操作快捷方式。

Firewall-cmd 命令区域中服务管理的常用选项说明如下。

☑ [--zone=<zone>] --list-services：显示指定区域内允许访问的所有服务。
☑ [--zone=<zone>] --add-service=<service>：为指定区域设置允许访问的某项服务。
☑ [--zone=<zone>] --remove-service=<service>：删除指定区域已设置的允许访问的某项服务。
☑ [--zone=<zone>] --list-ports：显示指定区域内允许访问的所有端口号。
☑ [--zone=<zone>] --add-port=<portid>[-<portid>]/<protocol>：为指定区域设置允许访问的某个/某段端口号（包括协议名）。
☑ [--zone=<zone>] --remove-port=<portid>[-<portid>]/<protocol>：删除指定区域已设置的允许访问的端口号（包括协议名）。
☑ [--zone=<zone>] --list-icmp-blocks：显示指定区域内拒绝访问的所有 ICMP 类型。
☑ [--zone=<zone>] --add-icmp-block=<block>：为指定区域设置拒绝访问的某项 ICMP 类型。
☑ [--zone=<zone>] --remove-icmp-block=<block>：删除指定区域已设置的拒绝访问的某项 ICMP 类型。

注意

省略--zone=<zone>时表示对默认区域操作。

6．端口管理

在进行服务配置时，预定义的网络服务可以使用服务名称配置，服务所涉及的端口会自动打开。但是，对于非预定义的服务只能手动为指定的区域添加端口。具体示例如下：

```
# 允许 tcp 的 443 端口到 internal 区域
firewall-cmd --zone=internal --add-port=443/tcp
# 查看
firewall-cmd --zone=internal --list-all
# 从 internal 区域将 tcp 的 443 端口移除
firewall-cmd --zone=internal --remove-port=443/tcp
# 允许 udp 的 2048~2050 端口到默认区域
firewall-cmd --add-port=2048-2050/udp
```

12.3　防火墙应用实例

经过前两节的学习，想必大家对防火墙（firewalld）有了一定的认识和了解，本节通过演示一个实例来更加直观地了解防火墙的应用。

实例需求如下。

☑　work 区域：禁止 ping（禁止 icmp 协议），允许客户端（119.48.6.212）登录 ssh 服务，不允许访问 apache 服务。

☑　public 区域：禁止 ping（禁止 icmp 协议），禁止所有主机访问 ssh 服务，允许访问 apache 服务。

下面演示开始。

（1）禁止 ping（禁止 icmp 协议）。

首先使用命令查看本机（服务端）的公网 IP 地址，查看公网 ip 命令有多个，这里介绍如下两个：

```
# 查看公网 IP 地址
curl ipinfo.io/ip/
# 或者
curl http://ifconfig.io
```

然后在客户端 cmd 命令窗口中 ping 服务端 IP 地址，如图 12.3 所示。

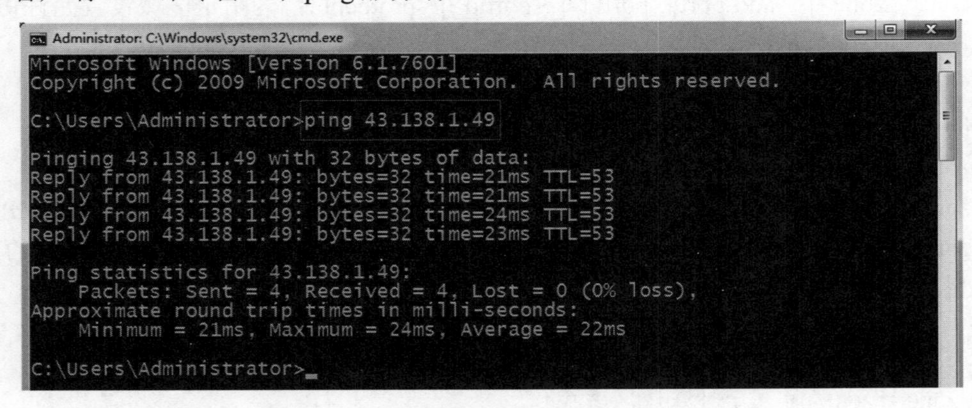

图 12.3　在客户端 ping 服务端 IP 地址

接下来开启防火墙，设置 firewalld 禁止 ping 有两种方法，命令如下：

```
# 开启防火墙
systemctl start firewalld
# 第 1 种通过 rich rule
firewall-cmd --permanent --add-rich-rule='rule protocol value=icmp drop'
# 第 2 种通过 icmp-block-inversion
firewall-cmd --permanent --add-icmp-block-inversion
```

最后检查验证，在客户端 cmd 命令窗口中再次 ping 服务端 IP 地址，如图 12.4 所示，从图中可以看出 firewalld 禁止 ping 设置成功。

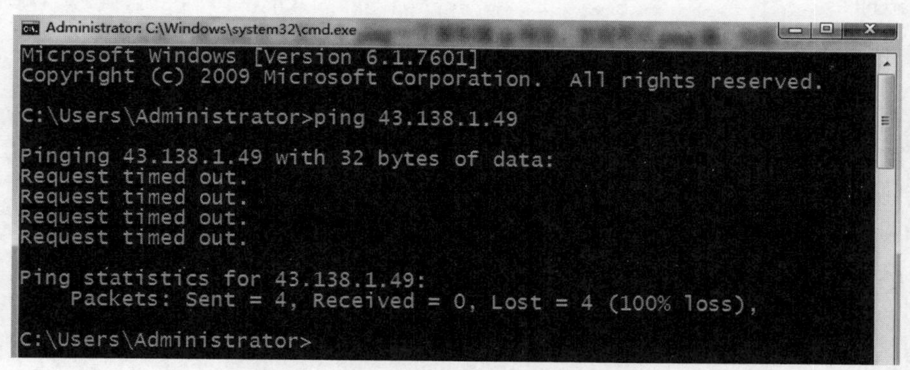

图 12.4　客户端 ping 服务端 IP 地址

（2）work 区域允许客户端（119.48.6.212）登录 ssh 服务。public 区域禁止所有主机访问 ssh 服务。首先查询自己的 IP，如图 12.5 所示，用来替换图中的 119.48.6.212。

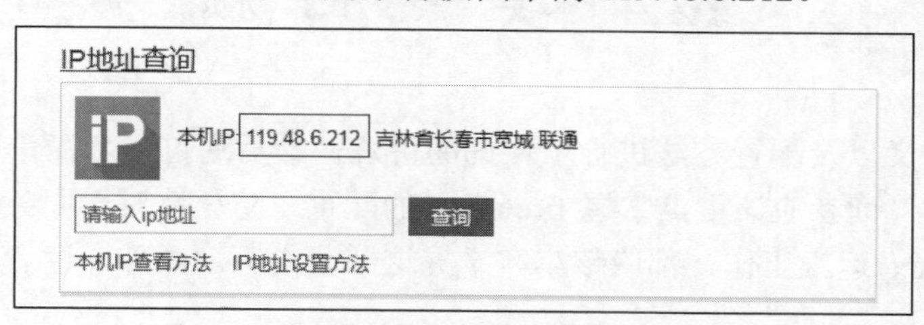

图 12.5　IP 地址查询

然后使用 firewall 命令进行设置，命令如下：

```
# work 区允许 119.48.6.212 登录 ssh 服务
firewall-cmd --permanent --zone=work --remove-service=ssh
firewall-cmd --permanent --zone=work --add-rich-rule='rule family=ipv4 source address=119.48.6.212/24 service name=ssh accept'
firewall-cmd --permanent --zone=work --add-rich-rule='rule family=ipv4 source address=119.48.6.212/24 port protocol=tcp port=22 accept'
# public 区禁止访问 ssh 服务
firewall-cmd --permanent --zone=public --remove-service=ssh
# 重载
firewall-cmd --reload
```

最后检查验证，命令如下：

```
# work 区
firewall-cmd --zone=work --list-all
```

```
#public 区
firewall-cmd --zone=public --query-service=ssh
```

（3）work 区域不允许访问 apache 服务。public 区域允许访问 apache 服务。

首先安装 apache 服务，已安装过的可略过此步骤，命令如下：

```
# 检查
rpm -qa | grep -i httpd
# 安装
yum -y install httpd
# 启动
systemctl start httpd
```

然后使用 firewall 命令进行设置，命令如下：

```
# work 区不允许访问 apache 服务
firewall-cmd --permanent --zone=work --remove-service=http
# public 区允许访问 apache 服务
firewall-cmd --permanent --zone=work --add-service=http
# 重载
firewall-cmd --reload
```

最后检查验证，命令如下：

```
# work 区
firewall-cmd --zone=work --query-service=http
#public 区
firewall-cmd --zone=public --query-service=http
```

12.4 要点回顾

本章对防火墙的定义以及配置方法进行了详细的讲解，最后通过一个简单的实例来演示防火墙的具体应用。学习本章时，读者应该重点掌握 firewalld 的配置。防火墙对于服务器来说至关重要，无论以后我们是否从事 Linux 运维工作，都应该牢牢掌握这部分内容。此外，读者如果感兴趣，可以了解一下 iptables 相关知识。

第 3 篇

数据与架构篇

本篇详细讲解如何搭建各种服务器，如 FTP、NFS、Tomcat、Nginx、LAMP 服务器和 Linux 数据服务器，以及 shell 脚本的编写。此篇内容是 Linux 系统中的高级应用，涉及做 Linux 运维必备的技能。本篇深入讲解了相关技术原理与操作步骤，让读者能够深入掌握相关知识的底层逻辑。

- 数据与架构篇
  - FTP服务器的搭建与应用：学习FTP服务及相关模型，搭建FTP服务及环境，实现文件的上传与下载
  - NFS服务器的搭建与应用：学习NFS服务的基本概念及组件的安装，应用NFS服务实现网络文件共享
  - 搭建Tomcat应用服务器：理解Tomcat的概念与核心组件，应用Tomcat进行服务器的部署
  - 企业级Nginx应用服务器搭建：了解Nginx的特点，会配置Nginx正反向代理，部署服务器的负载均衡
  - 搭建基于LAMP架构服务：理解LAMP各组的作用，能够自主搭建LAMP架构服务器
  - Linux数据服务：学习各种常见数据库的安装与操作，能够配置与搭建数据服务器
  - Linux shell脚本：学习shell脚本的常用指令，能够实现运维操作的自动化脚本

第 13 章

FTP 服务器的搭建与应用

FTP 是一种应用非常广泛的互联网文件传输协议，它主要用于互联网中文件的双向传输（上传/下载）及文件共享，与计算机所处的位置、连接方式及操作系统无关。本章将从 FTP 的概念、服务模型、工作模式、安装 VSFTP 及配置、FTP 术语与响应码几个方面进行介绍。

本章知识架构及重点、难点内容如下：

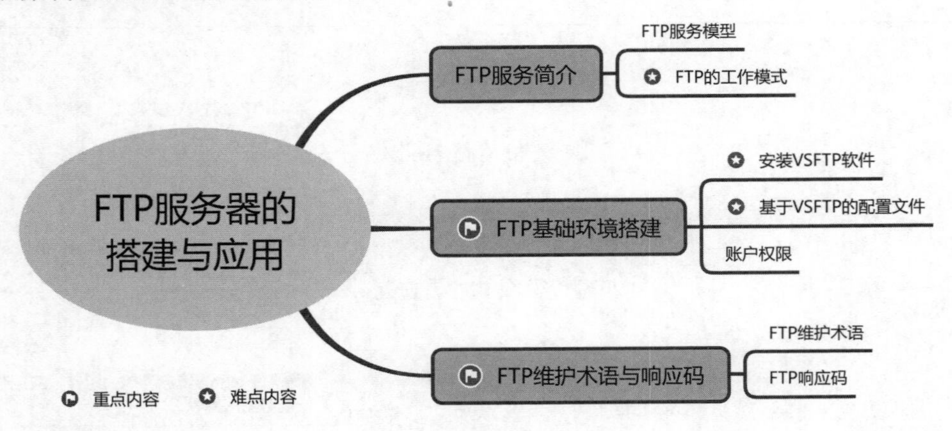

13.1 FTP 服务简介

FTP（file transfer protocol，文件传输协议）是 TCP/IP 协议组中的协议之一。FTP 协议包括两个组成部分，其一为 FTP 服务器，其二为 FTP 客户端。FTP 服务器用来存储文件，用户可以使用 FTP 客户端通过 FTP 协议访问位于 FTP 服务器上的资源。

13.1.1 FTP 服务模型

FTP 是基于 C/S（client/server）架构的模型，在文件传输过程中，服务器负责建立和维护与客户端建立起来的连接，包括控制连接（用于传送控制信息）和数据连接（用于传送数据）。FTP 协议模型是一个由多个模块组成的有机整体，各模块通过完成特定的功能来提供文件传输服务。

在 C/S 模型的 FTP 服务中，由客户端发起请求并等待服务端的应答。应答是对来自客户端 FTP 命令的一种回答（表示肯定或否定），控制连接从服务器发送到客户端，通常是由一个代码（包括错误码）与一个文本字符串的形式组成。其中，代码是供程序使用的，文本字符串是给用户使用的。

基于 FTP 客户端的模型在传送数据前需要与服务器建立控制连接，控制连接遵从 Telnet 协议，且所有来自客户端的命令都经由控制连接传送到服务器，而服务器的应答也是通过控制连接传送到客户端。需要注意的是，数据间的连接是双向的，而且无须在整个通信时间内都存在连接（数据连接在传输完成后就可以中断）。

有时用户希望在两台主机间传送文件（没有本地主机参与），这时需要先在两台主机间建立控制连接和数据连接。

FTP 协议要求在数据传输时打开控制连接，并在完成 FTP 服务后由客户端请求关闭控制连接。如果未接收命令就关闭了控制连接，那么服务器也会关闭数据传输。

13.1.2　FTP 的工作模式

FTP 有两种工作模式，一种叫作 standard（也就是 active，主动模式），一种是 passive（也就是 PASV，被动模式）。主动模式和被动模式是相对于 FTP 服务器来判断的，如果是服务器端去连接客户端开放的端口，则属于主动模式，反之则是被动模式。

1．主动工作模式

主动模式（active mode）的工作过程如下。

第一步，客户端随机开启大于 1024 的 X 端口与服务器的 21 端口建立连接通道，通道建立后，客户端随时可以通过该通道发送上传或下载命令。

第二步，当客户端需要与服务器进行数据传输时，客户端会再开启一个大于 1024 的随机端口 Y，并将 Y 端口号通过之前的命令通道传送给服务器的 21 端口。

第三步，服务器获取客户端的第二个端口后会主动连接客户端的该端口，通过三次握手完成服务器与客户端数据通道的建立，所有数据均通过该数据通道进行传输。

主动工作模式原理如图 13.1 所示。

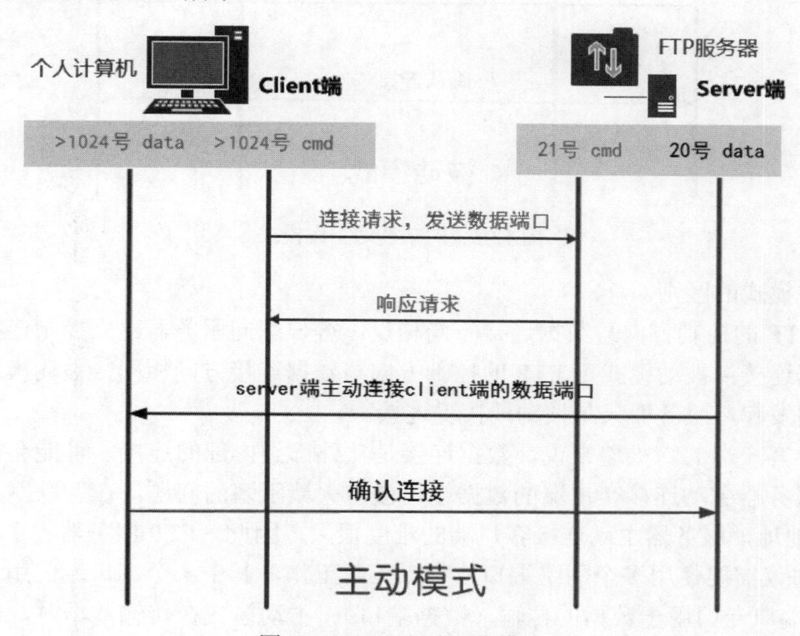

图 13.1　FTP 主动工作模式

2. 被动工作模式

被动模式（passive mode）的工作过程如下。

第一步，客户端随意开启大于 1024 的 X 端口与服务器的 21 端口建立连接通道。

第二步，当客户端需要与服务器进行数据传输时，客户端从命令通道发送数据请求上传或下载数据。

第三步，服务器收到数据请求后会随机开启一个端口 Y，并通过命令通道将该端口信息传送给客户端。

第四步，客户端在收到服务器发送过来的数据端口 Y 的信息后，将在客户端本地开启一个随机端口 Z，此时客户端再主动通过本机的 Z 端口与服务器的 Y 端口进行连接，通过三次握手完成连接后，即可进行数据传输。

被动工作模式原理如图 13.2 所示。

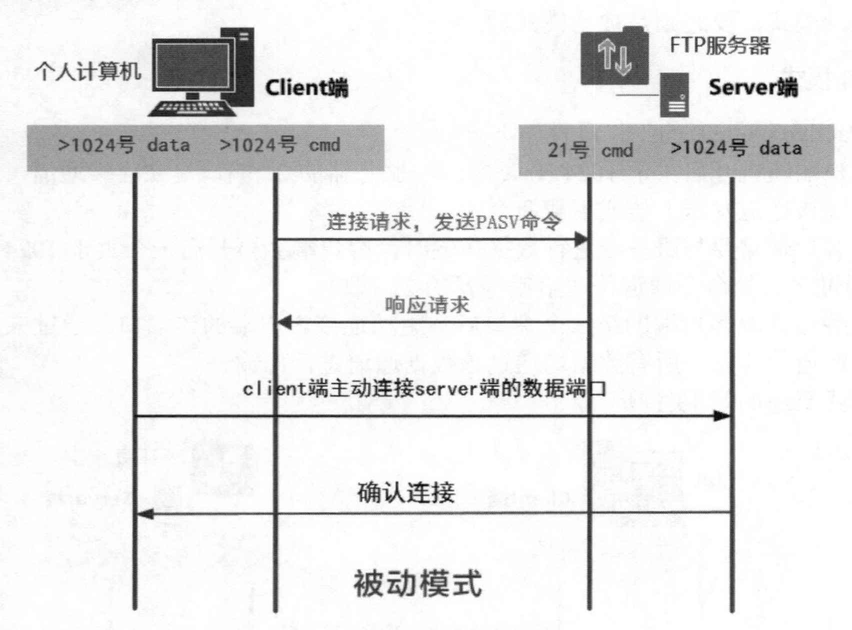

图 13.2　FTP 被动工作模式

下面介绍两种模式的区别。

主动模式的 FTP 的控制方向与数据连接方向相反，客户端向服务器建立控制连接，而服务器主动向客户端建立数据连接；被动模式下 FTP 的控制方向与数据连接方向相同，被动模式中控制连接与数据连接都由客户端发起，服务器只是被动地接受连接。

主动模式对于客户端的防火墙来说，数据连接是从外部到内部的连接，可能会被防火墙阻塞。被动模式解决了从服务器主动连接客户端的数据端口被防火墙阻塞的问题，在互联网上，客户端通常没有独立的公网 IP 地址，服务器主动连接客户端的难度很大，因此，FTP 服务器大多采用被动模式。

综上，FTP 协议需要使用多个网络端口才可以正常工作，其中一个端口专门用于命令的传输（命令端口），另一个端口专门用于数据的传输（数据端口）。主动模式在传输数据时，服务器会主动连接

客户端；被动模式在传输数据时，由客户端主动连接服务器。

说明

默认情况下，FTP 协议使用 TCP 端口中的 20 和 21 两个端口，其中 20 用于传输数据，21 用于传输控制信息。但是，是否使用 20 作为传输数据的端口与 FTP 使用的传输模式有关，如果采用主动模式，那么数据传输端口就是 20；如果采用被动模式，那么最终使用哪个端口由服务端和客户端协商决定。

13.2　FTP 基础环境搭建

Linux 下有几款很不错的 FTP 软件，可以应用于不同的场合，根据其可配置性大致可分为以下 3 类。

（1）功能比较简单的有 ftpd 和 oftpd。ftpd 与 FTP 客户端工具类似，只有标准的功能，此外支持 SSL。oftpd 是一款非常小巧的匿名 FTP 服务器。

（2）配置性居中的主要有 vsftpd 和 pure-ftpd。这两款 FTP 软件侧重于安全、速度和轻量级，在大型 FTP 服务器上用得比较多，尤其是 vsftpd，这类服务器对用户认证和权限控制比较简单，更注重安全性和速度。它们都支持虚拟用户，但用户权限依赖于文件的系统权限，不支持针对目录的权限配置，在配置依赖于目录的权限时有些麻烦。

（3）配置性强的要数 proftpd、wu-ftpd 和 glftpd。proftpd 的配置方式跟 Apache 非常类似，支持虚拟服务器，可针对目录、虚拟用户进行权限配置，可继承和覆盖，还支持类似于“.htaccess”的“.ftpaccess”。此外，还有众多的模块可以帮助实现一些特定的功能。wu-ftpd 可以说是 proftpd 的前身，在早期用得比较多，proftpd 就是针对 wu-ftpd 一些致命的弱点，重新改写同样定位的 FTP 服务器，差不多可以取代 wu-ftpd。glftpd 也是以功能强大著称，可配置性非常强，能够完成一些很独特的任务，如自动 CRC 校验等。由于这几款软件功能过于强大，所以存在不少安全隐患，需要常打补丁。

综上，我们这里选择安装 vsftpd 软件。

13.2.1　安装 VSFTP 软件

1. VSFTP 概述

VSFTP 全称为 very secure FTP，是一个基于 GPL 发布的类 UNIX 系统上使用的 FTP 服务器软件，应用十分广泛，其特点如下：

- ☑ 它是一个安全、高速、稳定的 FTP 服务器。
- ☑ 它可以做基于多个 IP 的虚拟 FTP 主机服务器。
- ☑ 匿名服务设置十分方便。
- ☑ 匿名 FTP 的根目录不需要任何特殊的目录结构，或系统程序以及其他的系统文件。
- ☑ 不执行任何外部程序，从而减少了安全隐患。
- ☑ 支持虚拟用户，并且每个虚拟用户可以具有独立的配置属性。

☑ 启动方式灵活，既可以设置从 inetd 中启动，也可以设置独立的 FTP 服务启动。

☑ 支持两种认证方式（PAP 或 xinetd/tcp_wrappers）。

☑ 支持带宽限制。

2．VSFTP 安装

VSFTP 的安装十分简单，命令如下。

```
# 检测
rpm -qa | grep vsftp
# 如果已安装，可以先卸载
rpm -e + vsftpd 包名称
# 或者
yum -y remove vsftp*
# 安装
yum -y install vsftpd
# 启动
systemctl start vsftpd
# 查看
systemctl status vsftpd
```

软件安装完成后，相关核心文件及目录位置说明如下。

☑ /etc/vsftpd：vsftpd 软件主目录。

☑ /usr/sbin/vsftpd：vsftpd 主程序。

☑ /etc/vsftpd/vsftpd.conf：vsftpd 主配置文件。

☑ /etc/vsftpd/ftpusers：默认的 vsftpd 黑名单。

☑ /etc/vsftpd/user_list：可以通过主配置文件设置该文件为黑名单或白名单。

☑ /etc/vsftpd/vsftpd.conf：vsftpd 主配置文件。

3．VSFTP 登录

VSFTP 登录使用的命令如下。

```
# 创建用户
useradd -d /data/test -g ftp -s /sbin/nologin test
# 设置密码
passwd test
```

注意

如果登录时报错“vsftpd 530 login incorrect”，则应修改/etc/pam.d/vsftpd 文件，先注释掉“auth required pam_shells.so”语句，然后重启 vsftp 服务。

13.2.2　基于 VSFTP 的配置文件

VSFTP 的配置文件默认为/etc/vsftpd/vsftpd.conf，VSFTP 会自动寻找以.conf 结尾的配置文件，并使用此配置文件启动 FTP 服务。配置文件的格式：选项=值（中间不可以有任何空格符），以“#”符号开头的行会被识别为注释行。vsftpd 的主要配置选项及其对应的含义如表 13.1 所示。

表 13.1　vsftpd 配置项说明

账户类别	设置项	功能描述
全局设置	listen=YES	是否监听端口，独立运行守护进程
	listen_port=21	监听入站 FTP 请求的端口号
	write_enable=YES	是否允许写操作命令，全局开关
	download_enable=YES	如果设置为 NO，则拒绝所有的下载请求
	dirmessage_enable=YES	用户进入目录是否显示消息
	xferlog_enable=YES	是否开启 xferlog 日志功能
	xferlog_std_format=YES	xferlog 日志文件格式
	connect_from_port_20=YES	使用主动模式连接，启用 20 端口
	pasv_enable=YES	是否启用被动模式连接，默认为被动模式
	pasv_max_port=24600	被动模式连接的最大端口号
	pasv_min port=24500	被动模式连接的最小端口号
	userlist_enable=YES	是否启用 userlist 用户列表文件
	userlist_deny=YES	是否禁止 userlist 文件中的账户访问 FTP
	max_clients=2000	最多允许同时 2000 客户端连接，0 代表无限制
	max_per_ip=0	每个客户端的最大连接限制数，0 代表无限制
	tcp_wrappers=YES	是否启用 tcp_wrappers
	guest_enable=YES	如果为 YES，则所有的非匿名登录都映射为 guest_usemame 指定的账户
	guest_username=ftp	设定来宾账户
	user_config_dir=/etc/vsftpd/conf	指定目录，在该目录下可以为用户设置独立的配置文件与选项
	dual_log_enable=NO	是否启用双日志功能，生成两个日志文件
匿名账户	anonymous_enable=YES	是否开启匿名访问功能，默认为开启
	anon_root=/var/ftp	匿名访问 FTP 的根路径，默认为/var/ftp
	anon_upload_enable=YES	是否允许匿名账户上传文件，默认禁止
	anon_mkdir_write_enable=YES	是否允许匿名账户创建目录，默认禁止
	anon_other_write_enable=YES	是否允许匿名账户进行其他所有的写操作
	anon_max_rate=0	匿名数据传输率（B/s）
	anon_umask=077	匿名上传权限掩码
本地账户	local_enable=YES	是否启用本机账户 FTP 功能
	local_max_rate=0	本地账户数据传输率（B/s）
	local_umask=077	本地账户权限掩码
	chroot_local_user=YES	是否禁锢本地账户根目录，默认为 NO
	local_root=/ftp/common	本地账户访问 FTP 根路径

13.2.3　账户权限

vsftpd 支持的常用登录方式有匿名用户登录、本地用户登录、虚拟用户登录 3 种方式。

1. 匿名用户

如果 FTP 服务器提供匿名访问功能，则该类用户可以匿名访问服务器上的某些公开资源。使用匿名用户访问 FTP 服务器时，可以使用 anonymous 或 ftp 账户及任意口令登录（NULL 也可以）。匿名用户登录后，默认目录为匿名 FTP 服务器的根目录（不是系统根目录）。一般情况下，匿名 FTP 服务器只会提供下载功能，不提供上传功能或上传功能受到一定的限制。

2. 本地用户

本地用户（服务器上创建好的用户）在 FTP 服务器上拥有 shell 登录权限，该类用户访问 FTP 服务器时，可以通过自己的账户和口令授权登录。本地用户登录后，默认目录就是该用户自己的 home 目录，而且可以变更到其他目录（可以访问宿主目录和其他目录）。本地用户在 FTP 服务器中既可以下载内容，也可以上传内容。

3. 虚拟用户

当有大量的用户需要使用 FTP 时，vsftpd 支持虚拟账户登录 FTP，从而避免了创建大量系统账户，通过 guest_enable 可以开启 vsftpd 的虚拟账户功能，guest userame 用来指定本地账户的虚拟映射名称。虚拟用户在 FTP 服务器上只能访问其主目录中的文件，不能访问其主目录以外的文件。由于虚拟用户并非系统中真实存在的用户，仅供 FTP 服务器认证使用，因此 FTP 服务器通过这种方式来保障服务器上其他用户的安全。通常虚拟用户在 FTP 服务器中即可以下载内容，也可以上传内容。

此外，vsftpd 有两个文件（黑名单文件和白名单文件）可以对用户进行 ACL 控制，/etc/vsftpd/ftpusers 默认是一个黑名单文件，存储在该文件中的所有用户都将无法访问 FTP，格式为每行一个账户名称。/etc/vsftpd/user_list 文件会根据主配置文件中配置项设定的不同，而成为黑名单文件或白名单文件。此外，也可以禁用该文件。主配置文件中的 userlist_enable 决定了是否启用 user_list 文件，如果启用，还需要根据 userlist_deny 来决定该文件是黑名单还是白名单文件，如果 userlist deny=YES，则该文件为黑名单；如果 userlist deny=NO，则该文件为白名单。需要注意的是，黑名单表示仅拒绝名单中的账户访问 FTP，其他所有的账户默认允许访问 FTP；而白名单表示仅允许白名单中的账户访问 FTP，没有在白名单中的其他所有账户则默认拒绝访问 FTP。

13.3 FTP 维护术语与响应码

本节将对 FTP 维护中的一些术语和经常遇到的一些问题进行介绍，以便运维人员更容易定位到问题的原因和找到解决问题的方法。

13.3.1 FTP 维护术语

在使用和维护 FTP 服务时通常会遇到一些术语，要对 FTP 服务器进行配置，就有必要对这些术语所表达的含义有所了解。一些常见的 FTP 术语及相关的含义说明如下。

☑ ASCII 字符集：在 FTP 中被定义为 8 位的编码集。

- ☑ 权限控制：定义了用户在一个系统中可使用的权限和对服务目录中文件操作的权限（对权限的控制，可防止未被授权或意外地使用某些特殊的文件）。
- ☑ 字节大小：在 FTP 中有文件的逻辑字节大小和用于数据传输的传输字节大小两类。其中，传输字节大小通常是 8 位，不一定等于系统中存储数据的字节大小，也不必对数据结构进行解释。
- ☑ 控制连接：建立在 USER-PIT 和 SERVER-PI 之间用于交换命令与应答的通信链路（遵从 Telnet 协议）。
- ☑ 数据连接：在特定的模式下以全双工连接方式传输数据。这些被传输的数据可以是文件的一部分、整个文件或数个文件。为了建立数据连接，被动数据传输过程需要在一个端口“监听”主动传输过程的消息。
- ☑ End-Of-Line（EOL）：用于定义打印行时的分隔符，通常是“回车符”。
- ☑ End-Of-File（EOF）：用于传输文件结尾的标志。
- ☑ End-Of-Record（EOR）：用于传输记录结尾的标志。
- ☑ 错误恢复：一个允许用户在主机系统或文件传输失败时可以从特定错误中恢复的程序，在 FTP 中的错误恢复也包括在给定一个检查点时重新开始文件传输。
- ☑ FTP 命令：包含从 User-FTP 到 Server-FTP 过程中对信息控制的命令集。
- ☑ 文件和页：文件是一个计算机数据的有序集合（也包括程序），可以是任意长度，由唯一的路径名来标识。页是一个文件独立部分的集合，在 FTP 中支持由独立索引页组成的不连续文件的传送。
- ☑ 模式：定义了数据传输期间的格式（包含 EOR 和 EOF 两种），数据的模式是通过数据连接传输的。
- ☑ 路径名：为用户识别文件输入到文件系统的字符串，通常包含设备、目录或指定的文件名。虽然 FTP 还没有一个标准的路径名约定，但是每个用户都必须遵从文件系统有关文件传输的文件命名约定。
- ☑ 回应：对来自客户端 FTP 命令做出的应答，这些应答会经由控制连接发送到客户端。回应通常由代码（包括错误码）和文本字符串组成，代码供程序使用，文本则提供给客户端。
- ☑ 类型：数据是通过类型来传输和存储的，如果不同的环境对数据类型的存储和传输不同，那么数据在到达目的地前就需要转换。

13.3.2　FTP 响应码

FTP 对命令的响应是为了实现对数据传输请求和过程进行同步，同时也是为了让用户及时了解服务器的状态。FTP 响应码由 3 个数字构成，后面跟随的是一些文本，不同数字代表不同的含义，使得用户不检查文本内容就知道出现的问题，文本的信息更多的是描述服务器的状态及发生的问题。

响应码中的每位数字都有其意义，第一位数字确定响应的好坏，第二位表示代码的含义，第三位是更为详细的信息。响应码第二位所代表的意义如下：

- ☑ 0：格式错误。
- ☑ 1：请求信息。
- ☑ 2：控制和数据连接。

- ☑ 3：认证和账号登录过程。
- ☑ 4：未使用。
- ☑ 5：文件系统。

下面详细介绍常见的 5 类响应码所代表的含义。

1．1××类响应码

1××类响应码用于确定预备应答，对请求的操作进行初始化后进入下一个命令前等待另外的应答。常见的 1××类响应码如下：

- ☑ 110：新文件指示器上的重启标记。
- ☑ 120：服务器准备就绪的时间（以分钟为计算单位）。
- ☑ 125：打开数据连接，开始传输。
- ☑ 150：文件状态良好，打开数据连接。

2．2××类响应码

2××类响应码用于确定应答是否完成（也就是要求的操作是否完成），并允许开始执行新的命令。常见的 2××类响应码如下：

- ☑ 200：命令执行成功。
- ☑ 202：命令未执行成功。
- ☑ 211：系统状态或系统帮助响应。
- ☑ 212：目录状态。
- ☑ 213：文件状态。
- ☑ 214：帮助信息，信息仅对使用者有用。
- ☑ 215：域名系统类型。
- ☑ 220：对新用户服务的准备已经完成。
- ☑ 221：服务关闭控制连接，可以退出登录。
- ☑ 225：数据连接打开，无传输在执行。
- ☑ 226：关闭数据连接，请求的文件执行成功。
- ☑ 227：进入被动模式。
- ☑ 230：用户登录。
- ☑ 250：请求的文件执行完成。

3．3××类响应码

3××类响应码用于确定命令是否被停止，也就是要求服务器停止指令的命令，并停止接收新的信息。常见的 3××类响应码如下：

- ☑ 331：用户名正确，但需要密码。
- ☑ 332：登录时需要账号信息。
- ☑ 350：请求文件操作需要其他的命令。

4．4××类响应码

4××类响应码用于服务器暂时拒绝执行要求的操作，这种“暂时”的时间间隔并不确定，也许再次发送请求就可以被执行。常见的 4××类响应码如下：

☑ 421：连接用户过多，不能提供服务，并关闭控制连接。
☑ 425：不能打开数据连接。
☑ 426：关闭连接，并终止传输。
☑ 450：请求的文件操作未成功执行。
☑ 451：终止请求的操作（有本地错误）。
☑ 452：请求的操作未被执行（系统存储空间不足）。

5．5××类响应码

5××类响应码用于服务器拒绝完成请求，这种拒绝属于永久性的，主要是服务器无法识别的一些命令。常见的 5××类响应码如下：

☑ 500：格式错误，命令不可识别。
☑ 501：参数语法错误。
☑ 502：命令未实现。
☑ 503：命令顺序错误。
☑ 504：网关超时。
☑ 530：账号或密码错误。
☑ 532：存储文件需要账号信息。
☑ 550：未执行请求的操作。
☑ 551：请求操作终止（页的类型未知）。
☑ 552：请求的文件操作终止（存储分配溢出）。
☑ 553：未执行请求的操作（文件名不合法）。

13.4 要 点 回 顾

本章对 FTP 的概念、环境搭建以及维护术语与响应码 3 个方面进行了详细讲解，并对 VSFTP 这款 FTP 软件进行了详细介绍。学习本章时，读者应该重点掌握 VSFTP 软件的配置与使用。FTP 在互联网中的文件传输方面应用得十分广泛，所以无论作为一名 Linux 运维人员，还是程序开发人员，本章都是必须掌握的内容。此外，读者如果感兴趣，可以尝试搭建 proftpd 等其他类型的 FTP 服务器。

第 14 章

NFS 服务器的搭建与应用

NFS（network file system，网络文件系统）是文件服务器的一种，主要用途就是文件共享。NFS可以让客户端把服务器的共享目录挂载到本机使用，就像使用本机分区一样，直接上传、下载、访问文件，非常方便。本章将从 NFS 的概念、组件安装、进程管理、服务配置、开机自动挂载几个方面进行介绍。

本章知识架构及重点、难点内容如下：

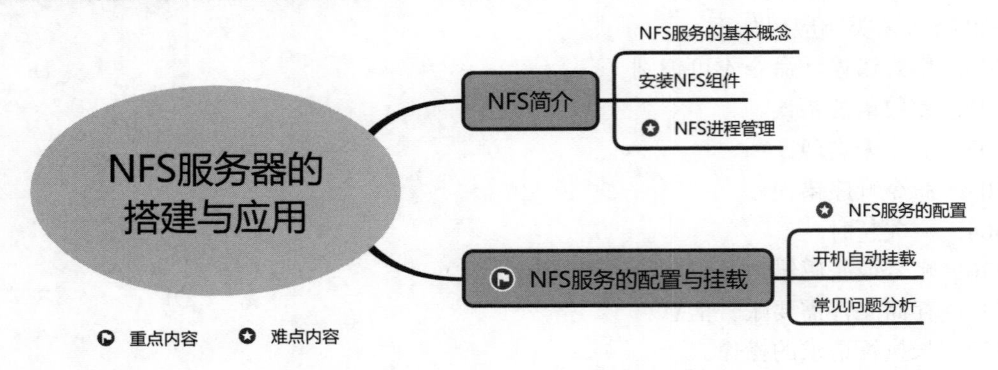

14.1　NFS 简介

NFS 分为服务器端（server）和客户端（client），是由 SUN 公司于 1984 年研制的 UNIX 表示层协议（presentation layer protocol），它允许网络中的计算机之间通过 TCP/IP 协议共享网络资源。

14.1.1　NFS 服务的基本概念

NFS 服务可以将远程 Linux 系统上的共享文件资源挂载到本地主机目录上，从而使得本地主机可以像访问自身资源一样读写远程 Linux 系统上的共享文件。

NFS 主要是在 Linux 服务器和 Linux 客户端之间使用，采用的是 C/S 架构，即由一个客户端程序和服务器端程序组成。服务器端程序向客户端计算机提供对文件系统的访问，客户端程序对共享文件系统进行访问时，把它们从 NFS 服务器中读取出来。NFS 工作架构如图 14.1 所示。

1．NFS 工作机制

NFS 服务并不是自己单独工作，它需要基于 RPC 服务来实现网络文件系统共享。那么，RPC 又是什么呢？RPC（remote procedure call protocol，远程过程调用协议）是一种通过网络从远程计算机程序上请求服务，而不需要了解底层网络技术的协议。

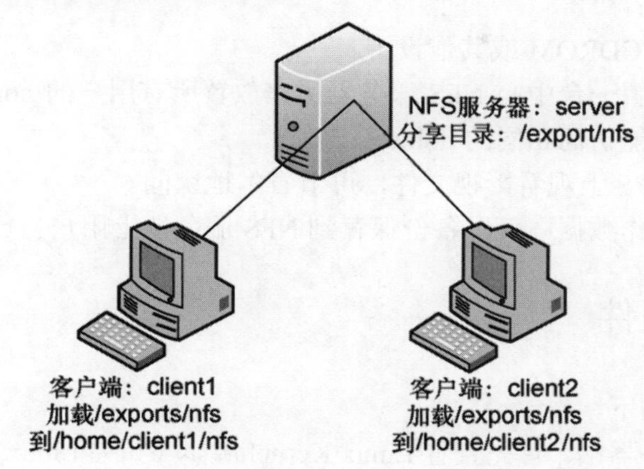

图 14.1 NFS 工作架构

2. RPC 服务作用

NFS 服务是通过网络来进行服务器端与客户端之间的数据传输的，这两者之间要传输数据就要有相应的网络端口，NFS 固定端口号是 2049，但由于文件系统非常复杂，因此 NFS 还有其他程序去启动额外的端口，这些额外用来传输数据的端口是随机选择的，客户端不知道服务器端随机选择的端口号是多少，而客户端要连接服务器端就必须要知道服务器端相关端口号才能建立连接，进行数据传输。RPC 就是用来统一管理 NFS 端口的服务，它将端口信息通知给客户端，客户端就可以和 NFS 服务建立连接。

3. NFS 工作原理

首先服务器端启动 RPC 服务，并开启 111 端口。然后服务器端启动 NFS 服务，并向 RPC 注册端口信息。接着客户端启动 RPC，向服务器端的 RPC 服务请求服务器端的 NFS 端口。服务器端的 RPC 服务反馈 NFS 端口信息给客户端。最后客户端通过获取的 NFS 端口来建立和服务器端的 NFS 连接并进行数据的传输。

4. NFS 服务的优点和缺点

NFS 服务的优点如下：

☑ NFS 服务配置简单，部署方便，数据可靠，服务稳定，能满足中小企业的需求。
☑ NFS 客户端可以读写位于远端 NFS 服务器上的文件，就像访问本地文件一样。
☑ NFS 不仅适用于 Linux 与 UNIX 之间实现文件共享，也能实现 Linux 与 Windows 之间的文件共享功能。

NFS 服务的缺点如下：

☑ NFS 是运行在应用层的协议，其监听端口较多，而且这些端口不固定。
☑ NFS 数据明文，而且并不对数据做任何校验。
☑ NFS 存在单点故障，如果构建高可用维护较复杂。
☑ 客户端认证是基于 IP 地址的，没有用户名和密码，其安全性不高（内网）。

5. 应用场景

NFS 主要应用场景如下：

☑ 多个机器共享一台 CDROM 或其他设备。

☑ 在大型网络中，配置一台中心 NFS 服务器用来放置所有用户的 home 目录。用户不管在哪台工作站上登录，总能访问相同的 home 目录。

☑ 不同客户端可在 NFS 上观看影视文件，可节省本地空间。

☑ 在客户端完成的工作数据，可以备份保存到 NFS 服务器上用户自己定义的路径下。

14.1.2 安装 NFS 组件

安装 NFS 组件的步骤如下。

（1）我们先来部署服务器端。首先查看 Linux Kernel 版本（如果 Linux Kernel 版本小于 2.2，则不支持 NFS 功能），然后关闭服务器端系统防火墙，命令如下：

```
# 查看版本
uname -r
# 关闭防火墙
systemctl stop firewalld
```

（2）查看当前系统有没有安装 NFS 和 RPC 服务，其中 RPC 服务对应的安装包为 rpcbind，NFS 服务对应的安装包为 nfs-utils，命令如下：

```
# 查看安装
rpm -qa | grep rpcbind
rpm -qa | grep nfs-utils
# 若未安装，进行安装
yum -y install rpcbind
yum -y install nfs-utils
```

（3）启动服务，命令如下：

```
# 启动，注意顺序
systemctl start rpcbind
systemctl start nfs-server
# 查看
systemctl status rpcbind
systemctl status nfs-server
```

（4）部署客户端，客户端安装跟服务器端一样，先检查是否已安装 NFS 和 RPS，如没有安装先安装 NFS 和 RPC，然后启动服务即可。

14.1.3 NFS 进程管理

在配置 NFS 时经常使用 exportfs 命令，该命令的主要作用是对配置的信息进行刷新，即重新加载配置信息，命令用法如下：

```
# 显示简明共享情况
exportfs
# 全部挂载或者卸载/etc/exports 中的内容
```

```
exportfs -a
# 显示详细共享情况
exportfs -v
# 使/etc/exports 配置生效
exportfs -r
# 添加共享目录，且有只读权限
exportfs *:/data/share
```

查看 NFS 端口相关信息及 NFS 进程管理，命令如下：

```
# 查看端口
netstat -antpu | grep 2049
# 启动 / 停止 / 重启 / 查看
systemctl start/stop/restart/status rpcbind
systemctl start/stop/restart/status nfs-server
```

14.2　NFS 服务的配置与挂载

网络文件系统由服务器端和客户端组成，客户端要使用服务器的资源就必须得到服务器端的授权。服务器端和客户端都可以独立配置，服务器端资源共享目录配置好后客户端可以将它挂载到本地使用。

14.2.1　NFS 服务的配置

1．服务器端配置

NFS 最主要的配置文件为/etc/exports，NFS 的配置一般在这个文件中配置即可。/etc/exports 配置文件定义 NFS 系统的输出目录（即共享目录）、访问权限和允许访问的主机等参数。该文件默认为空，没有配置输出任何共享目录，这是基于安全性的考虑，如此即使系统启动了 NFS 服务也不会输出任何共享资源。

exports 文件中每一行信息都提供了一个共享目录的设置，其命令格式如下：

```
<输出目录> [客户端 1(参数 1,参数 2,...)] [客户端 2(参数 1,参数 2,...)]
```

该文件书写遵循以下原则：

☑　以“#”符号开头的内容为注释。

☑　每个共享的文件系统需要独立一行条目。

☑　客户端主机列表需要使用空格隔开。

☑　配置文件中可以通过“\”符号转义换行。

☑　配置文件中支持通配符。

☑　空白行将被忽略。

下面是一条完整的共享目录语法结构，其中客户端主机可以是一个网段、单台主机或主机名。

```
# 共享路径 客户端主机（选项）
# 示例
/data 192.168.1.1/24(rw,all_squash,anonuid=1000,anongid=1000,sync)
```

最简单的 NFS 配置可以仅给定一个共享路径和一个客户端主机，而不指定选项，因为没有选项时，

NFS 将使用默认值，默认属性为 ro、sync、wdelay、no_root_squash。具体的 NFS 属性及其对应的含义如表 14.1 所示。

表 14.1　NFS 属性说明

属　　性	说　　明
ro	设置输出目录只读
rw	设置输出目录可读写
all_squash	将远程访问的所有用户及所属组都映射为匿名用户和用户组（nfsnobody）
no_all_squash	不将远程访问的所有普通用户及所属用户组都映射为匿名用户或用户组
root_squash	将 root 用户及所属用户组都映射为匿名用户或用户组
no_root_squash	不将 root 用户及所属用户组都映射为匿名用户或用户组
anonuid=xxx	指定该匿名用户为本地用户账户（UID=xxx）
anongid=xxx	指定该匿名用户组为本地用户组（GID=xxx）
sync	将数据同步写入内存和磁盘中，数据不会丢失，但效率较低
async	将数据先保存在内存中，必要时才写入磁盘，效率高，但可能会丢失数据
secure	限制客户端只能从小于 1024 的 TCP/IP 端口连接 NFS 服务器
insecure	允许客户端从大于 1024 的 TCP/IP 端口连接 NFS 服务器
wdelay	检查是否有相关的写操作，如果有则将这些写操作一起执行，可提高效率（默认设置）
no_wdelay	若有写操作则立即执行，应与 sync 配置使用
subtree_check	若输出目录是一个子目录，则 NFS 服务器将检查其父目录的权限（默认设置）
no_subtree_check	即使输出目录是一个子目录，NFS 服务亦不检查其父目录的权限，可提高效率
nohide	若将一个目录挂载到另一个目录之上，则原来的目录通常就被隐藏起来或看起来像空的一样。要禁用这种行为，需启用 hide 选项

接下来我们配置两个共享目录演示一下。其中一个目录为/data/test1/，192.168.1.1/24 网段内所有主机均可以异步可读可写访问 test1 目录，且不屏蔽 root 用户对 test1 目录的访问权限。另一个目录为/data/test2/，192.168.1.2/24 网段内所有主机均可以异步只读 test2 目录，且屏蔽 root 用户对 test2 目录的访问权限，具体配置命令如下：

```
# 关闭 selinux 和防火墙
setenforce 0
systemctl stop firewalld
# 创建目录
mkdir -p /data/test1
mkdir -p /data/test2
# 授权
chmod -R 777 /data/test1
chmod -R 777 /data/test2
# 配置
vim /etc/exports
# 添加
/data/test1 192.168.1.1/24(rw,no_root_squash,async)
/data/test2 192.168.1.2/24(ro,root_squash,async)
# 生效
exportfs -rv
# 重启
systemctl restart rpcbind
```

```
systemctl restart nfs-server
# 查看
showmount -e
```

2．客户端配置

客户端配置的主要工作是创建挂载点和挂载 NFS 服务器的资源，为了在客户端可以使用 showmount 命令，需要在客户端安装 nfs-utils 组件，安装方法同服务器端安装方法一样，命令如下：

```
# 查看安装
rpm -qa | grep nfs-utils
# 若未安装，进行安装
yum -y install nfs-utils
# 启动
systemctl start nfs-server
```

接下来我们使用 showmount 命令查看 NFS 服务器端共享信息，showmount 命令用法如下：

```
showmount 参数 NFS 服务器端 IP
```

常用参数如下：

☑ -e：显示 NFS 服务器的共享列表。

☑ -a：显示本机挂载的文件资源情况。

☑ -v：显示版本号。

```
# 查看
showmount -e 172.168.0.1

export list for 172.168.0.1:
/data/test2 192.168.1.1
/data/test1 192.168.1.2
```

注意

如果使用“showmount -e +服务器 IP”命令时，出现报错信息“clnt_create: RPC: Port mapper failure - Authentication error”，则需要开启 UDP 端口 111 和 TCP 端口 30003，同时需要在/etc/hosts.allow 文件中添加“mountd:ALL:allow rpcbind:ALL:allow”。

客户端挂载需要使用 mount 命令，用法如下：

```
# 挂载
mount -t nfs -o 选项 服务主机：/服务器共享目录 /本地挂载目录
```

具体挂载选项如下：

☑ Intr：当服务器宕机时允许中断 NFS 请求。

☑ nfsvers=version：指定使用哪个版本的 NFS 协议，version 可以是 2、3 或 4。

☑ noacl：关闭 ACL，仅与旧版本操作系统兼容时使用。

☑ nolock：关闭文件锁机制，仅用来连接老版本 NFS 服务器。

☑ noexec：在挂载的文件系统中屏蔽可执行的二进制数据程序。

☑ port=num：指定 NFS 服务器端口号，默认 num 为 0，此时如果远程 NFS 进程没有在 rpcbind 注册端口信息，则使用标准 NFS 端口号（TCP2049 端口）。

- ☑ rsize=num：设置最大数据块大小，调整 NFS 读取数据的速度，num 单位为字节。
- ☑ wsize=num：设置最大数据块大小，调整 NFS 写入数据的速度，num 单位为字节。
- ☑ tcp：使用 TCP 协议挂载。
- ☑ udp：使用 UDP 协议挂载。

```
# 卸载
umount -t nfs -o 选项 服务主机：/服务器共享目录 /本地挂载目录
```

我们使用 mount 命令把服务端共享目录挂载到本地，命令如下：

```
# 挂载
mount -t nfs 192.168.1.1：/data/test1 /data/test1
mount -t nfs 192.168.1.2：/data/test2 /data/test2
# 查看
df -Th
```

14.2.2 开机自动挂载

网络文件系统的开机自动挂载指的是客户端把服务端的资源挂载到本地。自动挂载更适用于长时间使用 NFS 服务器资源的环境，不过前提是 NFS 服务器要一直处于不间断的运行状态。

客户端自动挂载可通过/etc/fstab 和/etc/rc.local 这两个文件来实现，不过挂载的过程和在提供服务的使用上存在一些差别，这与系统对这两个文件的读取和执行顺序有直接关系。/etc/fstab 文件是在系统启动并初始化磁盘文件系统时读取并执行的，它的执行先于系统中各个应用进程，因此在名种服务的进程启动后就可以使用它的资源。/etc/rc.local 文件是在系统完成启动后读取并执行的，此时系统中的各类服务进程都已经完成启动，如果服务启动所需的一些数据存放在 NFS 中，就会造成服务启动而找不到数据的问题。

具体选择通过哪个文件来实现自动挂载，建议根据实际的使用环境而定。对于一些只使用 NFS 服务存储备份数据的环境，选择哪个文件来实现自动挂载都无所谓。对于使用 NFS 服务弥补应用服务器中磁盘空间不足（特别是通过 NFS 来储存应用运行必需的数据的）的情况，强烈建议使用/etc/fstab 文件来实现自动挂载。

在/etc/fstab 文件中配置自动挂载，可在该文件中加入以下配置行：

```
# 挂载
192.168.1.1:/data/test/ /data/test/    nfs    defaults    0    0
```

在/etc/rc.local 文件中配置自动挂载，可在该文件中加入以下配置行：

```
# 挂载
su -root -c "mount -t nfs 192.168.1.1:/data/test/ /data/test/"
```

14.2.3 常见问题分析

1．权限问题

很多时候，当你在/etc/exports 配置文件中设置共享目录为可读写时，却忘记了修改相应系统层面的文件及目录权限，从而导致客户端实际挂载使用时无写权限，系统提示信息一般为“Permission

denied”，我们在对配置文件设置写权限后一定要记住修改相关目录、文件的权限。

另外，默认客户端使用 root 访问 NFS 共享目录进行读写操作时，服务器会自动把 root 转换为服务器本机的 nfsnobody 账号，这会导致 root 无法进行相应的操作，如果要保留 root 权限，则需在配置文件中添加 no_root_squash 选项。

2. rpcbind 问题

在没有启动 rpcbind 的情况下，启动 NFS 服务时系统会报错，NFS mountd、rpc.rquotad、rpc.nfs 无法启动，因为这些服务都依赖于 rpcbind 服务，这样就需要先确保 rpcbind 启动后再开启 NFS 以及相关服务进程。通过“rpcinfo -p”命令可以查看基于 RPC 协议的服务是否成功与 rpcbind 通信，并注册信息。

3. 兼容性问题

在工作环境中，当客户端需要使用 NFSv3 版本挂载以满足兼容性要求时，需要使用 nfsvers 选项设置特定的版本信息，并在/etc/fstab 开机自动挂载文件中也需要进行相应的修改。

```
mount -o nfsvers=3 192.168.1.1:/data/test/ /data/test/
# /etc/fstab 文件书写格式
192.168.1.1:/data/test/ /data/test/    nfs    defaults,nfsvers=3    0    0
```

4. 挂载错误

系统提示“No such file or directory”，说明服务器上没有相应的挂载点目录，应检查确定目录名称是否正确。

5. 防火墙错误

系统提示“mount: mount to NFS server '192.168.1.1' Error: No route to host”，说明 NFS 服务的默认端口 2049 被防火墙屏蔽，需要修改防火墙规则开放 2049 端口。

14.3 要点回顾

本章对 NFS 服务的概念、配置与挂载以及常见问题进行了详细的介绍与讲解。学习本章时，读者应该重点掌握 NFS 服务的配置与挂载。NFS 是当前主流异构平台共享文件系统之一，可用于不同类型的计算机、操作系统、网络架构和传输协议环境中进行网络文件远程访问和共享。所以，作为一名 Linux 运维人员，有必要掌握它的使用。此外，NFS 在 Linux 与 Windows 之间也可以实现文件共享功能，读者如果感兴趣可以尝试实践一下。

第 15 章

搭建 Tomcat 应用服务器

Tomcat 是 Apache 软件基金会营运的 Jakarta 项目中的一个核心项目，由 Apache、Sun 和其他一些公司及个人共同开发而成。因为 Tomcat 技术先进、性能稳定，而且免费，所以深受 Java 爱好者的喜爱，现今已成为比较流行的 Web 应用服务器。本章将从 Tomcat 的概念、体系结构、下载与安装、目录结构、核心配置、应用部署几个方面进行介绍。

本章知识架构及重点、难点内容如下：

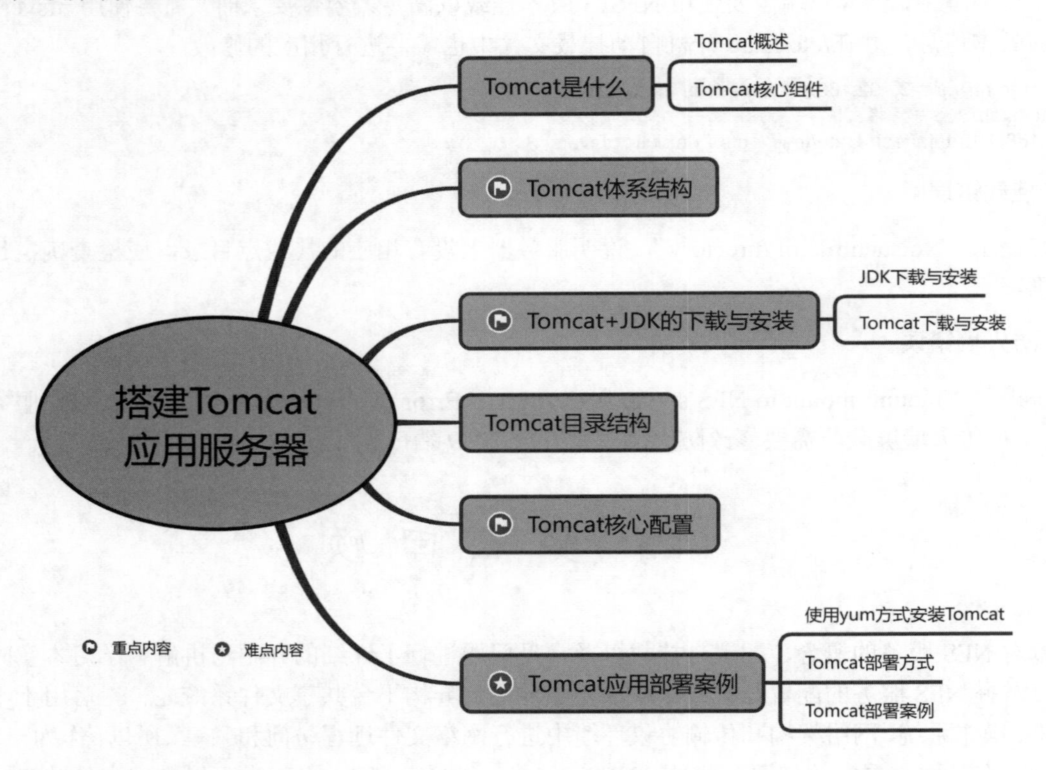

15.1 Tomcat 是什么

Tomcat 最初是由 Sun 公司的软件架构师詹姆斯·邓肯·戴维森开发的，后来将其变为开源项目，并贡献给 Apache 软件基金会。他希望将此项目以一个动物的名字命名，并且这种动物能够自力更生、自给自足，最终将其命名为 Tomcat（英语：公猫）。

15.1.1 Tomcat 概述

Tomcat 服务器是一个免费开放源代码的 Web 服务器，属于轻量级应用服务器，在中小型系统和并发访问用户不是很多的场合下被普遍使用，是开发和调试 JSP 程序的首选。实际上 Tomcat 是 Apache 服务器的扩展，但运行时它是独立的，所以当你运行 Tomcat 时，它是作为一个与 Apache 独立的进程单独运行的。

当配置正确时，Apache 为 HTML 页面服务，Tomcat 实际上运行 JSP 页面和 Servlet。Tomcat 和 IIS 等 Web 服务器一样，也具有处理 HTML 页面的功能，另外它还是一个 Servlet 和 JSP 容器，独立的 Servlet 容器是 Tomcat 的默认模式。不过 Tomcat 处理静态 HTML 的能力不如 Apache 服务器。

那么，Servlet 又是什么呢？

Servlet 是 Java Servlet（Java 服务器小程序）的简称，是一个基于 Java 技术的 Web 组件，运行在服务器端，它由 Servlet 容器所管理，用于生成动态的内容。Servlet 是平台独立的 Java 类，编写一个 Servlet，实际上就是按照 Servlet 规范编写一个 Java 类。

Tomcat 与 Apache 的主要区别如下：

☑ Apache 是 Web 服务器，侧重于 HTTP Server，但本身只支持 html 静态网页，对 PHP、JSP 等动态网页不支持。

☑ Tomcat 是应用（Java）服务器，可以认为是 Apache 的扩展，但它可以独立于 Apache 运行，支持 JSP 和 Servlet。

☑ Apache 可以单向连接 Tomcat 访问 Tomcat 资源，反之则不行，但它们可在一台服务器上进行集成。

打个比方：Apache 是一辆卡车，上面可以装一些东西，如 HTML、CSS 等，但是不能装水，要装水必须要有容器（桶），Tomcat 就是一个桶（装像 Java 这样的水），而这个桶也可以不放在卡车上。

15.1.2 Tomcat 核心组件

Tomcat 由一系列的组件构成，其中核心的组件有 3 个：

☑ Web 容器：负责 Web 服务的 TCP/IP、HTTP 等协议响应、处理。

☑ JSP 容器：对于 JSP，JSP 页面会被转换成 Java 类，而页面中的内容会被转换成 Java 类中的某个方法中的内容，而这个方法的名字是固定的，容器会调用这个方法。JSP 容器本身不具备解析与分析代码的功能，会交给 Servlet 容器处理。

☑ Servlet 容器：Servlet 容器也叫作 Servlet 引擎，是 Web 服务器或应用程序服务器的一部分，用于在发送的请求和响应之上提供网络服务。Servlet 不能独立运行，它必须被部署到 Servlet 容器中，在 JSP 技术推出后，管理和运行 Servlet/JSP 的容器也称为 Web 容器。

综上，Web 容器提供页面功能，Servlet 容器处理后端业务，专门管理、执行和翻译 servlet 代码，jsp 容器提供前端页面展示功能，jsp 也会被翻译为 servlet 被 catalina 脚本管理执行。Tomcat 核心组件如图 15.1 所示。

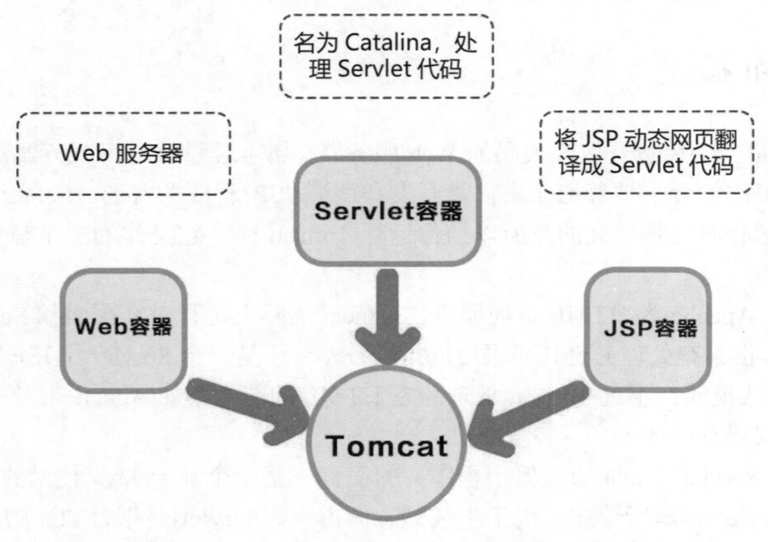

图 15.1 Tomcat 核心组件

15.2 Tomcat 体系结构

Tomcat 体系结构如图 15.2 所示。

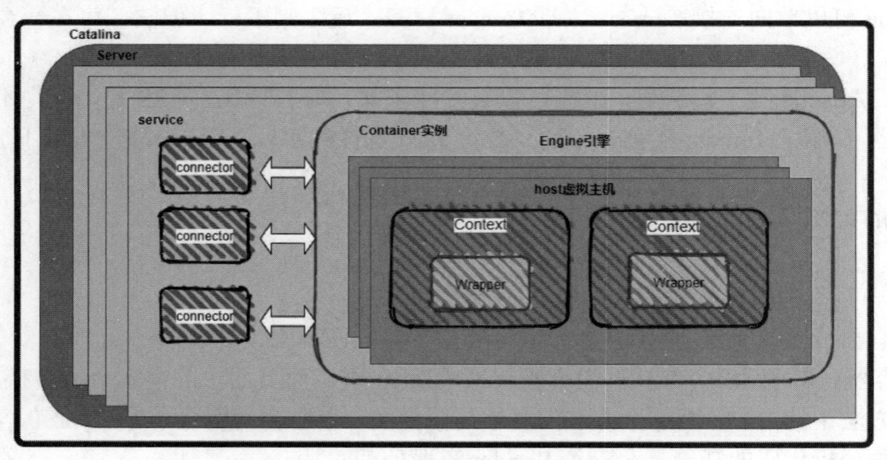

图 15.2 Tomcat 体系结构

从图 15.2 中可以看出，Tomcat 基本组件构成为 Catalina、Server、Service、Connector、Container、Engine、Host、Context 和 Wrapper。其中，Tomcat 服务器的顶层容器是一个 catalina 容器，Catalina 容器的顶层容器是 server 容器，三者的数量关系是 1∶1∶1，也就是说，一个 Tomcat 只有一个 Catalina 容器和一个 Server 容器。

（1）Catalina 是一个 Servlet 容器，用来处理 Servlet。负责解析 Tomcat 的配置文件（server.xml），以此来创建服务器 Server 组件并进行管理。

（2）Server 管理 Tomcat 实例的组件，负责组装并启动 Servlet 引擎、Tomcat 连接器。Server 通过实现 Lifecycle 接口提供了一种优雅的启动和关闭整个系统的方式。

（3）service 是一个逻辑组件，用于绑定 Connector 和 Container，有了 service 可以向外提供服务，就像是一般的 daemon 类服务的 service。可以认为一个 service 就对应启动一个 JVM，更严格地说，一个 Engine 组件才对应一个 JVM，只不过 Connector 也工作在 JVM 中。

（4）Connector 是一个监听组件，它有如下 4 个作用：

☑ 开启监听套接字，监听外界请求，并和客户端建立 TCP 连接。

☑ 使用 protocolHandler 解析请求中的协议和端口等信息，如 HTTP 协议、AJP 协议。

☑ 根据解析到的信息，使用 processer 将分析后的请求转发给绑定的 Engine。

☑ 接收响应数据并返回客户端。

（5）Container 是容器，负责处理用户的 servlet 请求，并返回对象给 web 用户的模块，它是一类组件，包含 4 个容器类组件：engine 容器、host 容器、context 容器和 wrapper 容器。

（6）Engine 用于从 Connector 组件接收已建立的 TCP 连接，还用于接收客户端发送的 HTTP 请求并分析请求，然后按照分析的结果将相关参数传递给匹配的虚拟主机。Engine 还用于指定默认的虚拟主机。

（7）Host 用于定义虚拟主机，由于 Tomcat 主要是作为 Servlet 容器使用，所以为每个 Webapp 指定了它们的根目录 appBase。

（8）Context 主要是根据 path 和 docBase 获取一些信息，将结果交给其内的 Wrapper 组件进行处理，它提供 Wrapper 运行的环境。一般来说，都采用默认的标准 Wrapper 类，因此在 Context 容器中几乎不会出现 Wrapper 组件。

（9）Wrapper 对应 Servlet 的处理过程。它开启 Servlet 的生命周期，根据 Context 给出的信息以及解析 web.xml 中的映射关系，负责装载相关的类，初始化 servlet 对象 init()、执行 servlet 代码 service()以及在服务结束时处理 servlet 对象的销毁 destory()。

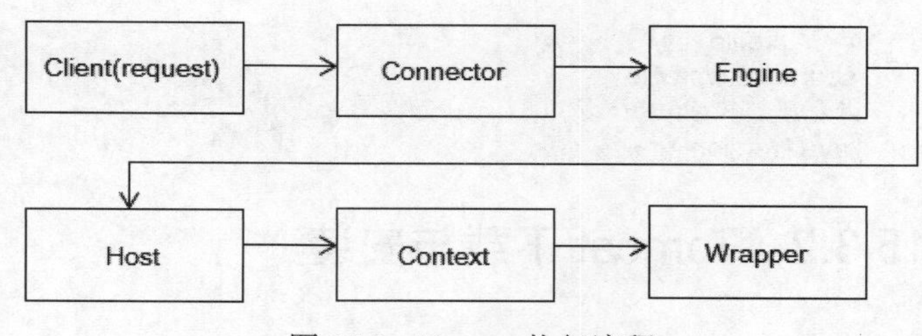

图 15.3　Tomcat 执行流程

综上，Tomcat 执行顺序如下，流程如图 15.3 所示。

Client(request)→Connector→Engine→Host→Context→Wrapper(response data)→Connector(response header)→Client

15.3　Tomcat+JDK 的下载与安装

Tomcat 依赖于 Java 环境，所以在安装 Tomcat 之前，我们需要提前配置 Java 环境变量，即要先安装 JDK，需要注意的是，JDK 和 Tomcat 使用版本最好保持一致。如用 JDK1.7，那么 Tomcat 就用 7.x 版本，如用 JDK1.8，那么最好就用 Tomcat8.x 版本。这里我们选择安装 JDK1.8+Tomcat8.5。

15.3.1 JDK 下载与安装

JDK 下载与安装的操作步骤如下。

（1）安装 JDK 前，检查服务器之前是否安装过 JDK，若已安装，需要先卸载，命令如下：

```
# 检查并卸载
rpm -qa | grep -i java | xargs -n1 rpm -e --nodeps
```

（2）从官方下载网址 https://www.oracle.com/java/technologies/downloads/#java8 下载 JDK1.8，先创建文件夹，并将下载的 JDK1.8 上传到文件夹下，然后解压，命令如下：

```
# 创建文件夹
mkdir -p /usr/local/java
# 上传至文件夹下，解压
tar -zxvf jdk1.8.tar.gz
# 重命名
mv jdk1.8.tar.gz jdk1.8
```

（3）设置环境变量。编辑/etc/profile 文件，在末尾添加如下代码，命令如下：

```
# 编辑
vim /etc/profile
# 添加如下代码
export JAVA_HOME=/usr/local/java/jdk1.8
export JRE_HOME=/usr/local/java/jdk1.8/jre
exportCLASSPATH=.:$JAVA_HOME/lib/dt.jar:$JAVA_HOME/lib/tools.jar:$JRE_HOME/lib:$CLASSPATH
export PATH=$JAVA_HOME/bin:$PATH
```

（4）使 profile 生效，并检验是否成功，命令如下：

```
# 使 profile 生效
source /etc/profile
# 检验
java -version
```

15.3.2 Tomcat 下载与安装

Tomcat 下载与安装的操作步骤如下。

（1）从官方下载网址 https://tomcat.apache.org/download-80.cgi 下载安装包，命令如下：

```
# 下载
wget http://dlcdn.apache.org/tomcat/tomcat-8/v8.5.84/bin/apache-tomcat-8.5.84.tar.gz
# 解压
tar apache-tomcat-8.5.84.tar.gz
# 重命名
mv apache-tomcat-8.5.84.tar.gz   /usr/local/tomcat
```

（2）设置环境变量。编辑/etc/profile 文件，在末尾添加如下代码，命令如下：

```
# 编辑
vim /etc/profile
# 添加如下代码
export TOMCAT_HOME=/usr/local/tomcat
export PATH=$TOMCAT_HOME/bin:$PATH
```

（3）使 profile 生效，启动 Tomcat，并检验是否成功，命令如下：

```
# 使 profile 生效
source /etc/profile
# 进入 bin 目录
cd /usr/local/tomcat/bin
# 启动 / 关闭
./startup.sh   / .shutdown.sh
```

出现如图 15.4 所示界面信息表示 Tomcat 启动成功。

```
[root@VM-24-13-centos bin]# ./startup.sh
Using CATALINA_BASE:   /usr/local/tomcat
Using CATALINA_HOME:   /usr/local/tomcat
Using CATALINA_TMPDIR: /usr/local/tomcat/temp
Using JRE_HOME:        /usr/local/java/jdk1.8/jre
Using CLASSPATH:       /usr/local/tomcat/bin/bootstrap.jar:/usr/local/tomcat/bin/tomcat-juli.jar
Using CATALINA_OPTS:
Tomcat started.
```

图 15.4　Tomcat 启动

（4）在浏览器中输入服务器 IP 地址，Tomcat 默认端口号为 8080，如果防火墙开启，需要把端口号添加到防火墙中，命令如下：

```
# 查看
firewall-cmd --zone=public --query-port=8080/tcp
# 如果是 no，表示关闭，需要打开
firewall-cmd --zone=public --add-port=8080/tcp --permanent
# 重载
firewall-cmd --reload
```

出现如图 15.5 所示页面表示 Tomcat 设置成功。

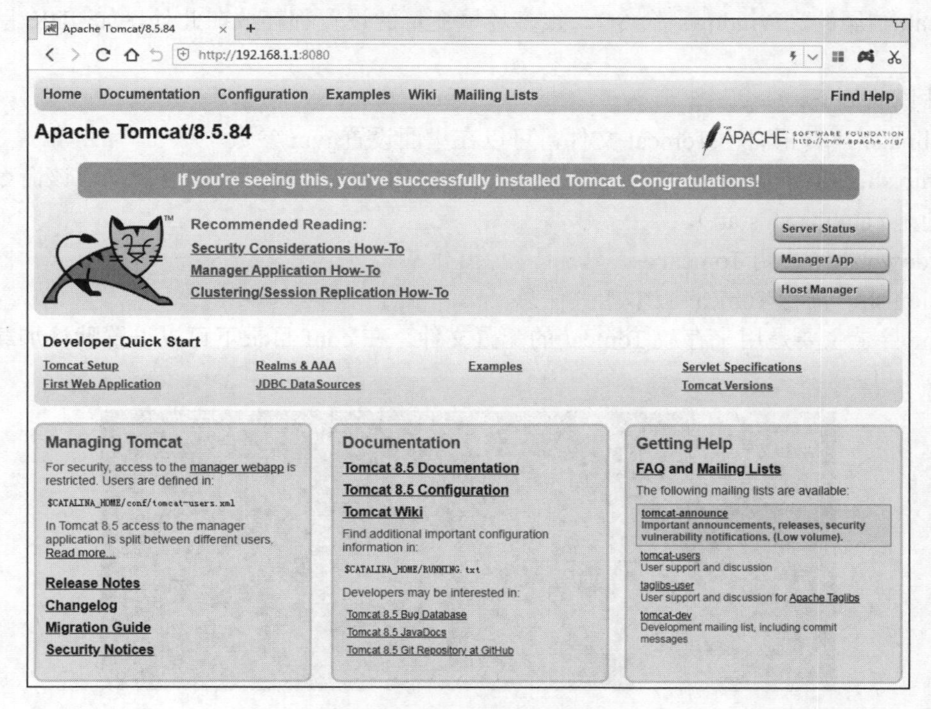

图 15.5　Tomcat 默认界面

15.4 Tomcat 目录结构

Tomcat 目录结构如图 15.6 所示。

```
[root@centos7-liyj ~]#ll /usr/local/tomcat/
total 128
drwxr-x--- 2 tomcat tomcat  4096 Jun 12 18:02 bin              #启动，停止等相关程序和文件
-rw-r----- 1 tomcat tomcat 18949 Jun 10  2021 BUILDING.txt
drwx------ 3 tomcat tomcat   273 Jun 12 18:02 conf             #配置文件
-rw-r----- 1 tomcat tomcat  6210 Jun 10  2021 CONTRIBUTING.md
drwxr-x--- 2 tomcat tomcat  4096 Jun 12 18:02 lib              #库目录
-rw-r----- 1 tomcat tomcat 57092 Jun 10  2021 LICENSE
drwxr-x--- 2 tomcat tomcat   197 Jun 12 18:02 logs             #日志目录
-rw-r----- 1 tomcat tomcat  2333 Jun 10  2021 NOTICE
-rw-r----- 1 tomcat tomcat  3372 Jun 10  2021 README.md
-rw-r----- 1 tomcat tomcat  6898 Jun 10  2021 RELEASE-NOTES
-rw-r----- 1 tomcat tomcat 16507 Jun 10  2021 RUNNING.txt
drwxr-x--- 2 tomcat tomcat    30 Jun 12 18:02 temp
drwxr-x--- 7 tomcat tomcat    81 Jun 10  2021 webapps          #应用程序，应用程序部署目录
drwxr-x--- 3 tomcat tomcat    22 Jun 12 18:02 work             #jsp编译后的结果文件，建议提前预热访问
```

图 15.6　Tomcat 目录结构

下面介绍 Tomcat 各目录都存放哪些文件。

（1）bin 目录主要是用来存放 Tomcat 的命令，主要分为两大类，一类是以.sh 结尾的（linux 命令），另一类是以.bat 结尾的（Windows 命令）。很多环境变量的设置都存放在此处，如 JDK 路径、Tomcat 路径等。

常用文件说明如下：

☑ catalina.sh：真正启动 Tomcat 文件，可以在里面设置 jvm 参数。
☑ startup.sh：启动 Tomcat（需事先配置好 JAVA_HOME 环境变量才可启动，该命令源码实际执行的是 catalina.sh start）。
☑ shutdown.sh：关闭 Tomcat。
☑ version.sh：查看 Tomcat 版本相关信息。

（2）conf 目录主要是用来存放 Tomcat 的配置文件。在 conf 目录下可以设置默认加载的项目，如图 15.7 所示。

```
[root@VM-24-13-centos conf]# ll
total 232
drwxr-x--- 3 root root   4096 Dec 14 14:46 Catalina
-rw------- 1 root root  12954 Nov 16 21:34 catalina.policy
-rw------- 1 root root   7707 Nov 16 21:34 catalina.properties
-rw------- 1 root root   1338 Nov 16 21:34 context.xml
-rw------- 1 root root   1149 Nov 16 21:34 jaspic-providers.xml
-rw------- 1 root root   2313 Nov 16 21:34 jaspic-providers.xsd
-rw------- 1 root root   3916 Nov 16 21:34 logging.properties
-rw------- 1 root root   7580 Nov 16 21:34 server.xml
-rw------- 1 root root   2756 Nov 16 21:34 tomcat-users.xml
-rw------- 1 root root   2558 Nov 16 21:34 tomcat-users.xsd
-rw------- 1 root root 172039 Nov 16 21:34 web.xml
[root@VM-24-13-centos conf]#
```

图 15.7　conf 目录结构

常用文件说明如下：

- ☑ catalina.policy：项目安全文件，用来防止欺骗代码或 JSP 执行类似 System.exit(0)的命令，可能破坏容器。只有当 Tomcat 用“-security”命令行参数启动时这个文件才会被使用，即启动 Tomcat 时使用命令 startup.sh -security。
- ☑ catalina.proterties：配置 Tomcat 启动相关信息文件。
- ☑ context.xml：监视并加载资源文件，当监视文件发生变化时自动加载，通常不会去配置。
- ☑ logging.properties：Tomcat 日志文件配置，包括输出格式、日志级别等。
- ☑ server.xml：用来设置域名、IP、端口号、默认加载的项目、请求编码等。
- ☑ tomcat-users.xml：用来配置和管理 Tomcat 的用户与权限。
- ☑ web.xml：每个 webapp 只有部署后才能被访问，它的部署方式通常由 web.xml 进行定义，其存在位置为 WEBB-INF/目录中；此文件为所有的 webapp 提供默认部署相关的配置，每个 web 应用也可以使用专用配置文件来覆盖全局文件。

（3）lib 目录主要用来存放 Tomcat 运行需要加载的 jar 包。例如，连接数据库的 jdbc 包我们可以加入到 lib 目录中来。

（4）logs 目录用来存放 Tomcat 在运行过程中产生的日志文件，清空该目录中的文件不会对 Tomcat 的运行带来影响。在 Linux 系统中，控制台的输出日志在 catalina.out 文件中。

（5）temp 目录用来存放 Tomcat 在运行过程中产生的临时文件，清空该目录中的文件不会对 Tomcat 的运行带来影响。

（6）webapps 目录用来存放应用程序（也就是通常所说的网站），当 Tomcat 启动时会加载 webapps 目录下的应用程序，我们编写的 Servlet 程序可以放在这里。Tomcat 允许以文件夹、war 包、jar 包的形式发布应用。

（7）work 目录用来存放 Tomcat 在运行时的编译文件（即 class 字节码文件），如 JSP 编译后的文件。先清空 work 目录，然后重启 Tomcat，可以达到清除缓存的作用。

15.5　Tomcat 核心配置

Tomcat 的核心配置文件为 server.xml，位于$TOMCAT_HOME/conf/目录下，在这里的完整路径为/usr/local/conf/server。下面对 server.xml 配置进行讲解，该文件主要标签结构如下：

```
<!--Server 根元素，创建一个 Server 实例，子标签有 Listener、GlobalNamingResources、Service-->
<Server>
    <!--定义监听器-->
    <Listener/>
    <!--定义服务器的全局 JNDI 资源-->
    <GlobalNamingResources/>
    <!--定义一个 Service 服务，一个 Server 标签可以有多个 Service 服务实例-->
    <Service/>
</Server>
```

下面分别对 server.xml 配置文件中的主要标签进行介绍。

1. Server 标签

Tomcat 的默认管理端口为 8005，其默认监听本地服务器 127.0.0.1，如果将 port 属性修改为 0，则会使用随机端口。Tomcat 接收 SHUTDOWN（大小写敏感）字符串后会关闭此 Server。此管理功能建议禁用，可以通过将 SHUTDOWN 改为一串猜不出的字符串，或者将 port 设为-1 等无效端口，来关闭此功能。示例代码如下：

```
<?xml version="1.0" encoding="UTF-8"?>
<Server port="8005" shutdown="SHUTDOWN">
    <!--以日志形式输出服务器、操作系统、JVM 的版本信息-->
    <Listener className="org.apache.catalina.startup.VersionLoggerListener" />
    <!--
        Security listener. Documentation at /docs/config/listeners.html
        <Listener className="org.apache.catalina.security.SecurityListener" />
    -->
    <!--APRlibraryloader.Documentationat/docs/apr.html-->
    <!--加载（服务器启动）和销毁（服务器停止）APR。如果找不到 APR 库，则会输出日志，并不影响 Tomcat 启动-->
    <Listener className="org.apache.catalina.core.AprLifecycleListener" SSLEngine="on" />
    <!--Prevent memory leaks due to use of particular java/javax APIs-->
    <!--避免 JRE 内存泄漏问题-->
    <Listener className="org.apache.catalina.core.JreMemoryLeakPreventionListener" />
    <!--加载（服务器启动）和销毁（服务器停止）全局命名服务-->
    <Listener className="org.apache.catalina.mbeans.GlobalResourcesLifecycleListener" />
    <!--在 Context 停止时重建 Executor 池中的线程，以避免 ThreadLocal 相关的内存泄漏-->
    <Listener className="org.apache.catalina.core.ThreadLocalLeakPreventionListener" />

    <!--Global JNDI resources Documentation at /docs/jndi-resources-howto.html GlobalNamingResources 中定义了全局命名
服务-->
    <GlobalNamingResources>
        <!-- Editable user database that can also be used by UserDatabaseRealm to authenticate users-->
        <Resource name="UserDatabase" auth="Container"
                  type="org.apache.catalina.UserDatabase"
                  description="User database that can be updated and saved"
                  factory="org.apache.catalina.users.MemoryUserDatabaseFactory"
                  pathname="conf/tomcat-users.xml" />
    </GlobalNamingResources>
    <!-- A "Service" is a collection of one or more "Connectors" that share
         a single "Container" Note: A "Service" is not itself a "Container",
         so you may not define subcomponents such as "Valves" at this level.
         Documentation at /docs/config/service.html-->
    <Service name="Catalina">
        ...
    </Service>
</Server>
```

注意

此处 Server 标签不能被注释，否则会无法启动 Tomcat 服务。

2. Service 标签

Service 标签用于创建 Service 实例，默认为 org.apache.catalina.core.StandardService。在默认情况下，Tomcat 仅指定了 Service 的名称，值为 Catalina。Service 子标签包括 Listener、Executor、Connector、Engine，具体说明如下：

☑　Listener 用于为 Service 添加生命周期监听器。
☑　Executor 用于配置 Service 共享线程池。
☑　Connector 用于配置 Service 包含的链接器。
☑　Engine 用于配置 Service 中链接器对应的 Servlet 容器引擎。

示例代码如下：

```
<Service name="Catalina">
    ...
</Service>
```

3．Executor 标签

默认情况下，Service 并未添加共享线程池配置。如果想添加一个线程池，可以在<Service>下添加如下配置。

☑　name：线程池名称，在 Connector 中指定。
☑　namePrefix：所创建的每个线程名称的前缀，一个单独的线程名称为 namePrefix+threadNumber。
☑　maxThreads：池中最大线程数。
☑　minSpareThreads：活跃线程数，也就是核心池线程数，这些线程不会被销毁，会一直存在。
☑　maxIdleTime：线程空闲时间，超过该时间后，空闲线程会被销毁，默认值为 6000（1 分钟），单位为毫秒。
☑　maxQueueSize：被执行前最大线程排队数目，默认为 Int 的最大值，也就是广义的无限。这个值不需要更改，除非是特殊情况，否则会有请求不被处理的情况发生。
☑　prestartminSpareThreads：启动线程池时是否启动 minSpareThreads 部分线程。默认值为 false，即不启动。
☑　threadPriority：线程池中线程优先级，默认值为 5，取值范围 1～10。
☑　className：线程池实现类，在未指定情况下，默认实现类为 org.apache.catalina.core.StandardThreadExecutor。如果想使用自定义线程池，首先就需要实现 org.apache.catalina.Executor 接口。

示例代码如下：

```
<Executor name="commonThreadPool"
          namePrefix="thread-exec-"
          maxThreads="200"
          minSpareThreads="100"
          maxIdleTime="60000"
          maxQueueSize="Integer.MAX_VALUE"
          prestartminSpareThreads="false"
          threadPriority="5"
          className="org.apache.catalina.core.StandardThreadExecutor"/>
```

4．Connector 标签

Connector 标签用于创建链接器实例。默认情况下，server.xml 中配置了两个链接器，一个支持 HTTP 协议，一个支持 AJP 协议，大多数情况下，我们并不需要新增链接器配置，只是根据需要对已有链接器进行优化。Connector 标签的常用属性如下：

☑　port：端口号，Connector 用于创建服务端 Socket 并进行监听，以等待客户端请求链接。如果该属性设置为 0，则 Tomcat 将会随机选择一个可用的端口号给当前 Connector 使用。

- ☑ protocol：当前 Connector 支持的访问协议，默认为 HTTP/1.1，采用自动切换机制选择一个基于 JAVA NIO 的链接器或者基于本地 APR 的链接器（根据本地是否含有 Tomcat 的本地库判定）。
- ☑ connectionTimeOut：Connector 接收链接后的等待超时时间，单位为毫秒。-1 表示不超时。
- ☑ redirectPort：由于当前 Connector 不支持 SSL 请求，因此当接收了一个请求，并且也符合 security-constraint 约束，需要 SSL 传输时，Catalina 会自动将请求重定向到指定的端口。
- ☑ executor：指定共享线程池的名称，也可以通过 maxThreads、minSpareThreads 等属性配置内部线程池。
- ☑ URIEncoding：指定编码 URI 的字符编码，Tomcat8.x 版本默认的编码为 UTF-8，Tomcat7.x 版本默认为 ISO8859-1。

示例代码如下：

```
<!--org.apache.coyote.http11.Http11NioProtocol，非阻塞式 Java NIO 链接器-->
<Connector port="8080" protocol="HTTP/1.1" connectionTimeout="20000"
           redirectPort="8443" />
<Connector port="8009" protocol="AJP/1.3" executor ="commonThreadPool" redirectPort="8443" />
```

如果没有指定共享线程池，可以添加一些线程池的配置，Connector 会自己维护一个线程池，但每个 Connector 都自己维护一个线程池会造成资源浪费。

示例代码如下：

```
<Connector port="8080"
           protocol="HTTP/1.1"
           executor="commonThreadPool"
           maxThreads="1000"
           minSpareThreads="100"
           acceptCount="1000"
           maxConnections="1000"
           connectionTimeout="20000"
           compression="on"
           compressionMinSize="2048"
           disableUploadTimeout="true"
           redirectPort="8443"
           URIEncoding="UTF-8" />
```

5. Engine 标签

Engine 表示 Servlet 引擎，其常用属性如下：

- ☑ name：指定 Engine 的名称，默认为 Catalina。
- ☑ defaultHost：默认使用的虚拟主机名称。当客户端请求指向的主机无效时，将交由默认的虚拟主机处理，默认为 localhost。

示例代码如下：

```
<Engine name="Catalina" defaultHost="localhost">
   ...
</Engine>
```

6. Host 标签

Host 标签用于配置一个虚拟主机，其常用属性如下：

- ☑ name：主机名称，对应 Engine 配置的 defaultHost。
- ☑ appBase：项目的存放位置，支持相对路径和绝对路径。
- ☑ unpackWARs：是否自动解压。
- ☑ autoDeploy：是否执行自动部署，即热部署。

示例代码如下：

```
<Host name="localhost" appBase="webapps" unpackWARs="true" autoDeploy="true">
    ...
</Host>
```

7. Context 标签

Context 标签用于配置一个 Web 应用，其常用属性如下：

- ☑ docBase（磁盘路径）：Web 应用目录或者 War 包的部署路径。可以是绝对路径，也可以是相对于 Host appBase 的相对路径。
- ☑ path（浏览器 path）：Web 应用的 Context 路径。如果 Host 名为 localhost，则该 Web 应用访问的根路径为 http://localhost:8080/web_demo。

示例代码如下：

```
<Host name="www.abc.com" appBase="webapps" unpackWARs="true" autoDeploy="true">
    <Context docBase="/home/work/web_demo" path="/web3"></Context>
    <!--配置访问请求的相关日志-->
    <Valve className="org.apache.catalina.valves.AccessLogValve"
            directory="logs"
            prefix="localhost_access_log" suffix=".txt"
            pattern="%h %l %u %t &quot;%r&quot; %s %b" />
</Host>
```

15.6 Tomcat 应用部署案例

通过前几节的学习，想必大家对 Tomcat 已经有了一个大概的了解，这一节我们从零开始搭建部署一个 Tomcat 应用案例，让大家更加清晰、透彻地了解 Tomcat。

15.6.1 使用 yum 方式安装 Tomcat

15.3.2 节我们讲过以下载安装包的方式安装 Tomcat，这里我们选择 yum 方式来安装。yum 安装方式的优点是可以解决相关依赖及 JDK 的安装问题，其缺点是默认安装版本较低（现在 Tomcat 官网已经更新到 11.x 版本，yum 默认安装的还是 7.x）。

（1）查看 tomcat 相关的软件包，命令如下：

```
# 查看
yum list all | grep tomcat
```

安装 tomcat、tomcat-admin-webapps、tomcat-webapps 这 3 个软件包即可，如图 15.8 所示。

```
[root@VM-24-13-centos ~]# yum list all | grep tomcat
Repodata is over 2 weeks old. Install yum-cron? Or run: yum makecache fast
jglobus-ssl-proxies-tomcat.noarch          2.1.0-13.el7              epel
tomcat.noarch                              7.0.76-16.el7_9           updates
tomcat-admin-webapps.noarch                7.0.76-16.el7_9           updates
tomcat-docs-webapp.noarch                  7.0.76-16.el7_9           updates
tomcat-el-2.2-api.noarch                   7.0.76-16.el7_9           updates
tomcat-javadoc.noarch                      7.0.76-16.el7_9           updates
tomcat-jsp-2.2-api.noarch                  7.0.76-16.el7_9           updates
tomcat-jsvc.noarch                         7.0.76-16.el7_9           updates
tomcat-lib.noarch                          7.0.76-16.el7_9           updates
tomcat-native.x86_64                       1.2.35-1.el7              epel
tomcat-servlet-3.0-api.noarch              7.0.76-16.el7_9           updates
tomcat-webapps.noarch                      7.0.76-16.el7_9           updates
tomcatjss.noarch                           7.2.5-1.el7               os
[root@VM-24-13-centos ~]#
```

图 15.8　tomcat 相关软件包

其中，除了 tomcat，另外两个软件包的作用如下：

☑　tomcat-admin-webapps：tomcat 应用程序的管理组件。

☑　tomcat-webapps：tomcat 默认欢迎首页文件的组件。

（2）安装并启动 Tomcat，命令如下：

```
# 安装
yum -y install tomcat tomcat-admin-webapps tomcat-webapps
# 启动 / 停止 / 重启 / 状态
systemctl strat/stop/restart/status tomcat
# 查看端口
ss -ntl
```

Tomcat 启动后默认会监听 8005、8009、8080 这 3 个端口，如图 15.9 所示。

```
[root@VM-24-13-centos ~]# ss -ntl
State      Recv-Q Send-Q        Local Address:Port                 Peer Address:Port
LISTEN     0      128                       *:22                              *:*
LISTEN     0      1         [::ffff:127.0.0.1]:8005                        [::]:*
LISTEN     0      100                   [::]:8009                          [::]:*
LISTEN     0      100                   [::]:8080                          [::]:*
LISTEN     0      128                   [::]:22                            [::]:*
[root@VM-24-13-centos ~]#
```

图 15.9　Tomcat 默认监听端口

（3）在浏览器地址栏中输入服务器 IP 地址+Tomcat 默认端口 8080，如图 15.10 所示，输入 http://192.168.1.1:8080，显示的是 Tomcat 默认启动页，表示 Tomcat 安装成功。

15.6.2　Tomcat 部署方式

Tomcat 常见的部署方式有以下 3 种。

（1）将 web 项目文件复制到 webapps 目录中。

这种方式部署 Tomcat 最简单，也是最常用的一种方式。webapps 目录是 Tomcat 默认的应用目录，当服务器启动时，会加载这个目录下所有的应用。如果想要修改这个默认目录，可以修改 server.xml 文件中 Host 标签里的 appBase 值，代码如下：

```
<Host name="localhost"  appBase="webapps"  unpackWARs="true"  autoDeploy="true">
    ......
</Host>
```

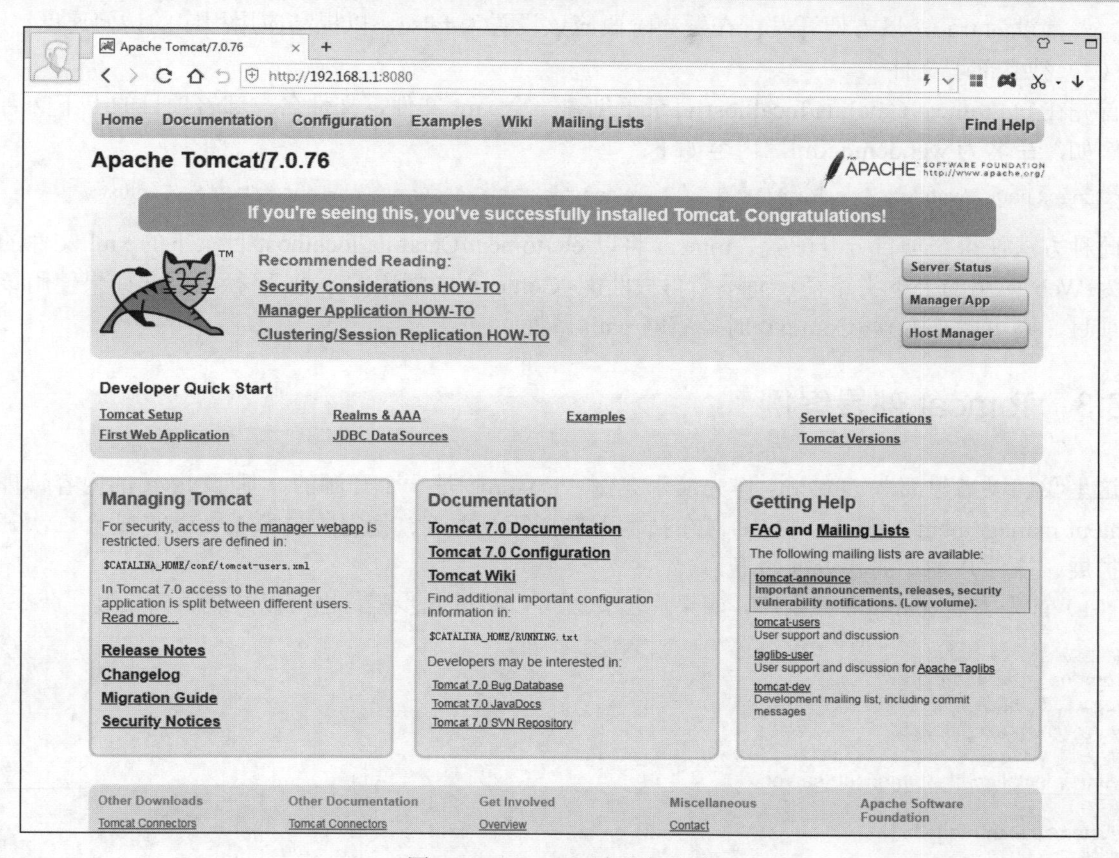

图 15.10　Tomcat 默认启动页

- ☑ unpackWARs：表示 tomcat 会对部署在 webapps 目录下的 war 文件进行自动解压，如果值为 false，则不执行自动解压，但会影响程序的运行效率。
- ☑ autoDeploy：取值为 true，表示自动部署，即热部署。

注意

这种方式也可以直接部署文件夹，但要求部署的文件夹要符合 web 目录的标准。

（2）通过 server.xml 文件部署。

在 server.xml 文件中找到 Host 标签，在里面添加如下代码：

```
<Host name="localhost"  appBase="webapps"  unpackWARs="true"  autoDeploy="true">
    ......
  <!--添加的代码-->
  <Context path="/项目名"  docBase="项目路径"  reloadable ="true" debug="0" privileged="true"></Context>
</Host>
```

- ☑ path：表示访问的路径，可以自定义。

☑ docBase：表示应用程序的路径，可以使用绝对路径或者相对路径，相对路径相对于 webapps。
☑ reloadable：表示运行时可以在 classes 与 lib 文件夹下自动加载类包。这个属性在开发阶段通常设为 true，以方便开发；在发布阶段应该设置为 false，以提高应用程序的访问速度。

（3）独立部署文件。

首先在/etc/tomcat/Catalina/localhost 目录下创建一个 xml 文件，文件名与部署项目的上下文名称对应，例如，命名为 webdemo.xml，内容如下：

```
<Context path="/webdemo" docBase="项目路径"   reloadable ="true" debug="0" privileged="true"></Context>
```

此种方法使每个项目分开配置，tomcat 将以/etc/tomcat/Catalina/localhost 目录下的 xml 文件的文件名作为 Web 应用的上下文路径，而不会再去匹配<Context>中配置的 path 路径。因此如果使用该方法配置项目，则可以在配置<Context>时，省略 path 属性。

15.6.3 Tomcat 部署案例

这里我们以搭建部署 jspxcms 作为演示案例。jspxcms 是一个开源的、基于 Java 的内容管理系统（content management system，CMS），在技术上选择行业主流、稳定的技术 JavaEE，适合二次开发、功能扩展、插件开发。部署步骤如下。

（1）首先安装 mariadb 数据库，如果你已安装可以略过此步骤，也可以卸载重新安装，命令如下：

```
# 检查
rpm -qa | grep mariadb
# 如果已安装，卸载
yum -y remove mariadb*
# 安装
yum -y install mariadb mariadb-server
# 启动
systemctl start mariadb
# 设置密码
mysqladmin -u root password 123456
# 连接
mysql -uroot -p
# 创建数据库
create database jspxcms character set utf8;
# 授权
grant all on jspxcms.* to 'jspxcmsuser '@'localhost' identified by '123456';
# 刷新
flush privileges;
# 退出
quit
```

（2）在官网 https://www.ujcms.com/下载 jspxcms 压缩包，并配置相关参数，命令如下：

```
# 下载
wget https://www.ujcms.com/uploads/jspxcms-10.2.0-release-tomcat.zip
# 解压
unzip jspxcms-10.2.0-release-tomcat.zip -d jspxcms
# 进入目录
cd jspxcms
# 导入数据表
mysql jspxcms < database/mysql.sql -uroot -p123456
# 修改连库配置
```

```
vim /tomcat/webapps/ROOT/WEB-INF/classes/application.properties
# 如下修改
spring.datasource.url=jdbc:mysql://127.0.0.1:3306/jspxcms?characterEncoding=utf8        #第 5 行
spring.datasource.username=jspxcmsuser                                                  #第 8 行
spring.datasource.password=123456                                                       #第 11 行
```

（3）将 Tomcat 安装路径下 ROOT 文件夹清空，并把压缩包内 ROOT 文件夹下文件复制到此处，重启 Tomcat，命令如下：

```
# 清空 ROOT
rm -rf /usr/share/tomcat/webapps/ROOT/*
# 复制
mv /root/jspxcms/tomcat/webapps/ROOT/* /usr/share/tomcat/webapps/ROOT/
# 重启
systemctl restart tomcat
```

（4）在浏览器中输入 IP 地址+端口号，页面如图 15.11 所示，表示 jspxcms 部署成功。

图 15.11　jspxcms 默认首页

使用手机或浏览器的手机模式访问 jspxcms 首页，页面会自动呈现手机端模板的内容和样式，如果浏览器要从常规模式切换手机模式，则要按 F5 键刷新页面，如图 15.12 所示。

前台首页地址加上/cmscp/index.do 即为后台地址，默认用户名为 admin，默认密码为空，jspxcms 后台登录界面如图 15.13 所示。

图 15.12　jspxcms 移动端默认首页

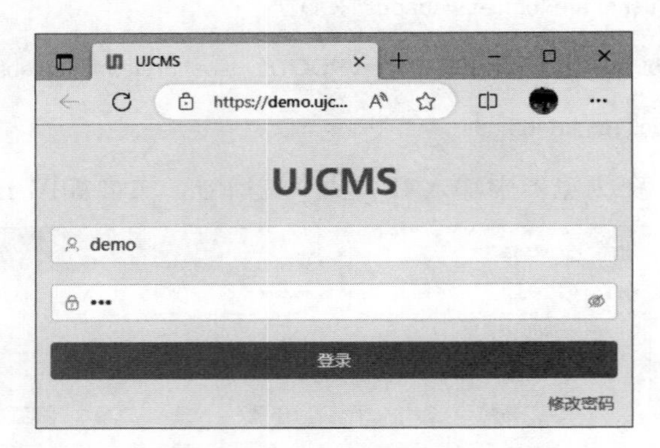

图 15.13　jspxcms 后台登录界面

jspxcms 后台管理界面如图 15.14 所示。

图 15.14　jspxcms 后台管理界面

15.7 要点回顾

本章对 Tomcat 的概念、体系结构、目录结构、下载安装及核心配置进行了详细讲解，最后以搭建部署 jspxcms 作为演示案例。学习本章内容时，读者应该重点掌握 Tomcat 的下载安装与核心配置。Tomcat 由于自身优势，如今已成为比较流行的 Web 应用服务器之一。所以，作为一名 Linux 运维人员，有必要掌握 Tomcat 的部署与应用，关于 Tomcat 的其他知识希望大家在日后的工作中继续探索与学习。

第 16 章

企业级 Nginx 应用服务器搭建

作为 HTTP 服务软件的后起之秀，Nginx 可以说是一个极具发展潜力的 Web 服务软件，与传统的 Apache 相比，Nginx 有很多改进之处，因此被广泛应用于 Web 服务。本章将从 Nginx 的概念、安装与配置、正反向代理、负载均衡、动静分离几个方面进行介绍。

本章知识架构及重点、难点内容如下：

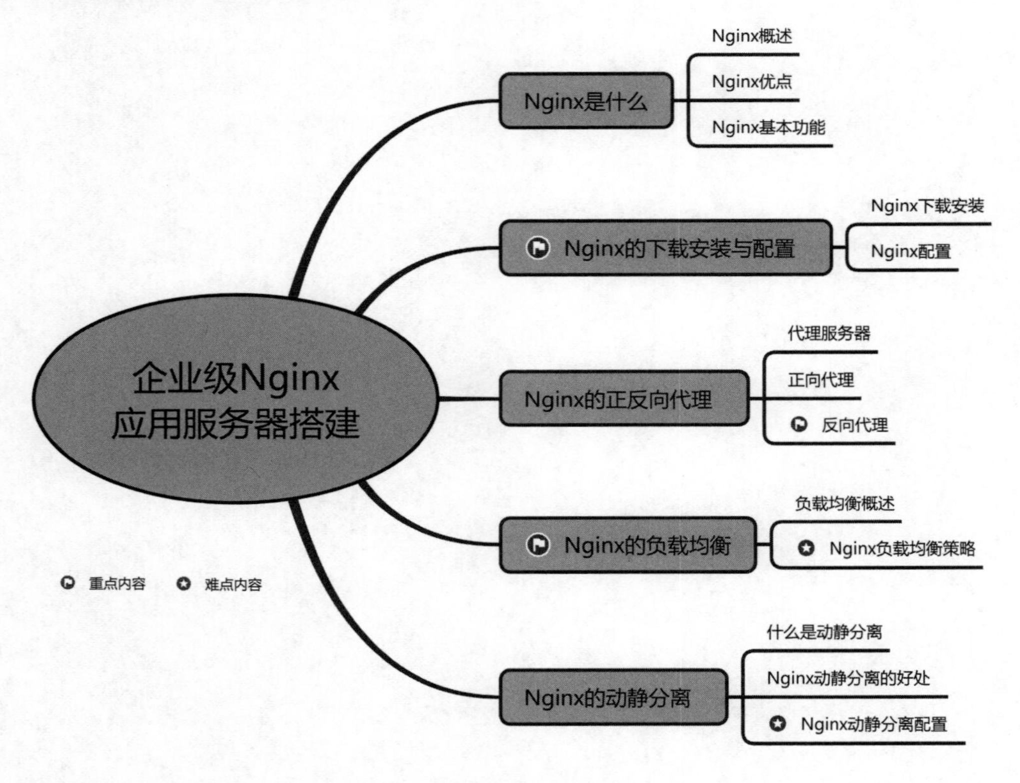

16.1　Nginx 是什么

Nginx 是由俄罗斯人 Igor Sysoev 使用 C 语言编写开发的，最初被应用在俄罗斯的大型网站 www.rambler.ru 上，与 Apache 类似，都是 Web 服务器软件，因其性能优异，所以被广泛应用于 Web 服务。

16.1.1 Nginx 概述

Nginx（engine x）是一款开源的、高性能的 Web 和反向代理服务器，也是一个 IMAP/POP3/SMTP 代理服务器。Nginx 不仅是优秀的 Web 服务软件，还具有反向代理负载均衡和缓存服务的功能。

Nginx 可以运行在 UNIX、Linux、BSD、Mac OS X、Solaris 以及 Windows 等操作系统中。当前流行的 Nginx Web 组合被称为 LNMP 或 LEMP（Linux+ Nginx+ MySQL+ PHP），其中 LEMP 里的 E 取自 Nginx（engine x）。

Nginx 与 Apache 的主要区别如下：

☑ Nginx：基于异步的 I/O 网络模型，支持高性能、高并发，特别是对于小文件。
☑ Apache：基于同步的 I/O 网络模型，并发能力有限，处理动态业务时性能不如 Nginx。

16.1.2 Nginx 优点

使用 Nginx 作为服务器的优点如下：

☑ 速度更快：单次请求或者高并发请求的环境下，Nginx 会比其他 Web 服务器响应的速度更快。Nginx 之所以有高并发处理能力和优异性能的原因在于 Nginx 采用了多进程和 I/O 多路复用（epoll）的底层实现。
☑ 配置简单，扩展性强：Nginx 的设计极具扩展性，它本身就是由很多模块组成的，这些模块的使用可以通过在配置文件中配置来添加。这些模块有的是官方提供的，也有的是第三方提供的，如果需要也可以自己开发。
☑ 可靠性更高：Nginx 采用的是多进程模式运行，其中有一个 master 主进程和 N 多个 worker 进程，worker 进程的数量可以手动设置，每个 worker 进程之间都是相互独立提供服务，并且 master 主进程可以在某一个 worker 进程出错时，快速去“拉起”新的 worker 进程提供服务。
☑ 热部署：现在互联网项目一般都要求 7×24 小时提供服务，针对这一要求，Nginx 也提供了热部署功能，即可以在 Nginx 不停止的情况下，对 Nginx 进行文件升级、更新配置和更换日志文件等操作。
☑ 成本低、BSD 许可证：BSD 是一个开源的许可证，Nginx 本身是开源的，我们不仅可以免费地将 Nginx 应用在商业领域，而且还可以在项目中直接修改 Nginx 的源码来定制自己的特殊需求。

16.1.3 Nginx 基本功能

Nginx 提供的基本功能从大体上可分为基本 HTTP 服务、高级 HTTP 服务和邮件服务三大类。

（1）基本 HTTP 服务支持的功能如下：

☑ 可以作为 HTTP 代理服务器和反向代理服务器，支持通过缓冲加速访问，可以完成简单的负载均衡和容错，支持包过滤功能，支持 SSL 等。
☑ 处理静态文件、索引文件以及支持自动索引。

☑ 提供对 FastCGI、memcached 等服务的缓存机制。
☑ 使用 Nginx 的模块化特性提供过滤器功能。其中针对包含多个 SSI 的页面，经由 FastCGI 或反向代理，SSI 过滤器可以并行处理。
☑ 支持 HTTP 下的安全套接层安全协议 SSL。
☑ 支持基于加权和依赖的优先权的 HTTP/2。

（2）高级 HTTP 服务支持的功能如下：

☑ 支持基于域名、端口和 IP 的虚拟主机设置。
☑ 支持 HTTP/1.0 中的 Keep-alive 模式和管线（PipeLined）模型连接。
☑ 自定义访问日志模式、带缓存的日志写操作以及快速日志轮询。
☑ 提供 3xx～5xx 错误代码重定向功能。
☑ 支持重写（Rewrite）模块扩展。
☑ 支持修改 Nginx 配置，并且在代码上线时可平滑重启，不中断业务访问。
☑ 支持网络监控。
☑ 支持 FLV 和 MP4 流媒体传输。

（3）邮件服务支持的功能如下：

☑ 支持 IMPA/POP3 代理服务功能。
☑ 支持内部 SMTP 代理服务功能。

16.2 Nginx 的下载安装与配置

搭建 Nginx 服务器之前，首先需要下载安装 Nginx 软件，本节将对 Nginx 的下载、安装及基本配置进行讲解。

16.2.1 Nginx 下载安装

Nginx 官方网址为 https://nginx.org/，这里我们使用 yum 安装方式，首先创建 nginx 官方 yum 源，代码如下：

```
# 创建
vim /etc/yum.repos.d/nginx.repo
# 内容
[nginx-stable]
name=nginx stable repo
baseurl=http://nginx.org/packages/centos/$releasever/$basearch/
gpgcheck=1
enabled=1
gpgkey=https://nginx.org/keys/nginx_signing.key
# 下载
yum -y install nginx
# 启动 / 停止 / 重启 / 状态
systemctl start/stop/restart/status nginx
```

打开浏览器，输入服务器 IP 地址，看到如图 16.1 所示界面，表示 Nginx 服务启动成功。

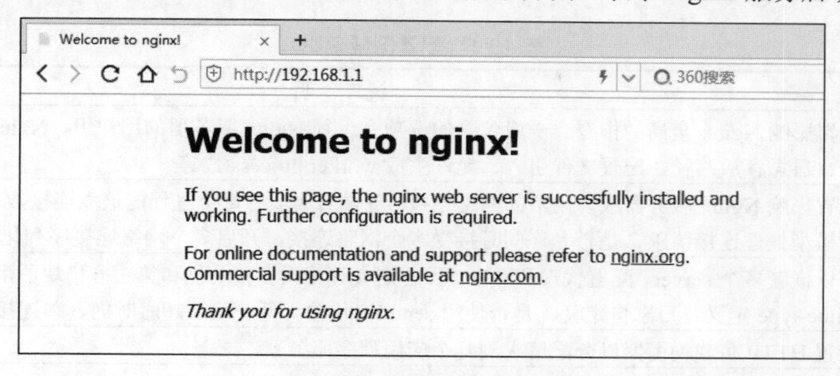

图 16.1　nginx 服务启动界面

16.2.2 Nginx 配置

Nginx 服务器以配置文件形式对服务器的各项功能进行配置，本节将对 Nginx 服务器的配置文件进行讲解。

1. 配置文件区域说明

Nginx 的主要配置文件是/etc/nginx/nginx.conf，其基本结构如下：

```
... # main 全局块
events { #events 块
...
}
http # http 块
{
	... # http 全局块
	upstream   # upstream 负载均衡块
	{
	...
	}
	server # server 块
	{
		... # server 全局块
		location [PATTERN]   # location 块
		{
		...
		}
		location [PATTERN]
		{
		...
		}
	}
	server
	{
	...
	}
	... # http 全局块
}
```

表16.1列出了上面代码中的几个主要配置区域及其作用。

表16.1 配置区域说明

配置区域	说明
main块	配置影响Nginx全局的指令。一般包含的选项有运行Nginx服务器的用户组、Nginx进程pid存放路径、日志存放路径、配置文件引入、允许生成worker process数等
events块	配置影响Nginx服务器或与用户的网络连接。包含的选项有每个进程的最大连接数、选取哪种事件驱动模型处理连接请求、是否允许同时接受多个网路连接、开启多个网络连接序列化等
http块	可以嵌套多个server、配置代理和缓存、日志定义等绝大多数功能和第三方模块的配置。如文件引入、mime-type定义、日志自定义、是否使用sendfile传输文件、连接超时时间、单连接请求数等
upstream块	配置HTTP负载均衡器以分配请求到几个应用程序服务器
server块	配置虚拟主机的相关参数，一个http中可以有多个server
location块	配置请求的路由，以及允许根据用户请求的URI来匹配指定的location以进行访问配置，当匹配成功时，将由location块中的配置进行处理

2. 配置文件说明

下面以注释的方式对Nginx配置文件中的各个配置项进行说明，具体如下：

```
# 定义worker进程的管理用户
user   nginx;
# 启动子进程数，可通过ps -ef | grep nginx命令查看，通常与CPU总核数相同
worker_processes   auto;
# 错误日志文件，及日志级别
error_log   /var/log/nginx/error.log notice;
# 进程号保存文件
pid    /var/run/nginx.pid;

events {
    # 每个worker进程支持的最大连接数
    worker_connections   1024;
}
http {
    # nginx支持的媒体类型库文件
    include /etc/nginx/mime.types;
    # 默认文件类型
    default_type   application/octet-stream;
    # 日志格式定义
    log_format   main    '$remote_addr - $remote_user [$time_local] "$request" '
                         '$status $body_bytes_sent "$http_referer" '
                         '"$http_user_agent" "$http_x_forwarded_for"';
    # 访问日志文件及格式
    access_log   /var/log/nginx/access.log   main;
    # 是否开启高效文件传输模式，值为on则指定nginx调用sendfile函数输出文件
    sendfile on;
    # 一个响应头信息一个包，开启时可在一定程度上防止网络堵塞
    tcp_nopush on;
    # 在无动作时断开连接的时间，以秒为单位
    keepalive_timeout 65;
    # 是否对输出的数据进行压缩
    gzip on;
    # 加载虚拟主机配置文件
    include /etc/nginx/conf.d/*.conf;
}
```

3．虚拟主机配置

在 Web 服务里虚拟主机就是一个独立的站点，这个站点对应独立的域名（也可能是 IP 或端口），并具有独立的程序及资源目录，可以独立地对外提供服务。Nginx 使用一个 server{}标签来标示一个虚拟主机。一个 Web 服务里可以有多个虚拟主机标签对，即可以同时支持多个虚拟主机站点。

Nginx 默认虚拟主机配置文件/etc/nginx/conf.d/dafault.conf，说明如下：

```
# 使用 server 定义虚拟主机
server {
    # 监听端口
    listen 80;
    # 访问域名，有多个时用空格隔开，可用 IP 地址替换
    server_name   localhost;
    # 设置虚拟主机的访问日志
    #access_log   /var/log/nginx/host.access.log   main;
    # 对 URL 进行匹配
    location / {
        # 设置网页根路径
        root     /usr/share/nginx/html;
        # 首页文件，先找 index.html，若没有，再找 index.htm
        index    index.html index.htm;
    }
    # 设置错误代码对应的错误页面
    error_page    404 /404.html;

    # 将服务器错误页重定向到静态页/50x.html
    error_page     500 502 503 504    /50x.html;
    location = /50x.html {
        root     /usr/share/nginx/html;
    }

    # proxy the PHP scripts to Apache listening on 127.0.0.1:80
    # 若用户访问 URL 以.php 结尾，则自动将该请求转交给 127.0.0.1 服务器，通过 proxy_pass 实现代理功能
    # location ~ \.php$ {
    #     proxy_pass     http://127.0.0.1;
    # }
    # pass the PHP scripts to FastCGI server listening on 127.0.0.1:9000
    # 将 php 脚本传递给 FastCGI 服务器，侦听 127.0.0.1:9000
    # location ~ \.php$ {
    #     root               html;
    #     fastcgi_pass      127.0.0.1:9000;
    #     fastcgi_index     index.php;
    #     fastcgi_param     SCRIPT_FILENAME    /scripts$fastcgi_script_name;
    #     include           fastcgi_params;
    # }

    # deny access to .htaccess files, if Apache's document root
    # concurs with nginx's one
    # 拒绝所有人访问.ht 页面
    # location ~ /\.ht {
    #     deny   all;
    # }
}
```

我们可以把多个虚拟主机配置信息写在同一个文件中，也可以为每个站点定义一个配置文件，如 www.test01.com.conf、www.test02.com.conf，这样便于管理与维护。

16.3 Nginx 的正反向代理

Nginx 是一款反向代理服务器，它可以作为反向代理实现负载均衡，本节将对 Nginx 的反向代理进行讲解，在讲解之前，先来了解一下什么是代理服务器，以及什么是正向代理。

1. 代理服务器

代理服务器是位于客户端计算机和目标服务器之间，为客户端提供间接网络服务的计算机。它可以驻留在用户的本地计算机上，也可以驻留在用户计算机和目标服务器之间的各个点上。

简单来说，代理服务器就是客户端在发送请求时不直接发送给目标主机，而是先发送给中间服务器。中间服务器接收客户端请求之后，再向目标主机发送，并接收目标主机返回的数据（存放在代理服务器的硬盘中），再发送给客户端。这个中间服务器就是代理服务器，类似中间人的作用。如果这个代理服务器出现问题，那么客户端的数据将无法发送到目标服务器。

代理服务器的好处如下：

- ☑ 提高访问速度。
- ☑ 过滤 Web 信息，起到防火墙的作用。
- ☑ 通过代理服务器访问不能访问的目标站点。

2. 正向代理

正向代理是一个位于客户端和原始服务器之间的服务器，为了从原始服务器取得内容，客户端先向代理发送一个请求并指定目标（原始服务器），然后代理向原始服务器转交请求并将获取的内容返回给客户端。

正向代理最大的特点就是客户端明确要访问的服务器地址，而服务器只清楚请求来自哪个代理服务器，而不清楚来自哪个具体的客户端。正向代理模式屏蔽或者隐藏了真实客户端信息，如图 16.2 所示。

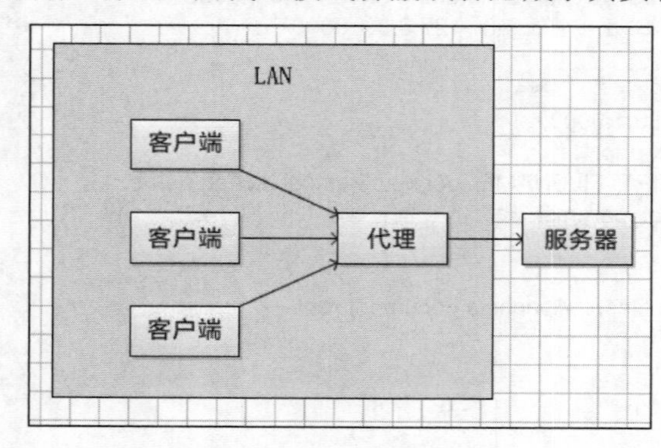

图 16.2　正向代理示意图

正向代理代理的是客户端，代客户端发出请求，客户端必须进行一些设置才能使用正向代理。正向代理示例如下：

```
server {
  listen 80;
  server_name localhost;
  # 指定 DNS 服务器 IP 地址
  resolver x.x.x.x;
  location / {
      # 设定代理服务器的协议和地址
      proxy_pass http://$host$request_uri;
  }
}
```

正向代理的作用如下：

☑ 可以访问原来无法访问的站点。

☑ 可以做缓存，加速访问速度。

☑ 对客户端访问授权，上网需要认证。

☑ 代理可以记录用户访问记录（上网行为管理），对外隐藏用户信息。

3．反向代理

反向代理是指代理服务器先接收客户端的连接请求，然后将请求转发给内部网络上的服务器，并将从服务器上获取的结果返回给请求连接的客户端，此时代理服务器对外就表现为一个反向代理服务器，如图 16.3 所示。

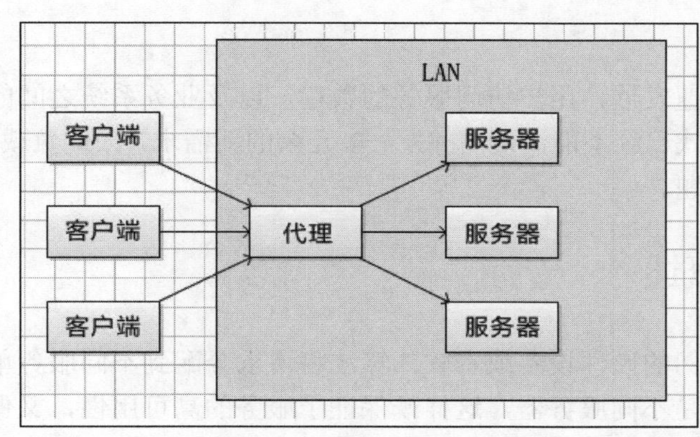

图 16.3　反向代理示意图

通过图 16.3 可知，对于多个客户端给服务器发送的请求，Nginx 服务器接收之后，按照一定的规则分发给了后端的业务处理服务器进行处理。此时客户端是明确的，但是请求具体由哪台服务器处理并不明确，在这里 Nginx 起到反向代理的作用。

反向代理代理的是服务端，代服务端接收请求，主要用于服务器集群分布式部署的情况，反向代理隐藏了服务器的信息。

反向代理示例如下：

```
# 配置后端服务器
upstream proxy_servers
{
    server http://192.168.1.1:8000/uri/;
    server http://192.168.1.2:8000/uri/;
    server http://192.168.1.3:8000/uri/;
```

```
}

server
{
    ...
    listen 80;
    server_name # 代理服务器 IP 或者网址
    location /
    {
        # 使用服务器组名称
        proxy_pass proxy_servers;
    }
}
```

反向代理的作用如下：

☑ 保证内网的安全：通常将反向代理作为公网访问地址，Web 服务器在内网。

☑ 负载均衡：通过反向代理服务器来优化网站的负载。

☑ 节约 IP 地址资源：企业内所有的网站共享一个注册的 IP 地址，这些服务器被分配私有地址，并采用虚拟主机的方式对外提供服务。

16.4 Nginx 的负载均衡

随着信息化建设的快速发展，用户访问服务的数量，以及业务系统之间的访问数量不断增长，依靠单台设备硬件性能的方式已经不能满足高并发、多冗余的新需求，因此负载均衡（load balance，LB）已经不再是一个新鲜的话题。

16.4.1 负载均衡概述

负载均衡是指通过专门的硬件设备或者软件算法将请求分配到不同服务单元，既可以是同一台服务器的不同进程，也可以是不同服务器，这样既保证了服务的高可用性，又保证了高并发情况下的响应速度。负载均衡的实现如图 16.4 所示。

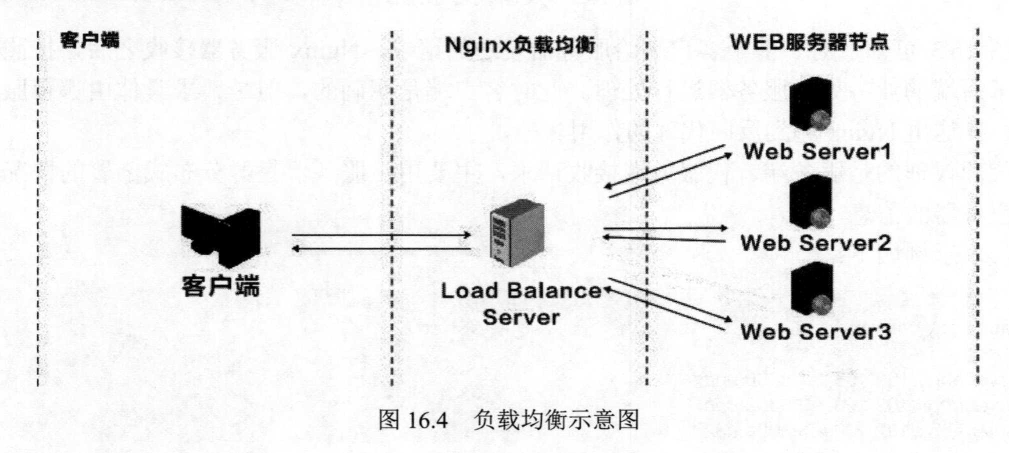

图 16.4 负载均衡示意图

硬件设备实现的负载均衡效果好、效率高、性能稳定，但是成本比较高。市面上比较流行的实现负载均衡的硬件设备有 F5、A10、Redware、深信服等。

软件算法实现的负载均衡主要依赖均衡算法的选择和程序的健壮性。均衡算法常见的有两大类：静态负载均衡算法和动态负载均衡算法。Linux 下常见的实现负载均衡的软件有 Nginx、LVS 及 Haproxy 等。

Nginx 负载均衡的作用如下：

- ☑ 转发功能：Nginx 会按照一定的算法（轮询或权重）将客户端请求转发到不同应用服务器，以减轻单个服务器压力，提高系统并发量。
- ☑ 故障迁移：当一台服务器出现故障时，客户端发来的请求将被自动发送到其他服务器。
- ☑ 恢复添加：当故障服务器恢复正常工作时，将被自动添加到处理用户请求中。

16.4.2 Nginx 负载均衡策略

Nginx 服务器的负载均衡策略可以划分为两大类：内置策略和扩展策略。其中，内置策略主要包含轮询、权重、ip_hash 和 least_conn 等；扩展策略主要通过第三方模块实现，需手动编译，种类比较丰富，常见的有 url_hash、fair 等。

1. 轮询

轮询是 Nginx 自带策略，也是 upstream 模块负载均衡默认的策略，它会将每个请求按时间顺序分配到不同的后端服务器，如果后端服务器宕机能自动剔除。代码如下：

```
http {
    upstream lunxun {
        server 192.168.1.10:80;
        server 192.168.1.20:80;
        server 192.168.1.30:80;
    }

    server {
        listen 80;
        server_name domain_name;

        location / {
            proxy_pass http://lunxun;
            index index.html index.htm;
            ...
        }
    }
}
```

2. 权重

权重是 Nginx 自带策略，weight 代表权重，默认为 1。指定轮询的访问几率，用于后端服务器性能不均时调整访问比例，权重越高被分配的客户端也就越多。代码如下：

```
http {
    upstream quanzhong {
        server 192.168.1.10:80 weight=1;
        server 192.168.1.20:80 weight=2;
        server 192.168.1.30:80 weight=3;
```

```
    }

    server {
        listen 80;
        server_name domain_name;

        location / {
            proxy_pass http://quanzhong;
            index index.html index.htm;
            ...
        }
    }
}
```

3．ip_hash

ip_hash 是 Nginx 自带策略，指定负载均衡器按照基于客户端 IP 的分配方式，这个方法确保了相同的客户端的请求一直发送到相同的服务器，可以解决 session 不能跨服务器的问题。代码如下：

```
http {
    upstream iphash {
        ip_hash;
        server 192.168.1.10:80;
        server 192.168.1.20:80;
        server 192.168.1.30:80;
    }

    server {
        listen 80;
        server_name domain_name;

        location / {
            proxy_pass http://iphash;
            index index.html index.htm;
            ...
        }
}
```

4．least_conn

least_conn 是 Nginx 自带策略，将请求传递给当前拥有最少活跃连接的服务器，同时考虑权重 weight 的因素。代码如下：

```
http {
    upstream leastconn {
        least_conn;
        server 192.168.1.10:80;
        server 192.168.1.20:80;
        server 192.168.1.30:80;
    }

    server {
        listen 80;
        server_name domain_name;

        location / {
            proxy_pass http://leastconn;
            index index.html index.htm;
```

```
            ...
        }
    }
}
```

注意

如果 least_conn 策略设置了 weight 值，则选取活跃连接数与权重 weight 的比值的最小者为下一个处理请求的 server。

5. fair

fair 是第三方模块，按照服务器的响应时间来分配请求，响应时间短的优先分配。代码如下：

```
http {
    upstream celue {
        fair;
        server 192.168.1.10:80;
        server 192.168.1.20:80;
        server 192.168.1.30:80;
    }

    server {
        listen 80;
        server_name domain_name;

        location / {
            proxy_pass http://celue;
            index index.html index.htm;
            ...
        }
    }
}
```

6. url_hash

url_hash 是第三方模块，按照访问 URL 的 hash 结果来分配请求，使每个 URL 定向到同一个后端服务器，这通常需要配合缓存来使用，因为一旦缓存了资源，再次收到请求时，就可以从缓存中读取。代码如下：

```
http {
    upstream urlhash {
        hash $request_uri;
        server 192.168.1.10:80;
        server 192.168.1.20:80;
        server 192.168.1.30:80;
    }

    server {
        listen 80;
        server_name domain_name;

        location / {
            proxy_pass http://urlhash;
            index index.html index.htm;
            ...
        }
```

```
    }
}
```

说明

upstream 指令其他参数说明：down 表示当前服务器暂时不参与负载；backup 表示当前服务器是一台备用机，当其他服务器宕机或者很忙的时候会请求它；max_fails 表示失败几次后，标记为宕机，剔除上游服务，默认值为 1；fail_timeout 表示失败的重试时间。

16.5 Nginx 的动静分离

动静分离是指在 Web 服务器架构中，将静态页面与动态页面或者静态内容接口和动态内容接口分开为不同系统访问的架构设计方法，进而提升整个服务的访问性能和可维护性。本节将对 Nginx 的动静分离进行讲解。

16.5.1 什么是动静分离

Nginx 的动静分离指的是由 Nginx 服务器将客户端请求进行分类转发，静态资源请求（如 html、css、图片等）由静态资源服务器处理，动态资源请求（如 jsp 页面、servlet 程序等）由后台服务器处理，以达到动静分离的目标，如图 16.5 所示。

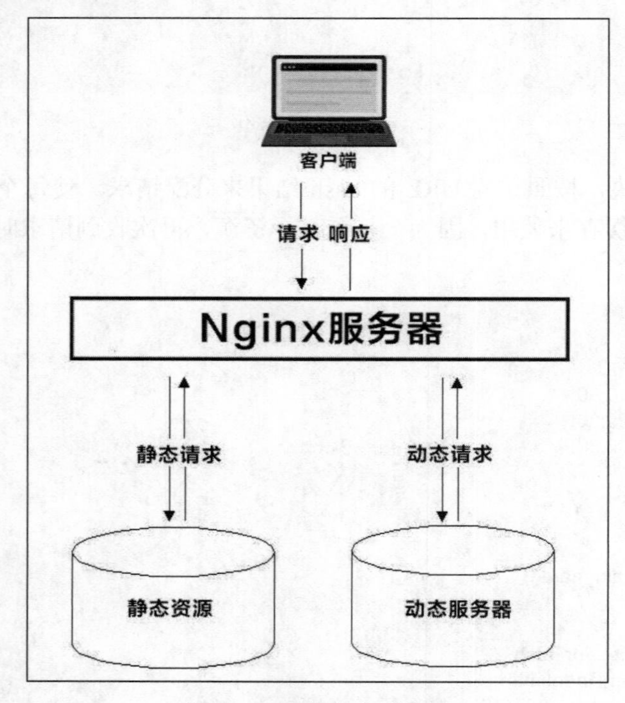

图 16.5　动静分离示意图

16.5.2　Nginx 动静分离的好处

Nginx 服务器采用动静分离的优点如下：

☑　API 接口服务化：动静分离之后，后端应用更为服务化，只需要提供 API 接口，便可以被多个平台调用，既便于功能维护又节省了后端人力。

☑　前后端开发并行：前后端只需要关心接口协议即可，并行开发，并行自测，互不干扰，有效地节省了开发时间及联调时间。

☑　提高静态资源访问速度：后端不用再将模板渲染为 html 返回给用户端，且静态服务器可以采用更为专业的技术提高静态资源的访问速度。

16.5.3　Nginx 动静分离配置

对 Nginx 服务器进行动静分离配置时有两种情况，分别是针对单台服务器的配置和针对多台服务器的配置，下面分别进行介绍。

1．单台服务器

单台服务器就是利用不同的端口号将静态请求与动态请求分开，配置如下：

```
server {
        # 对外服务端口
        listen    80;
        # 对外服务 IP，即本服务器
        server_name    localhost;

        location / {
             # 网页根路径
             root      /usr/share/nginx/html;
             # 首页文件
             index    index.html index.htm;
        }

        # 静态化配置，所有静态请求都转发给 Nginx 处理，存放目录为 static
        location ~ .*\.(html|htm|gif|jpg|jpeg|bmp|png|ico|js|css)$ {
             # 静态请求所指向的目录
             root    /usr/share/nginx/static;
        }

        # 动态请求匹配到 path 为 node 就转发到 8080 端口处理
        location /node/ {
             # 充当服务代理
             proxy_pass http://localhost:8080;
        }
}
```

2．多台服务器

```
# 静态服务器组
upstream static_server {
     server 192.168.1.10;
```

```
    server 192.168.1.20;
}

# 动态服务器组
upstream tomcat_server {
    server 192.168.1.30;
    server 192.168.1.40;
}

server {
        # 对外服务端口
        listen    80;
        # 对外服务 IP，即本服务器
        server_name    localhost;

        location / {
            # 网页根路径
            root    /usr/share/nginx/html;
            # 首页文件
            index    index.html index.htm;
        }

        # 静态化配置
        location ~ .*\.(html|htm|gif|jpg|jpeg|bmp|png|ico|js|css)$ {
            proxy_pass http://static_server;
        }

        # 动态请求配置
        location *\.jsp$ {
            proxy_pass http://tomcat_server;
        }
}
```

最后附上一张 Nginx 工作原理示意图，方便大家更加直观地了解本章所学内容，如图 16.6 所示。

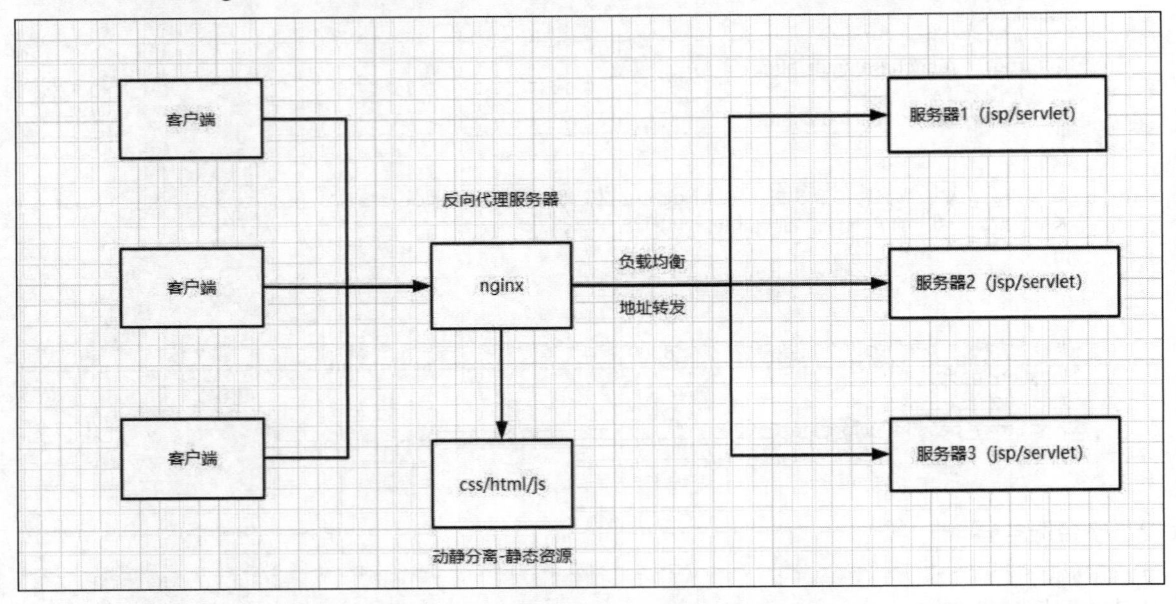

图 16.6　Nginx 工作原理示意图

16.6 要点回顾

本章对 Nginx 的概念、安装与配置、正反向代理、负载均衡及动静分离进行了详细的讲解。学习本章内容时，读者应该重点掌握 Nginx 的负载均衡与 Nginx 的正反向代理相关知识点。随着这几年大数据的兴起，Nginx 凭借自身出色的高并发处理能力，在市场上应用越来越广泛，所以作为一名 Linux 运维人员，必须要牢牢掌握它的配置与应用。关于 Nginx 的其他知识，希望大家在日后的工作中继续探索与学习。

第 17 章

搭建基于 LAMP 架构服务

随着人工智能时代的到来，以及大数据的普遍应用，对应用系统的要求也不断提高，各种不同架构的应用系统应运而生。其中，LAMP 是目前比较流行的 Web 应用系统架构之一，本章将从架构的组成和软件安装及配置等方面介绍如何搭建 LAMP 服务平台。

本章知识架构及重点、难点内容如下：

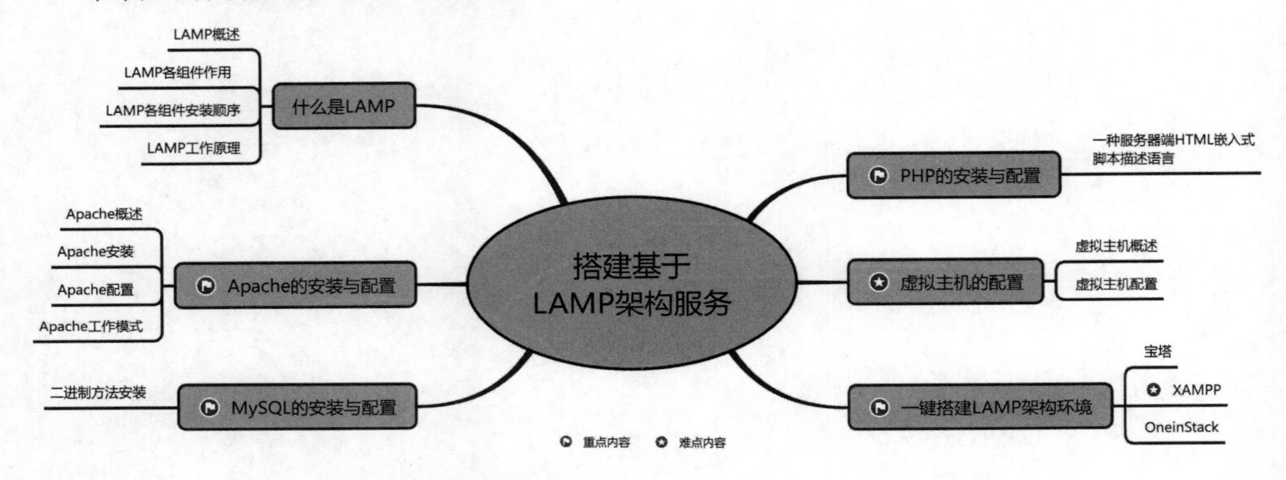

17.1 什么是 LAMP

LAMP 架构是目前成熟的企业网站的应用模式之一，指的是协同工作的一整套系统和相关软件，能够提供动态 Web 站点服务及其应用开发环境。

17.1.1 LAMP 概述

LAMP 是指一组运行动态网站或者服务器的软件名称首字母缩写，具体包括 Linux 操作系统、Apache 网站服务器、MySQL 数据库服务器、PHP（或 Perl、Python）网页编程语言，如图 17.1 所示。

图 17.1　LAMP 组成

17.1.2　LAMP 各组件作用

下面对 LAMP 中各组件的作用进行介绍，具体如下：

☑ Linux（平台）：作为 LAMP 架构的基础，提供用于支撑 Web 站点的操作系统，能够为其他 3 个组件提供更好的稳定性、兼容性（AMP 组件也支持 Windows、UNIX 等平台）。

☑ Apache（前台）：作为 LAMP 架构的前端，Apache 是一款功能强大、稳定性好的 Web 服务器程序，该服务器直接面向用户提供网站访问，发送网页、图片等文件内容。

☑ MySQL（后台）：作为 LAMP 架构的后端，MySQL 是一款流行的开源关系数据库系统。在企业网站、业务系统等应用中，各种账户信息、产品信息、客户资料、业务数据等都可以存储到 MySQL 数据库，其他程序可以通过使用 SQL 语句来查询、更改、删除这些信息。

☑ PHP/Perl/Python（中间连接）：作为开发动态网页的编程语言，负责解释动态网页文件，沟通 Web 服务器和数据库系统以协同工作，并提供 Web 应用程序的开发和运行环境。其中 PHP 是一种被广泛应用的开放源代码的多用途脚本语言，它可以嵌入到 HTML 中，尤其适合 Web 应用开发。

注意

Apache 只支持静态页面的解析，当客户端请求的是静态资源时，Web 服务（httpd 程序）会直接返回静态资源给客户端。

17.1.3　LAMP 各组件安装顺序

在构建 LAMP 平台时，各组件的安装顺序依次为 Linux、Apache、MySQL、PHP。其中 Apache 和 MySQL 的安装并没有严格的顺序，PHP 环境的安装一般放到最后安装，负责沟通 Web 服务器和数据库系统以协同工作。

17.1.4　LAMP 工作原理

当客户端请求的是静态资源时，Web 服务器会直接把静态资源返回客户端；当客户端请求的是动态资源时，httpd 的 PHP 模块会进行相应的动态资源运算，如果此过程还需要数据库提供运算参数，则 PHP 会先连接 MySQL 数据库获取数据，然后进行运算，并将运算的结果转为静态资源，最后由 Web 服务器返回到客户端，如图 17.2 所示。

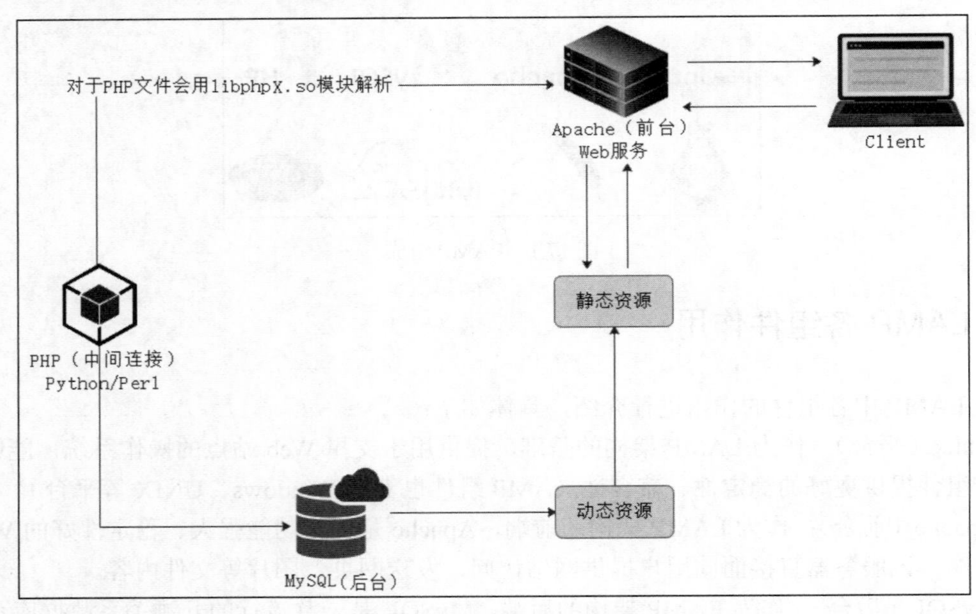

图 17.2 LAMP 工作原理

17.2 Apache 的安装与配置

17.2.1 Apache 概述

Apache HTTP Server（简称 Apache）是 Apache 软件基金会的一个开放源码的网页服务器，它以跨平台、高效和稳定而闻名。Apache 是一个模块化的服务器，源于 NCSA httpd 服务器，它快速、可靠并且可通过简单的 API 扩展，将 Perl/Python 等解释器编译到服务器中，是目前最流行的 Web 服务器软件之一。

Apache 特点：功能强大，高度模块化，采用 MPM 多路处理模块，配置简单，速度快，应用广泛，性能稳定可靠，可做代理服务器或负载均衡来使用，双向认证，支持第三方模块。

17.2.2 Apache 安装

安装 Apache 的步骤如下。

（1）版本选择。当前 Apache 主流稳定版有 1.3、2.0、2.2 和 2.4。现在最新的稳定版是 2.4.6，这里使用最新稳定版。

（2）检查服务器是否安装了 Apache 服务器软件，命令如下：

```
# 检查
rpm -qa | grep -i httpd
# 如果有，则卸载
dnf remove httpd*
```

注意：如果提示“bash: dnf:未找到命令”，则需要安装 dnf 命令，执行如下两个命令：

```
# 添加第三方源
yum -y install epel-release
# 安装 dnf
yum -y install dnf
```

最后，安装 Apache 服务器软件，命令如下：

```
# 安装 Apache 服务
dnf -y install httpd*
```

如图 17.3 所示终端界面，表示 Apache 服务安装成功。

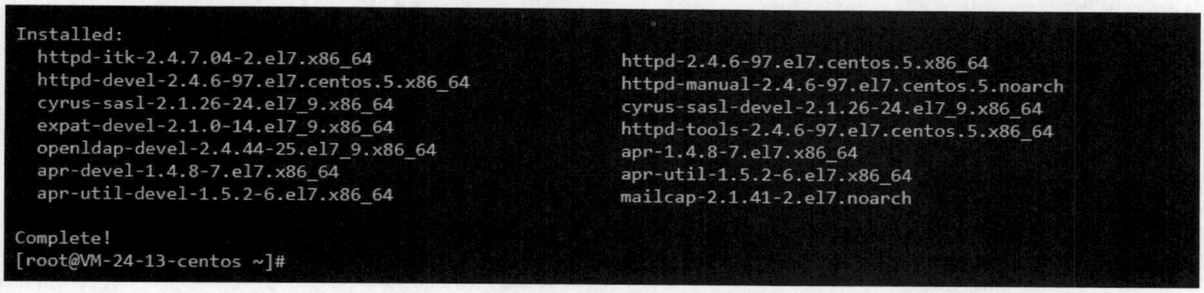

```
Installed:
  httpd-itk-2.4.7.04-2.el7.x86_64                        httpd-2.4.6-97.el7.centos.5.x86_64
  httpd-devel-2.4.6-97.el7.centos.5.x86_64               httpd-manual-2.4.6-97.el7.centos.5.noarch
  cyrus-sasl-2.1.26-24.el7_9.x86_64                      cyrus-sasl-devel-2.1.26-24.el7_9.x86_64
  expat-devel-2.1.0-14.el7_9.x86_64                      httpd-tools-2.4.6-97.el7.centos.5.x86_64
  openldap-devel-2.4.44-25.el7_9.x86_64                  apr-1.4.8-7.el7.x86_64
  apr-devel-1.4.8-7.el7.x86_64                           apr-util-1.5.2-6.el7.x86_64
  apr-util-devel-1.5.2-6.el7.x86_64                      mailcap-2.1.41-2.el7.noarch

Complete!
[root@VM-24-13-centos ~]#
```

图 17.3　Apache 安装成功界面

也可以使用命令查看 Apache 服务是否安装成功，命令如下：

```
# 查看是否安装成功
rpm -qa | grep -i httpd
# 查看版本
httpd -v
```

如图 17.4 所示终端界面，表示安装成功。

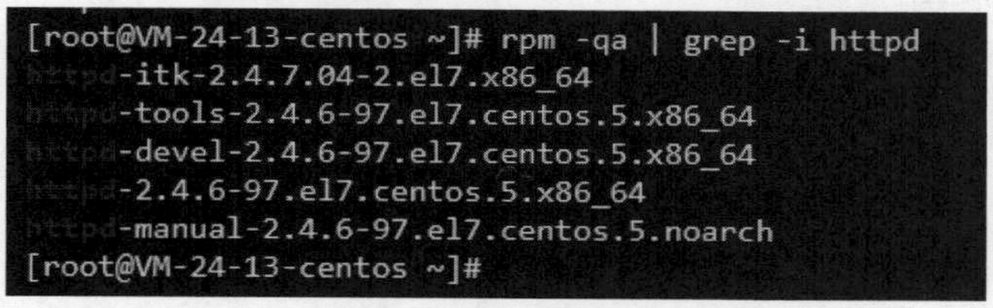

```
[root@VM-24-13-centos ~]# rpm -qa | grep -i httpd
httpd-itk-2.4.7.04-2.el7.x86_64
httpd-tools-2.4.6-97.el7.centos.5.x86_64
httpd-devel-2.4.6-97.el7.centos.5.x86_64
httpd-2.4.6-97.el7.centos.5.x86_64
httpd-manual-2.4.6-97.el7.centos.5.noarch
[root@VM-24-13-centos ~]#
```

图 17.4　检查 Apache 是否安装成功

（3）httpd 服务程序常用操作命令如下：

```
# 启动
systemctl start httpd
// 停止
systemctl stop httpd
// 重启
systemctl restart httpd
// 查看状态
systemctl status httpd
// 开机自启动
systemctl enable httpd
// 关闭开机启动
systemctl disable httpd
```

注意

Apache 自 2.0 版本以上更名为 httpd，CentOS7 中的 systemctl 取代了 service 和 chkconfig 命令来实现系统管理，在此建议使用 systemctl。

（4）在浏览器中输入服务器的 IP 地址，测试服务是否开启，如图 17.5 所示页面，表示服务开启成功。

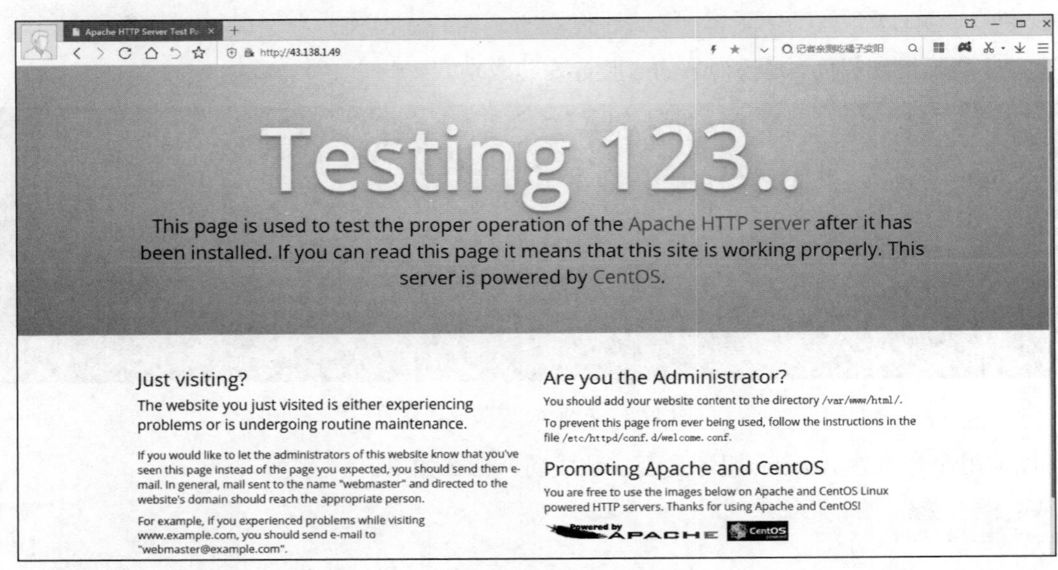

图 17.5　服务开启成功页面

17.2.3　Apache 配置

Apache 服务器以配置文件形式对服务器的各项功能进行配置，本节将对 Apache 服务器的配置文件进行讲解。

Apache 服务常见配置文件介绍，如表 17.1 所示。

表 17.1　Apache 服务常见配置文件介绍

目录/文件	说　明
/etc/httpd	服务目录
/etc/httpd/conf/httpd.conf	主配置文件
/var/www/html	网站数据目录
/var/log/httpd/access_log	访问日志
/var/log/httpd/error_log	错误日志
/etc/httpd/conf.d	附加模块配置文件
/etc/httpd/modules	模块文件路径
/etc/httpd/bin/	二进制命令
/etc/httpd/logs	默认日志文件位置

在 httpd 服务程序的主配置文件中（/etc/httpd/conf/httpd.conf）存在 3 种类型的信息：注释行信息（对配置文件进行解释说明）、全局配置（配置一种全局性的参数，可作用于所有的子站点，既保证了子站点的正常访问，也有效减少了频繁写入重复参数的工作量）、区域配置（单独针对每个独立的子站点进行设置），分别如图 17.6、图 17.7 和图 17.8 所示。

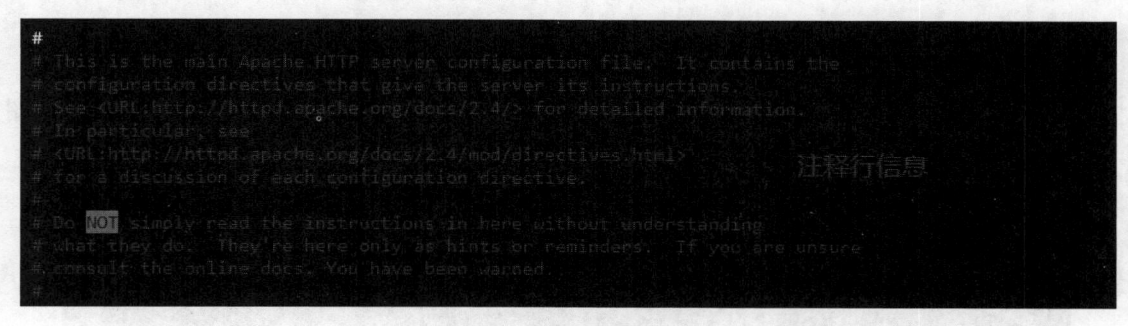

图 17.6　注释行信息

图 17.7　全局配置

图 17.8　区域配置

httpd 服务程序常用的参数，如表 17.2 所示。

表 17.2　httpd 服务常见配置参数介绍

参　数	说　明
ServerRoot	服务器的根目录
ServerAdmin	管理员邮箱
User	运行服务的用户
Group	运行服务的用户组
ServerName	网站服务器的域名
DocumentRoot	网站数据存放目录
Listen	监听的 IP 地址与端口号
DirectoryIndex	默认的索引页页面
ErrorLog	错误日志文件
CustomLog	访问日志文件
Timeout	网页超时时间，默认为 300 秒
<Directory>和</Directory>	用于封装一组指令，使之仅对某个目录及其子目录生效

自定义网站数据存放目录，操作步骤如下。

（1）建立存放网站数据的目录，这里设置为/home/wwwroot，命令如下：

```
# 建立目录
mkdir /home/wwwroot
```

（2）打开 httpd 服务程序的主配置文件，修改网站数据保存路径的参数，命令如下：

```
# 打开文件
vim /etc/httpd/conf/httpd.conf
```

将 119 行的 DocumentRoot 及 124 行和 131 行的 Directory 的路径修改为/home/wwwroot，如图 17.9 所示。

```
118
119 DocumentRoot
120
121
122
123
124 <Directory                >
125     AllowOverride
126
127     Require       granted
128 </Directory>
129
130
131 <Directory                >
132
133
134
135
136
137
138
139
```

图 17.9　修改 httpd 服务程序的主配置文件

（3）保存退出，然后写入测试信息，最后重启服务，命令如下：

```
# 写入信息
echo '明日科技 YYDS !' > /home/wwwroot/index.html
# 重启服务
systemctl restart httpd
```

（4）在浏览器中输入服务器的 IP 地址进行测试，如图 17.10 所示页面，表示自定义网站数据存放目录成功。

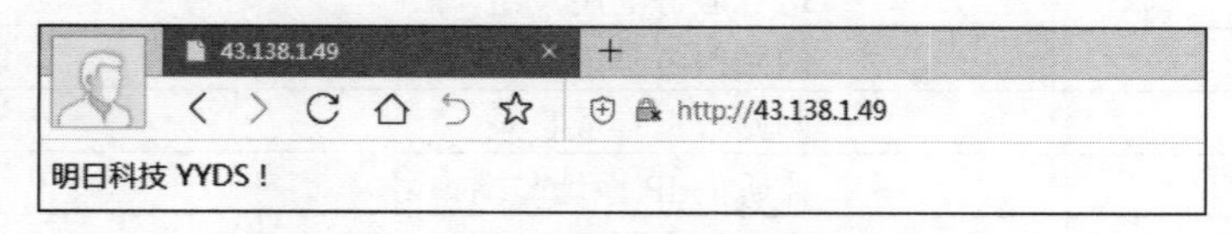

图 17.10　自定义网站数据存放目录成功

17.2.4　Apache 工作模式

MPM（multi -processing modules，多路处理模块）用于定义 Apache 对客户端请求的处理方式，Apache 从 2.x 版本开始支持可插入的并发模型，MPM 是 Apache2.x 中影响性能最核心的特性，在编译

的时候，我们只可以选择一个并发模型。

在 Linux 中 Apache 常用的 3 种 MPM 模型分别是 prefork、worker 和 event，下面分别进行介绍。

1．prefork

prefork 是多进程 I/O 模型，预先生成进程，一个主进程管理多个子进程，一个子进程处理一个请求。Apache2.2 版本默认使用 prefork 模型，如图 17.11 所示。

prefork 模型的优缺点如下：

☑　优点：稳定可靠、执行效率高，任何一个进程的崩溃都不会影响其他请求。

☑　缺点：在大并发的时候对服务器资源消耗严重。

2．worker

worker 是复用的多进程 I/O 模型，多进程多线程，一个主进程管理多个子进程，一个子进程管理多个线程，每个线程处理一个请求，如图 17.12 所示。

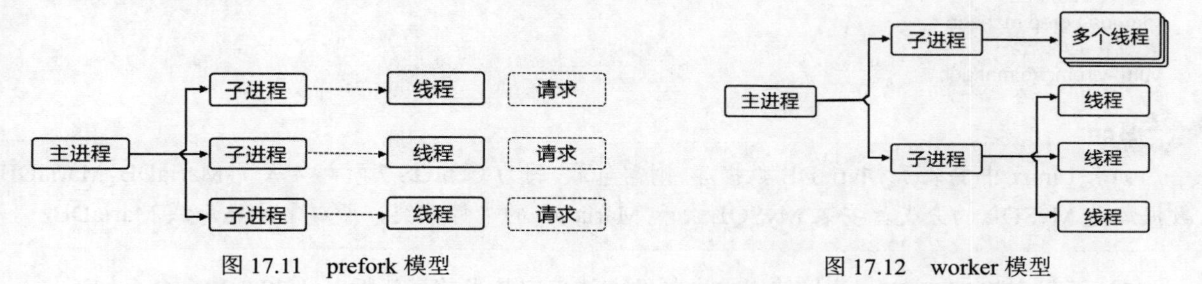

图 17.11　prefork 模型　　　　图 17.12　worker 模型

worker 模型的优缺点如下：

☑　优点：在高并发的情况下，对服务器的资源消耗相对 prefork 模型要小很多。

☑　缺点：执行效率、稳定性都不如 prefork 模型。

3．event

event 是事件驱动模型，一个主进程管理多个子进程，一个线进程处理多个请求，如图 17.13 所示。

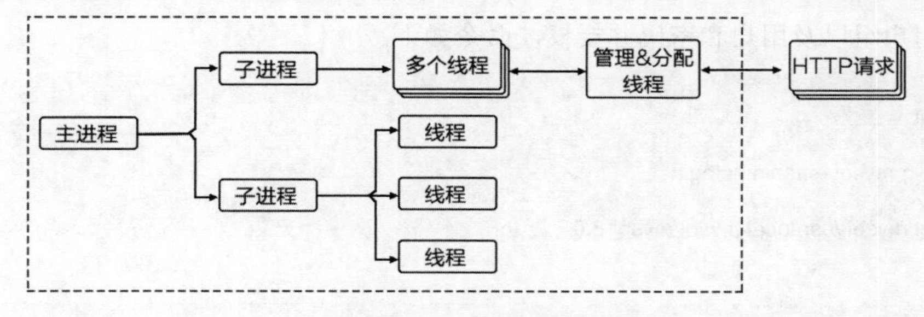

图 17.13　event 模型

event 模型的优缺点如下：

☑　优点：单线程响应多请求，占据更少的内存，在高并发下表现更优秀，会有一个专门的线程来管理 keep-alive 类型的线程，当有真实请求过来的时候，将请求传递给服务线程，执行完毕后，又允许它释放。

☑ 缺点：没有线程安全控制。

17.3 MySQL 的安装与配置

MySQL 由于性能高、成本低、可靠性好等诸多优点，已经成为当下最流行的开源数据库之一，并被广泛应用在中小型互联网网站中。随着 MySQL 的不断成熟，在大型网站和应用中也逐渐可以看到 MySQL 数据库的身影，所以作为一名运维工程师有必要牢固掌握 MySQL 的安装与配置。

（1）查看系统中是否已安装 MySQL 或 MariaDB 服务，如果有安装，需要先卸载，命令如下：

```
# 查找 mysql
rpm -qa | grep -i mysql
# 如果有，卸载
rpm -e --nodeps +包名
# 查找 mariadb
rpm -qa | grep mariadb
# 如果有，卸载
yum -y remove mariadb*
```

说明

如果 Linux 中安装了 MariaDB 数据库，则需卸载，因为 CentOS 7 内部集成了 MariaDB，MariaDB 数据库是 MySQL 的分支，安装 MySQL 会和 MariaDB 的文件冲突，所以需要先卸载 MariaDB。

（2）下载安装 MySQL，这里使用二进制的方法来安装当前最新版 mysql8.0.30，命令如下：

```
# 创建目录
mkdir -p /usr/local/mysql
# 下载
wget https://dev.mysql.com/get/Downloads/MySQL-8.0/mysql-8.0.30-linux-glibc2.12-x86_64.tar.xz
# 解压
tar -xvJf mysql-8.0.30-linux-glibc2.12-x86_64.tar.xz
# 重命名
mv mysql-8.0.30-linux-glibc2.12-x86_64 mysql-8.0
```

（3）创建用户组以及用户和密码并授权，命令如下：

```
# 创建用户组
groupadd mysql
# 创建用户
useradd mysql -g mysql -s /sbin/nologin
# 授权
chown -R mysql:mysql /usr/local/mysql/mysql-8.0
```

说明

为什么要创建 mysql 分组呢？我们在安装的时候创建一个 mysql 组和一个 mysql 用户，并把安装目录属主改为 mysql。在 MySQL 启动的时候，单进程 mysqld 的属主就是 mysql，这样就保证了 mysql 服务的独立性，即便 mysql 服务被攻击，由于其已经得到了 mysql 用户权限，也不会影响整个系统的安全。

（4）初始化基础信息，命令如下：

```
# 进入 bin 目录
cd mysql-8.0/bin/
# 初始化
./mysqld --initialize --user=mysql --basedir=/usr/local/mysql/mysql-8.0 --datadir=/usr/local/mysql/mysql-8.0/data/
```

记录临时密码，如图 17.14 所示。

```
[root@VM-24-13-centos bin]# ./mysqld --initialize --user=mysql --basedir=/usr/local/mysql/mysql-8.0 --datadir=/u
sr/local/mysql/mysql-8.0/data/
2022-12-01T06:05:04.667207Z 0 [System] [MY-013169] [Server] /usr/local/mysql/mysql-8.0/bin/mysqld (mysqld 8.0.30
) initializing of server in progress as process 10219
2022-12-01T06:05:04.677400Z 1 [System] [MY-013576] [InnoDB] InnoDB initialization has started.
2022-12-01T06:05:06.460667Z 1 [System] [MY-013577] [InnoDB] InnoDB initialization has ended.
2022-12-01T06:05:08.832912Z 6 [Note] [MY-010454] [Server] A temporary password is generated for root@localhost:
+u3irupe,rO<
[root@VM-24-13-centos bin]#
```

图 17.14　初始化基础信息

（5）编辑配置文件 my.cnf，命令如下：

```
# 编辑 my.cnf
vim /etc/my.cnf
# 内容如下

[mysqld]
# mysql 安装根目录
basedir = /usr/local/mysql/mysql-8.0/

# mysql 数据文件所在位置
datadir = /usr/local/mysql/mysql-8.0/data/

# 设置 socket 文件所在目录
socket = /tmp/mysql.sock

# 数据库默认字符集，主流字符集支持一些特殊表情符号（特殊表情符号占用 4 个字节）
character-set-server = utf8mb4

# 数据库字符集对应的一些排序等规则，注意要和 character-set-server 对应
collation-server = utf8mb4_general_ci

# 设置 client 连接 mysql 时的字符集，防止乱码
init_connect='SET NAMES utf8mb4'
```

（6）添加系统服务并授权，命令如下：

```
# 切换到 mysql-8.0 目录下
cd /usr/local/mysql/mysql-8.0
# 添加服务
cp -a ./support-files/mysql.server /etc/init.d/mysql
# 授权
chmod +x /etc/init.d/mysql
chkconfig --add mysql
```

（7）启动/停止/重启/查看 mysql，命令如下：

```
# 启动 / 停止 / 重启  / 查看
systemctl start/stop/restart/status mysql
```

（8）将 mysql 添加到系统指令，命令如下：

```
# 创建软连接
ln -s /usr/local/mysql/mysql-8.0/bin/mysql /usr/bin
# 测试
mysql -V
```

这样在任何目录下都可以执行登录操作了。

（9）修改密码，命令如下：

```
# 登录，并输入临时密码
mysql -u root -p
# 修改密码
ALTER USER 'root'@'localhost' IDENTIFIED WITH mysql_native_password BY '123456';
# 刷新
flush privileges;
```

（10）设置可远程连接，命令如下：

```
# 选择数据库
use mysql;
# 设置
update user set host='%' where user='root';
# 刷新
flush privileges;
```

（11）开放默认端口 3306，命令如下：

```
# 查看
firewall-cmd --zone=public --query-port=3306/tcp
# 如果返回是 no，表示端口关闭，需要打开
firewall-cmd --zone=public --add-port=3306/tcp --permanent
# 重载
firewall-cmd --reload
```

最后使用 Navicat 软件测试，如图 17.15 所示，说明 MySQL 远程连接成功。

图 17.15　MySQL 远程连接成功

17.4　PHP 的安装与配置

PHP 是一种服务端 HTML 嵌入式脚本描述语言，其最重要的特征就是跨平台性和面向对象。经过 20 多年的时间洗礼，PHP 现已成为全球最受欢迎的脚本语言之一。本节我们来学习安装与配置 PHP 版本 8.1.13。

（1）查看系统中是否已安装 PHP，命令如下：

```
# yum 检查
yum list installed | grep php
# rpm 检查
rpm -qa | grep php
# 如果已安装，卸载
rpm -e --nodeps +包名
```

（2）安装 PHP 所需的依赖库，命令如下：

```
# 安装依赖
yum -y install \
zlib zlib-devel \                    # 数据压缩解压缩函数库
libxml2 libxml2-devel \              # C 语言的 xml 程序库，支持 xpath 查询，以及部分 xslt 转换等功能
libxslt libxslt-devel \              # 如果不安装 libxslt-devel，会提示找不到 xslt.config 文件
gd gd-devel \                        # PHP 处理图形的扩展库
libjpeg libjpeg-devel \              # gd 库依赖（支持 jpeg 图片）
libpng libpng-devel \                # gd 库依赖（支持 png 图片）
freetype freetype-devel \            # gd 库依赖（支持 freetype 字体库）
curl curl-devel \                    # 命令行工具，通过指定的 URL 来上传或下载数据
openssl openssl-devel                # 安全套接字层密码库
```

（3）下载并安装 PHP，命令如下：

```
# 下载
wget https://www.php.net/distributions/php-8.1.13.tar.gz
# 解压
tar -zxvf php-8.1.13.tar.gz
# 进入目录
cd php-8.1.13.tar.gz
# 配置
./configure \
--prefix=/usr/local/php \
--with-apxs2=/usr/bin/apxs \
--with-mysql-sock=/tmp/mysql.sock \
--with-mysqli \
--with-zlib \
--with-curl \
--with-openssl \
--enable-fpm \
--enable-gd \
--enable-mbstring \
--enable-xml \
--enable-session \
--enable-ftp \
--enable-pdo \
--enable-tokenizer
```

```
# 编译
make
# 安装
make install
```

参数使用说明：

☑ --prefix =安装目录：PHP的安装路径。

☑ --with-使用包名称[=包目录]：编译扩展库时需要依赖第三方类库，若依赖是用yum或rpm安装在 Linux 默认位置的，则不用指定。若依赖是编译安装在其他位置，则要指定依赖包的安装路径。

☑ --enable-需要激活的功能：编译扩展库时不需要依赖第三方类库。

注意

由于服务器系统环境差异，导致 PHP 依赖环境有所不同，在编译安装时，如果提示报错为缺少某个库或某个库版本过低，我们只要安装或升级对应的库文件即可。

（4）配置PHP相关文件。

☑ 加入php.ini配置文件：在解压的PHP源码包中有两个PHP的配置文件：php.ini-development（用于开发环境）和php.ini-production（用于产品环境），根据需要选择一个放到PHP配置文件目录，并重命名为php.ini。PHP配置文件目录默认位置为/usr/local/php/etc，命令如下：

```
# 复制 php.ini
cp /root/php-8.1.13/php.ini-production /usr/local/php/etc/php.ini
```

☑ 加入php-fpm.conf配置文件，命令如下：

```
# 复制 php-fpm.conf
cp /usr/local/php/etc/php-fpm.conf.default /usr/local/php/etc/php-fpm.conf
```

☑ 加入www.conf配置文件，命令如下：

```
# 复制 www.conf
cp /usr/local/php/etc/php-fpm.d/www.conf.default /usr/local/php/etc/php-fpm.d/www.conf
```

（5）php-fpm服务控制，命令如下：

```
# 启动
/usr/local/php/sbin/php-fpm
# 查看
ps -ef | grep php-fpm
# 停止
kill -9 + php-fpm 进程 id
```

（6）配置Apache配置文件，让Apache识别PHP文件，PHP文件扩展名为".php"，命令如下：

```
# 编辑
vim /etc/httpd/conf/httpd.conf
# 添加扩展名
AddType application/x-httpd-php .php
AddType application/x-httpd-php-source .phps
# 增加支持文件类型
DirectoryIndex index.php index.html
```

（7）编辑文件测试，命令如下：

```
# 编辑
vim /home/wwwroot/index.php
# 内容如下
<?php
  phpinfo();
?>
```

（8）重启 Apache 服务，在浏览器中输入服务器的 IP 地址，如图 17.16 所示，表示 PHP 配置成功。

PHP Version 8.1.13

System	Linux VM-24-13-centos 3.10.0-1160.71.1.el7.x86_64 #1 SMP Tue Jun 28 15:37:28 UTC 2022 x86_64
Build Date	Dec 2 2022 11:11:15
Build System	Linux VM-24-13-centos 3.10.0-1160.71.1.el7.x86_64 #1 SMP Tue Jun 28 15:37:28 UTC 2022 x86_64 x86_64 x86_64 GNU/Linux
Configure Command	'./configure' '--prefix=/usr/local/php' '--with-apxs2=/usr/bin/apxs' '--with-mysql-sock=/tmp/mysql.sock' '--with-mysqli' '--with-zlib' '--with-curl' '--with-openssl' '--enable-fpm' '--enable-gd' '--enable-mbstring' '--enable-xml' '--enable-session' '--enable-ftp' '--enable-pdo' '--enable-tokenizer'
Server API	Apache 2.0 Handler
Virtual Directory Support	disabled
Configuration File (php.ini) Path	/usr/local/php/lib
Loaded Configuration File	(none)
Scan this dir for additional .ini files	(none)
Additional .ini files parsed	(none)
PHP API	20210902
PHP Extension	20210902
Zend Extension	420210902
Zend Extension Build	API420210902,NTS
PHP Extension Build	API20210902,NTS
Debug Build	no
Thread Safety	disabled
Zend Signal Handling	enabled
Zend Memory Manager	enabled
Zend Multibyte Support	provided by mbstring
IPv6 Support	enabled
DTrace Support	disabled
Registered PHP Streams	https, ftps, compress.zlib, php, file, glob, data, http, ftp, phar
Registered Stream Socket Transports	tcp, udp, unix, udg, ssl, sslv3, tls, tlsv1.0, tlsv1.1, tlsv1.2
Registered Stream Filters	zlib.*, convert.iconv.*, string.rot13, string.toupper, string.tolower, convert.*, consumed, dechunk

This program makes use of the Zend Scripting Language Engine:
Zend Engine v4.1.13, Copyright (c) Zend Technologies

zend engine

Configuration

图 17.16　PHP 配置测试页

17.5　虚拟主机的配置

17.5.1　虚拟主机概述

虚拟主机（virtual host），又称虚拟服务器、主机空间或是网页空间，是一种网络技术，可以让多

个主机名称在一个单一的服务器上运作，而且可以分开支持每个单一的主机名称。

虚拟主机可以运行多个网站或服务，虚拟并非指不存在，而是指空间是由实体的服务器延伸而来，其硬件系统可以基于服务器群，或者单个服务器。虚拟主机技术主要应用于 HTTP、FTP、EMAIL 等多项服务，将一台服务器的某项或者全部服务内容逻辑划分为多个服务段位，对外表现为多个服务器，从而充分利用服务器硬件资源。

17.5.2 虚拟主机配置

虚拟主机的实现方式主要有 3 种：基于域名的方法（name-based）、基于 IP 的方法（IP-based）以及基于端口的方法（port-based）。域名型一个 IP 地址可以对应多个 Web 站点；IP 型一个地址只能对应一个 Web 站点；端口型则是通过 IP 地址加端口号来对应一个 Web 站点。下面分别对这 3 种虚拟主机配置方式进行讲解。

1．基于域名（name-based）

首先我们在/etc/httpd/conf.d 目录下创建 vhost.conf 文件，并写入多站点配置信息，内容如下：

```
# 创建文件
vim /etc/httpd/conf.d/vhost.conf

# 内容如下
<VirtualHost *:80>                                  //虚拟主机 1，端口号 80
    ServerName   www.test1.com                      //站点 1 域名
    DocumentRoot   "/home/wwwroot/test1"            //站点 1 根目录
    CustomLog    logs/test1.log   combined
    <Directory "/home/wwwroot/test1">               //权限设置
        Options Indexes FollowSymLinks              //当网页不存在的时候，允许索引显示目录中的文件
        AllowOverride All                           //允许访问控制文件（.htaccess）来改变这里的配置
        Order Allow,Deny                            //表示对页面的访问控制顺序，后面的一项是默认选项
        Allow from all                              //表示允许所有用户
    </Directory>
</VirtualHost>

<VirtualHost *:80>                                  //虚拟主机 2，端口号 80
    ServerName   www.test2.com                      //站点 2 域名
    DocumentRoot   "/home/wwwroot/test2"            //站点 2 根目录
    CustomLog    logs/test2.log   combined
    <Directory "/home/wwwroot/test2">
        Options Indexes FollowSymLinks
        AllowOverride All
        Order Allow,Deny
        Allow from all
    </Directory>
</VirtualHost>
```

然后创建对应的目录及文件，命令如下：

```
# 创建目录
mkdir -p /home/wwwroot/test1 /home/wwwroot/test2
# 创建文件
echo '这是 test1 站点 !' > /home/wwwroot/test1/index.php
```

```
echo '这是 test2 站点 !' > /home/wwwroot/test2/index.php
```

如果 www.test1.com、www.test2.com 为真实域名，此时重启 httpd 服务，则基于域名的虚拟机配置就已经生效了。我们为了测试是否配置成功，接下来修改 hosts 的配置文件，让 www.test1.com、www.test2.com 指向本机配置的站点，命令如下：

```
# 编辑
vim /etc/hosts
# 添加，注意下面 IP 地址要换成你服务器的真实 IP 地址
192.168.1.1 www.test1.com
192.168.1.1 www.test2.com
```

重启 httpd 服务，访问测试，命令如下：

```
# 重启
systemctl restart httpd
# 测试
curl http://www.test1.com
curl http://www.test2.com
```

如图 17.17 所示，表示基于域名的虚拟机配置成功。

```
[root@VM-24-13-centos test1]# curl www.test1.com
这是test1站点 !
[root@VM-24-13-centos test1]# curl www.test2.com
这是test2站点 !
[root@VM-24-13-centos test1]#
```

图 17.17　虚拟机配置测试（基于域名）

2．基于 IP（IP-based）

基于 IP 的虚拟主机配置方法，即每个 IP 地址对应一个 Web 站点，配置信息跟基于域名的配置信息几乎一样，只要把其中的“*”换成对应的 IP 即可。例如，有 192.168.1.10 和 192.168.1.20 两个 IP 地址，配置信息如下：

```
# 内容如下
<VirtualHost 192.168.1.10:80>            // 虚拟主机 1，对应 IP 为 192.168.1.10
    ...                                  // 其余配置信息相同
</VirtualHost>

<VirtualHost 192.168.1.20:80>            // 虚拟主机 2，对应 IP 为 192.168.1.20
    ...                                  // 其余配置信息相同
</VirtualHost>
```

测试方法如下：

```
# 查看本机 IP 地址
ifconfig
```

如图 17.18 所示，我的本机 IP 地址为 10.0.24.13。

这里我们以 10.0.24.20 和 10.0.24.30 两个 IP 地址为例，给网卡添加地址，命令如下：

```
# 添加 IP 地址
ifconfig eth0:0 10.0.24.20/24
ifconfig eth0:1 10.0.24.30/24
```

```
# 修改配置
<VirtualHost 10.0.24.20:80>
  ...
</VirtualHost>

<VirtualHost 10.0.24.30:80>
  ...
</VirtualHost>
# 重启服务
systemctl restart httpd
# 修改文件
echo '这是 10.0.24.20 站点 !' > /home/wwwroot/test1/index.php
echo '这是 10.0.24.30 站点 !' > /home/wwwroot/test2/index.php
# 测试
curl 10.0.24.20
curl 10.0.24.30
```

```
[root@VM-24-13-centos ~]# ifconfig
eth0: flags=4163<UP,BROADCAST,RUNNING,MULTICAST>  mtu 1500
        inet 10.0.24.13  netmask 255.255.252.0  broadcast 10.0.27.255
        inet6 fe80::5054:ff:fe05:f662  prefixlen 64  scopeid 0x20<link>
        ether 52:54:00:05:f6:62  txqueuelen 1000  (Ethernet)
        RX packets 380  bytes 52818 (51.5 KiB)
        RX errors 0  dropped 0  overruns 0  frame 0
        TX packets 395  bytes 47004 (45.9 KiB)
        TX errors 0  dropped 0 overruns 0  carrier 0  collisions 0

lo: flags=73<UP,LOOPBACK,RUNNING>  mtu 65536
        inet 127.0.0.1  netmask 255.0.0.0
        inet6 ::1  prefixlen 128  scopeid 0x10<host>
        loop  txqueuelen 1000  (Local Loopback)
        RX packets 10  bytes 1360 (1.3 KiB)
        RX errors 0  dropped 0  overruns 0  frame 0
        TX packets 10  bytes 1360 (1.3 KiB)
        TX errors 0  dropped 0 overruns 0  carrier 0  collisions 0

[root@VM-24-13-centos ~]#
```

图 17.18 查看本机 IP 地址

如图 17.19 所示，表示基于 IP 的虚拟主机配置成功。

```
[root@VM-24-13-centos ~]# curl 10.0.24.20
这是10.0.24.20站点 !
[root@VM-24-13-centos ~]# curl 10.0.24.30
这是10.0.24.30站点 !
[root@VM-24-13-centos ~]#
```

图 17.19 虚拟主机配置测试（基于 IP）

3．基于端口（port-based）

基于端口的虚拟主机配置方法，通常是域名或 IP 地址相同，根据不同的端口号来一一对应每个 Web 站点，其配置信息与基于域名的配置信息几乎一样，只要把其中的默认 80 端口换成对应的端口即可。注意，如果你的服务器防火墙开启的话，要把对应的端口号添加到防火墙当中，这里以 8080 端口号为例，命令如下：

```
# 查看
firewall-cmd --query-port=8080/tcp
# 添加
```

```
firewall-cmd --zone=public --add-port=8080/tcp --permanent
# 刷新
firewall-cmd --reload
# 修改配置
<VirtualHost *:80>
    ServerName   www.test1.com
    ...
</VirtualHost>

<VirtualHost *:8080>
    ServerName   www.test2.com
    ...
</VirtualHost>
# 重启服务
systemctl restart httpd
# 修改文件
echo '这是 80 端口站点 !' > /home/wwwroot/test1/index.php
echo '这是 8080 端口站点 !' > /home/wwwroot/test2/index.php
# 测试
curl www.test1.com
curl www.test2.com
```

如图 17.20 所示，表示基于端口的虚拟主机配置成功。

```
[root@VM-24-13-centos ~]# curl www.test1.com
这是80端口站点 !
[root@VM-24-13-centos ~]# curl www.test2.com
这是8080端口站点 !
[root@VM-24-13-centos ~]#
```

图 17.20　虚拟机配置测试（基于端口）

17.6　一键搭建 LAMP 架构环境

经过前几节内容的学习，想必大家对 LAMP 架构有了一定的了解，但是对于新手来说，初次搭建 LAMP 环境还是存在一定的难度和挑战。为了解决这一难题，市面上出现了一些一键搭建 LAMP 环境包，即 LAMP 集成插件，这里介绍当前比较流行且适合新手使用的三款产品。

1．宝塔

宝塔面板是一款服务器管理软件，支持 Windows 和 Linux 系统，可以通过 Web 端轻松管理服务器，提升运维效率。宝塔面板拥有极速方便的一键配置与管理功能，可一键配置服务器环境（LAMP/LNMP/Tomcat/Node.js）、一键部署 SSL、异地备份等。此外，为了方便用户建立网站，宝塔面板上的一键部署源码插件，可一键部署 Thinkphp、Discuz、Wordpress、Ecshop、Dedecms 等程序。此外，宝塔还有极其方便的一键迁移等诸多实用功能。

宝塔官网地址：https://www.bt.cn/，可以根据你的实际需求及服务器配置来选择安装方式，本书中服务器安装的系统为 CentOS7.6，所以使用如下命令：

```
# 安装
yum install -y wget && wget -O install.sh http://download.bt.cn/install/install_6.0.sh && sh install.sh ed8484bec
```

如图 17.21 所示，表示宝塔安装成功。

```
Complete!
Created symlink from /etc/systemd/system/dbus-org.fedoraproject.FirewallD1.service to /usr/lib/
systemd/system/firewalld.service.
Created symlink from /etc/systemd/system/multi-user.target.wants/firewalld.service to /usr/lib/
systemd/system/firewalld.service.
success
==================================================================
Congratulations! Installed successfully!
==================================================================
外网面板地址: http://        .1.49:8888/2e551652
内网面板地址: http://10.0.24.13:8888/2e551652
username: k8zcw70g
password: f72738f9
If you cannot access the panel,
release the following panel port [8888] in the security group
若无法访问面板，请检查防火墙/安全组是否有放行面板[8888]端口
==================================================================
Time consumed: 1 Minute!
[root@VM-24-13-centos ~]#
```

图 17.21　宝塔安装界面

初次登录宝塔面板，会出现“推荐安装套件”弹窗，如图 17.22 所示。

图 17.22　“推荐安装套件”弹窗

我们可以根据实际需要来选择想要安装的软件，也可以在软件商店中搜索选择想要安装的软件，如图 17.23 所示。

关于宝塔其他的操作这里不再一一说明，因为它是一款图形化操作界面，相对比较简单，相信大家通过一番探索，一定可以完全掌握它的使用。

图 17.23　软件商店列表

2．XAMPP

XAMPP（Apache+MySQL+PHP+PERL）是一个功能强大的建站集成软件包，这个软件包原来的名字是 LAMPP，但是为了避免误解，最新的几个版本就改名为 XAMPP 了。它可以在 Windows、Linux、Solaris、Mac OS X 等多种操作系统下安装使用，而且支持多语言。

XAMPP 中文官网下载地址：https://www.apachefriends.org/zh_cn/download.html，可以根据你的实际需求及服务器配置来选择版本，这里选择当前最新版本 xampp-linux-x64-8.1.12-0-installer.run，由于 wget 下载 https 类型会出错，所以这里需要先手动下载，然后传到服务器上，操作命令如下：

```
# 授予可执行权限
chmod +x xampp-linux-x64-8.1.12-0-installer.run
# 安装
./xampp-linux-x64-8.1.12-0-installer.run
```

接下来会有询问提示，输入 Y 即可，如图 17.24 所示，表示安装完成。

设置相关账号的密码，命令如下：

```
# 设置密码
/opt/lampp/lampp security
```

按照提示依次设置相关账号的密码，如图 17.25 所示。

注意，在这里可能会遇到两个报错，报错 1 信息如下：

```
# 报错 1
/opt/lampp/bin/mysql.server: line 262: log_success_msg: command not found
```

解决办法是在 mysql.server 文件中找到对应位置，将其注释即可。

```
[root@VM-24-13-centos ~]# ./xampp-linux-x64-8.1.12-0-installer.run
----------------------------------------------------------------------------
Welcome to the XAMPP Setup Wizard.

----------------------------------------------------------------------------
Select the components you want to install; clear the components you do not want
to install. Click Next when you are ready to continue.

XAMPP Core Files : Y (Cannot be edited)

XAMPP Developer Files [Y/n] :Y

Is the selection above correct? [Y/n]: Y

----------------------------------------------------------------------------
Installation Directory

XAMPP will be installed to /opt/lampp
Press [Enter] to continue:

----------------------------------------------------------------------------
Setup is now ready to begin installing XAMPP on your computer.

Do you want to continue? [Y/n]: Y

----------------------------------------------------------------------------
Please wait while Setup installs XAMPP on your computer.

 Installing
 0% ______________ 50% ______________ 100%
 #########################################

----------------------------------------------------------------------------
Setup has finished installing XAMPP on your computer.

[root@VM-24-13-centos ~]#
```

图 17.24　XAMPP 安装完成

```
[root@VM-24-13-centos ~]# /opt/lampp/lampp security
XAMPP:  Quick security check...
XAMPP:  MySQL is not accessable via network. Good.
XAMPP:  The MySQL/phpMyAdmin user pma has no password set!!!
XAMPP: Do you want to set a password? [yes] yes
XAMPP: Password:
XAMPP: Password (again):
XAMPP:  Setting new MySQL pma password.
XAMPP:  Setting phpMyAdmin's pma password to the new one.
XAMPP:  MySQL has no root passwort set!!!
XAMPP: Do you want to set a password? [yes] yes
XAMPP:  Write the password somewhere down to make sure you won't forget it!!!
XAMPP: Password:
XAMPP: Password (again):
XAMPP:  Setting new MySQL root password.
XAMPP:  Change phpMyAdmin's authentication method.
XAMPP:  ProFTPD has a new FTP password. Great!
XAMPP: Do you want to change the password anyway? [no] no
XAMPP:  Done.
[root@VM-24-13-centos ~]#
```

图 17.25　设置相关账号的密码

报错 2 信息如下：

```
# 报错 2
fatal: unknown configuration directive 'function' on line 44 of '/opt/lampp/etc/proftpd.conf'
```

解决办法，首先进入 proftpd.conf 文件，找到第 44 行，将内容“UserPassword daemon <?”修改为

“UserPassword daemon <?php”，然后保存退出，执行命令：

```
# 设置 proftpd 密码，此处以 123456 为例
/opt/lampp/bin/php /opt/lampp/etc/proftpd.conf 123456
```

这时会在屏幕上看到加密后的密码，如图 17.26 所示。

```
<Limit SITE_CHMOD>

  DenyAll

</Limit>

# daemon gets the password "xampp"
# commented out by xampp security
#UserPassword daemon 2TgxE8g184G9c
UserPassword daemon F34pijSa/fK4Q

# daemon is no normal user so we have to allow users with no real shell
RequireValidShell off

# daemon may be in /etc/ftpusers so we also have to ignore this file
UseFtpUsers off
```

图 17.26　加密后的密码

最后需要手动将它复制到 proftpd.conf 文件中，并将原来的方法注释，如图 17.27 所示。

```
40 # daemon gets the password "xampp"
41 # commented out by xampp security
42 #UserPassword daemon 2TgxE8g184G9c
43 UserPassword daemon F34pijSa/fK4Q
44 #UserPassword daemon <?php
45 #        function make_seed() {
46 #            list($usec, $sec) = explode(' ', microtime());
47 #            return (float) $sec + ((float) $usec * 100000);
48 #        }
49 #        srand(make_seed());
50 #        $random=rand();
51 #        $chars="0123456789ABCDEFGHIJKLMNOPQRSTUVWXYZabcdefghijklmnopqrstuvwxyz./";
52 #        $salt=substr($chars,$random % 64,1).substr($chars,($random/64)%64,1);
53 #        $pass=$argv[1];
54 #        $crypted = crypt($pass,$salt);
55 #        echo $crypted."
56 #";
57 #?>
58
```

图 17.27　修改 proftpd.conf 内容

介绍一下 XAMPP 的常用命令：

```
# 启动 / 停止 / 重启 / 状态
/opt/lampp/lampp start/stop/restart/status
# 单独启动 / 停止 apache
/opt/lampp/lampp startapache/stopapache
```

关于 XAMPP 的详细使用方法，大家可以上网搜索它的使用教程，这里不再赘述。

3．OneinStack

OneinStack 是近几年来开始流行并且使用人数较多的一款软件，它不但支持 PHP 环境，同时还支持 Java 环境，OneinStack 官网下载地址：https://oneinstack.com/。它的安装与使用比较简单，操作如下：

```
# 下载
wget http://mirrors.linuxeye.com/oneinstack-full.tar.gz
```

```
# 解压
tar -zxvf oneinstack-full.tar.gz
# 进入目录
cd oneinstack
# 安装
./install.sh
```

根据提示选择想要安装的软件，如图 17.28 所示。

```
#######################################################################
#       OneinStack for CentOS/RedHat 7+ Debian 9+ and Ubuntu 16+      #
#       For more information please visit https://oneinstack.com      #
#######################################################################

Please input SSH port(Default: 22):

Do you want to enable firewall? [y/n]: n

Do you want to install Web server? [y/n]: y

Please select Nginx server:
        1. Install Nginx
        2. Install Tengine
        3. Install OpenResty
        4. Do not install
Please input a number:(Default 1 press Enter) 4

Do you want to install Apache? [y/n]: y

Please select Apache mode:
        1. php-fpm
        2. mod_php
Please input a number:(Default 1 press Enter) 1

Please select Apache MPM:
        1. event
        2. prefork
        3. worker
Please input a number:(Default 1 press Enter) 2
```

图 17.28　选择安装软件

稍等片刻，如图 17.29 所示，表示软件安装完成，此时需要重启系统来检测是否安装成功。

```
####################Congratulations########################
Total OneinStack Install Time: 15 minutes

Apache install dir:             /usr/local/apache

Database install dir:           /usr/local/mysql
Database data dir:              /data/mysql
Database user:                  root
Database password:              123456

PHP install dir:                /usr/local/php
Opcache Control Panel URL:      http://10.0.24.13/ocp.php

Pure-FTPd install dir:          /usr/local/pureftpd
Create FTP virtual script:      ./pureftpd_vhost.sh

Index URL:                      http://10.0.24.13/

Please restart the server and see if the services start up fine.
Do you want to restart OS ? [y/n]:
```

图 17.29　软件安装完成

介绍一下 OneinStack 的常用命令：

```
# 进入目录
cd oneinstack
# 添加虚拟主机
./vhost.sh
# 删除虚拟主机
./vhost.sh del
# 管理 FTP 账号
./pureftpd_vhost.sh
# 备份设置
./backup_setup.sh
# 备份执行
./backup.sh
```

OneinStack 的使用方法相对比较简单，关于它的详细介绍大家可以上网搜索它的使用教程，这里不在赘述。

17.7　要 点 回 顾

本章首先对 LAMP 架构的组成进行了介绍，然后对组成软件（Apache、MySQL、PHP）的安装与配置分别做了详细的讲解，最后对虚拟主机的配置和一键搭建 LAMP 环境做了详细的介绍。学习本章内容时，读者应该重点掌握 LAMP 架构环境的安装与配置。此外，LNMP 架构环境也十分受欢迎，建议读者在闲余时间可以搭建使用一下。

第 18 章

Linux 数据服务

在当今大数据环境下，数据服务对于服务器来说至关重要，本章主要介绍当前 Linux 服务器上常用的几款数据库：MySQL、MariaDB、PostgreSQL、Redis、Memcached、MongoDB，希望大家能够熟练掌握这几款数据库的使用。

本章知识架构及重点、难点内容如下：

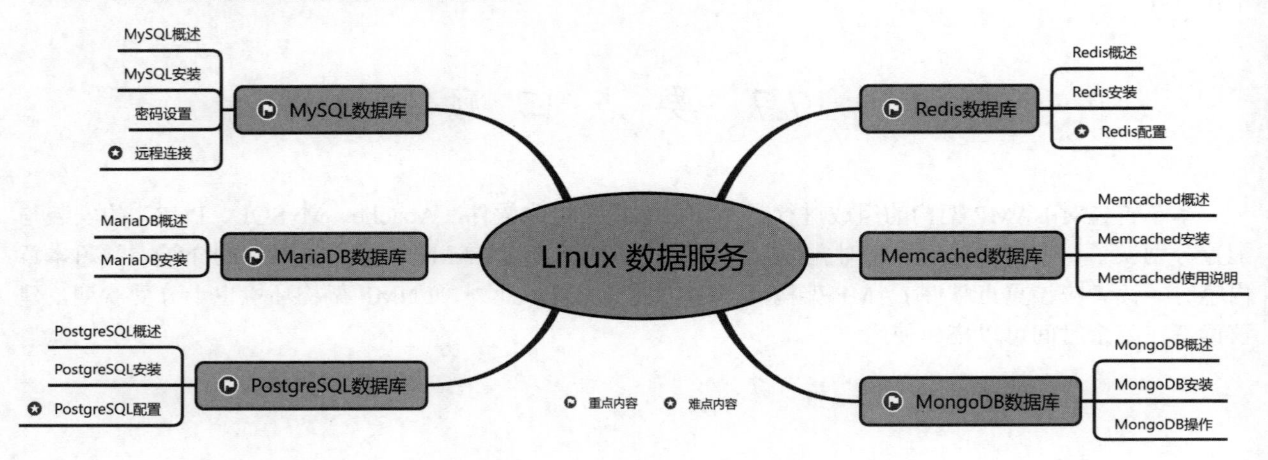

18.1 MySQL 数据库

MySQL 是互联网领域里非常重要的并深受广大用户欢迎的一款开源关系型数据库软件，最早由瑞典 MySQL AB 公司开发维护，2006 年 MySQL AB 公司被 SUN 公司收购，2008 年 SUN 公司被甲骨文（Oracle）公司收购。MySQL 数据库在中小型企业中应用得十分广泛。

18.1.1 MySQL 概述

MySQL 是一种关系型数据库管理软件，采用的是客户端/服务器（C/S）工作模式，是一款高性能、多用户和多线程的 SQL 数据库服务器软件。MySQL 具有以下优势和特点：

☑ 软件体积小，安装使用简单，易于维护。
☑ 支持多种操作系统，方便移植。
☑ 支持事务处理、子查询、行锁定和全文检索等功能。
☑ 提供多种 API 接口，支持多种语言开发。

- ☑ 提供 TCP/IP、ODBC 等多种数据库链接网络协议。
- ☑ 支持多用户并发访问数据库操作。
- ☑ 支持多 CPU 体系结构，系统资源消耗低。
- ☑ 开放源码，社区及用户活跃。

18.1.2　MySQL 安装

MySQL 的安装方法有很多，Linux 系统中常见的安装方法有以下几种：

- ☑ yum/rpm 包安装：yum 是一个软件包管理器，基于 rpm 包管理，能够从指定的服务器自动下载 rpm 包并且进行安装，可以自动处理依赖关系，并且一次安装所有依赖的软件包，无须烦琐地一次次下载、安装。这种方式简单、速度快，但无法定制安装，入门新手推荐使用这种方式。
- ☑ 二进制安装：包中包括了已经编译完成、可以直接运行的程序，直接下载并解包后就可以使用了。这种方式速度较快，适合比较固定、无须改动的程序。
- ☑ 源码编译安装：这种方式需要先下载源代码安装包文件，然后使用 tar 进行解包，再进行配置、编译和安装。它的优势在于可以定制安装，但是安装时间长。
- ☑ 源码软件结合 yum/rpm 安装：将上面的第 1 种和第 3 种方式结合，即保证了安装速度，又可以定制参数，但是这种方式对安装者的技术能力要求也更高。

本节我们选用 yum/rpm 包安装的方式来安装 MySQL 的 8.0.31 版本，步骤如下。

（1）卸载 MySQL。

检查服务器上是否安装了 mysql 服务或者 mariadb 服务，查看命令如下：

```
# 查找 mysql
rpm -qa | grep mysql
# 查找 mariadb
rpm -qa | grep mariadb
```

如果已安装 mysql 或者 mariadb，则需要全部删除，删除命令如下：

```
# 删除 mysql
rpm -e --nodeps +包名
# 删除 mariadb
yum remove mariadb*
```

全部删除已安装的 mysql 和 mariadb 后，搜索 mysql 文件夹和 my.cnf 文件，如果存在，则需要删除，命令如下：

```
# 查找 mysql 文件夹
find / -name mysql
# 查找 my.cnf 文件
find / -name my.cnf
# 删除
rm -rf +文件夹名
rm -rf +文件名
```

（2）选择 yum 储存库安装包。

根据你当前服务器版本及需要，到 MySQL 官网（https://www.mysql.com/）的下载页面 https://dev.

mysql.com/downloads/mysql/进行选择，这里我们选择的是 RPM Bundle 版本，如图 18.1 所示。

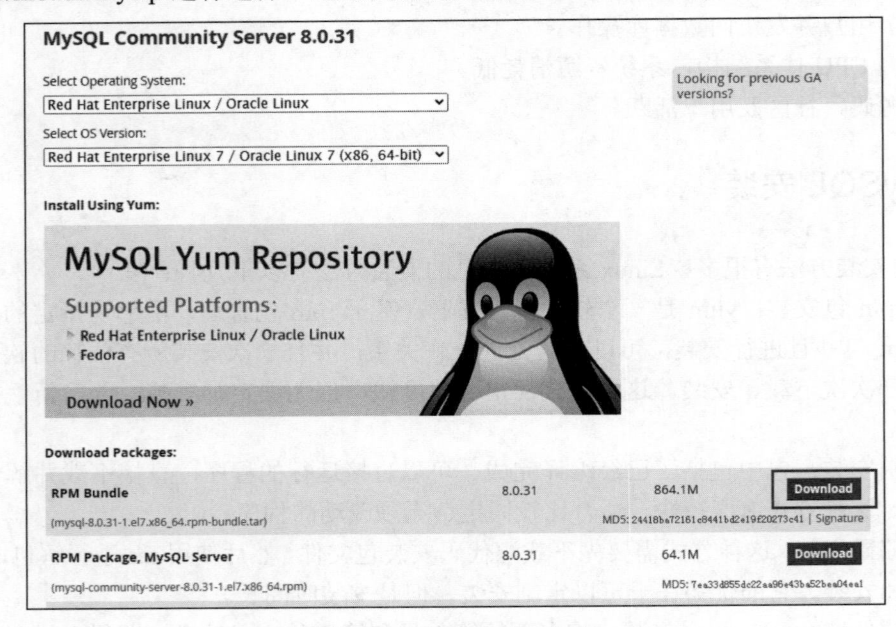

图 18.1　选择 MySQL 版本

单击 Download 按钮，在下载页面底部找到“No thanks, just start my download.”并右击，在弹出的快捷菜单中选择“复制链接地址”命令，如图 18.2 所示。

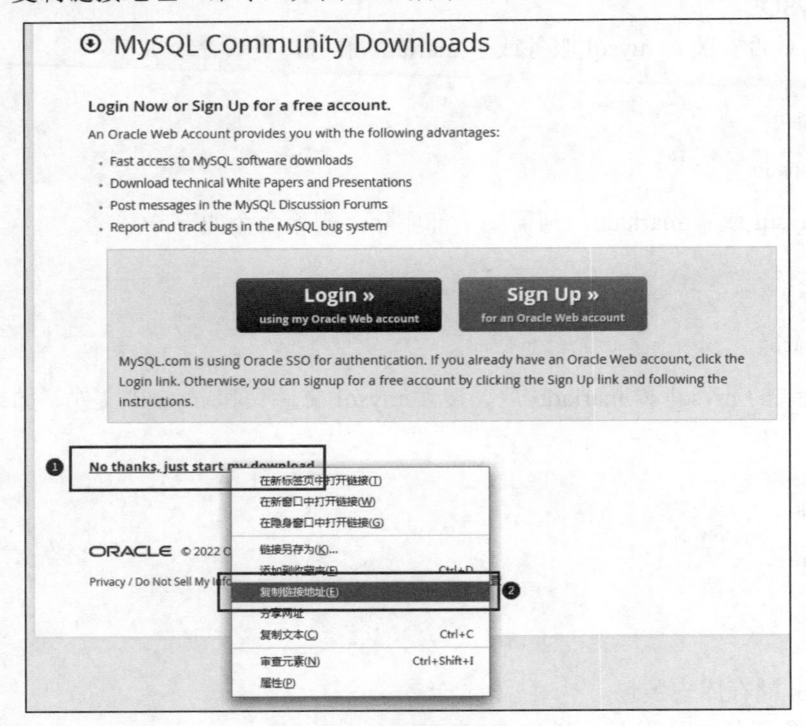

图 18.2　复制链接地址

（3）下载 yum 储存库安装包。

进入/usr/local 文件夹，下载刚才复制的链接，命令如下：

```
cd /usr/local/
# 下载
wget https://dev.mysql.com/get/Downloads/MySQL-8.0/mysql-8.0.31-1.el7.x86_64.rpm-bundle.tar
# 解压
tar -xvf mysql-8.0.31-1.el7.x86_64.rpm-bundle.tar
```

（4）安装 yum 储存库。

按顺序先后执行以下命令，由于有的包需要安装依赖，所以需要加上“--nodeps”参数，忽略依赖，命令如下：

```
# 安装
rpm -ivh mysql-community-common-8.0.31-1.el7.x86_64.rpm --nodeps
rpm -ivh mysql-community-libs-8.0.31-1.el7.x86_64.rpm --nodeps
rpm -ivh mysql-community-client-8.0.31-1.el7.x86_64.rpm --nodeps
rpm -ivh mysql-community-server-8.0.31-1.el7.x86_64.rpm --nodeps
```

（5）启动并查看 mysql 服务器状态。

```
# 启动 mysql
systemctl start mysqld
# 查看
systemctl status mysqld
```

如果显示如图 18.3 所示终端界面，说明 mysql 启动成功。

```
[root@VM-24-13-centos mysql]# systemctl start mysqld
[root@VM-24-13-centos mysql]# systemctl status mysqld
● mysqld.service - MySQL Server
   Loaded: loaded (/usr/lib/systemd/system/mysqld.service; enabled; vendor preset: disabled)
   Active: active (running) since Mon 2022-11-21 13:38:03 CST; 8s ago
     Docs: man:mysqld(8)
           http://dev.mysql.com/doc/refman/en/using-systemd.html
  Process: 27192 ExecStartPre=/usr/bin/mysqld_pre_systemd (code=exited, status=0/SUCCESS)
 Main PID: 27304 (mysqld)
   Status: "Server is operational"
   CGroup: /system.slice/mysqld.service
           └─27304 /usr/sbin/mysqld

Nov 21 13:37:53 VM-24-13-centos systemd[1]: Starting MySQL Server...
Nov 21 13:38:03 VM-24-13-centos systemd[1]: Started MySQL Server.
[root@VM-24-13-centos mysql]#
```

图 18.3　查看 mysql 服务启动状态

18.1.3　密码设置

为 MySQL 服务器设置密码可以增强数据的安全性，本节将对如何查看、修改和设置 MySQL 密码进行讲解。

（1）查看临时密码，命令如下：

```
# 查看临时密码
cat /var/log/mysqld.log | grep password
```

（2）临时登录并修改密码，命令如下：

```
# 登录
mysql -u root -p
# 修改密码
alter user 'root'@'localhost' identified by '你的密码';
```

（3）MySQL 默认密码强度要求比较高，如果想设置较为简单的密码，可以执行以下命令：

```
# 密码策略设置为 LOW，表示只验证密码长度，对密码的数字、字母都没要求
set global validate_password.policy=LOW;
# 密码长度设置为自己想要的长度，表示密码最少有几位
set global validate_password.length=6;
```

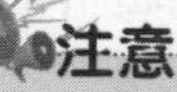

注意

在执行命令前，需要用户已经修改过密码，否则会提示密码需要修改。

18.1.4　远程连接

安装并配置完 MySQL 数据库之后，接下来就需要连接 MySQL 服务器以进行数据的存取操作，远程连接 MySQL 服务器的步骤如下。

（1）查询访问权限，命令如下：

```
select user,host from mysql.user;
```

如图 18.4 所示，root 用户的 host 为 localhost 表示只允许本机访问，要实现远程连接，可以将用户的 host 改为%，表示允许任意主机访问，如果需要设置只允许特定 IP 访问，则应改为对应的 IP。

```
mysql> select user,host from mysql.user;
+------------------+-----------+
| user             | host      |
+------------------+-----------+
| mysql.infoschema | localhost |
| mysql.session    | localhost |
| mysql.sys        | localhost |
| root             | localhost |
+------------------+-----------+
4 rows in set (0.00 sec)

mysql>
```

图 18.4　查询访问权限

（2）修改 root 用户的 host 字段为%，命令如下：

```
update mysql.user set host="%" where user="root";
```

（3）刷新配置，命令如下：

```
flush privileges;
```

（4）开放端口号，分为物理服务器和云服务器两种情况。如果是物理服务器，查询 3306 端口是否开放以及添加开放端口，命令如下：

```
# 查看
firewall-cmd --query-port=3306/tcp
# 添加
firewall-cmd --zone=public --add-port=3306/tcp --permanent
```

```
# 刷新
firewall-cmd --reload
```

如果是云服务器，配置实例客户端的访问规则，增加 3306 端口号，如图 18.5 所示。

应用类型	来源	协议	端口	策略	备注	操作
MySQL(3306)	0.0.0.0/0	TCP	3306	允许	MySQL服务(3306)	编辑 删除
HTTP(80)	0.0.0.0/0	TCP	80	允许	Web服务HTTP(80)，如Apache、Nginx	编辑 删除
HTTPS(443)	0.0.0.0/0	TCP	443	允许	Web服务HTTPS(443)，如Apache、Nginx	编辑 删除
Linux登录(22)	0.0.0.0/0	TCP	22	允许	Linux SSH登录	编辑 删除
Windows登录(3389)	0.0.0.0/0	TCP	3389	允许	Windows远程桌面登录	编辑 删除
Ping	0.0.0.0/0	ICMP	ALL	允许	通过Ping测试网络连通性(放通ALL ICMP)	编辑 删除

图 18.5　添加 MySQL 默认端口号规则

（5）使用 Navicat 测试能否连接，连接时可能会报 1251 错误，如图 18.6 所示。

图 18.6　Navicat 连接报错提示

如果出现图 18.6 所示的 1251 错误提示，则说明 MySQL 服务器要求的认证插件版本与客户端不一致，此时需要修改登录加密规则，命令如下：

```
# 连接数据库后，执行查询
select host,user,plugin,authentication_string from mysql.user;
# 修改
ALTER USER 'root'@'%' IDENTIFIED WITH mysql_native_password BY '你的密码';
```

连接 Navicat 测试，如图 18.7 所示，说明 mysql 远程连接成功。

图 18.7　Navicat 连接测试

18.2 MariaDB 数据库

MariaDB 数据库管理系统是一个采用 Maria 存储引擎的 MySQL 分支版本，主要由开源社区在维护，采用 GPL（general public license，通用公共许可证）授权许可。开发这个分支的原因之一是甲骨文公司收购了 MySQL 后，有将 MySQL 闭源的潜在风险，因此社区采用分支的方式来规避这个风险。

18.2.1 MariaDB 概述

MariaDB 名称来自 MySQL 的创始人麦克・维德纽斯的女儿玛丽亚（Maria）的名字。MariaDB 的目的是完全兼容 MySQL，包括 API 和命令行，使之能轻松成为 MySQL 的代替品。

MariaDB 直到 5.5 版本，均依照 MySQL 的版本。使用 MariaDB5.5 的人会从 MySQL5.5 中了解到 MariaDB 的所有功能。但从 2012 年 11 月 12 日起发布的 10.0.0 版开始，MariaDB 不再依照 MySQL 的版号。10.0.x 版以 5.5 版为基础，加上移植自 MySQL 5.6 版的功能和自行开发的新功能。

在存储引擎方面，从 10.0.9 版起使用 XtraDB（名称代号为 Aria）来代替 MySQL 的 InnoDB。

MariaDB 的 API 和协议兼容 MySQL，另外又添加了一些功能，以支持本地的非阻塞操作和进度报告。这意味着，所有使用 MySQL 的连接器、程序库和应用程序也将可以在 MariaDB 下工作。

18.2.2 MariaDB 安装

在 Linux 服务器上安装 MariaDB 数据库的步骤如下。

（1）卸载已有数据库服务。检查服务器上是否安装了 mysql 或者 mariadb 服务，有的 CentOS7 已经默认安装了 mariadb，查看命令如下：

```
# 查找 mysql
rpm -qa | grep mysql
# 查找 mariadb
rpm -qa | grep mariadb
```

如果已安装 mysql 或者 mariadb，则需要全部删除，删除命令如下：

```
# 删除 mysql / mariadb
rpm -e --nodeps +包名
# 删除 mariadb
yum remove mariadb
# 删除 mariadb-libs
yum remove mariadb-libs
```

mysql 和 mariadb 全部删除后，搜索 mysql 文件夹和 my.cnf 文件，如果存在，也需要删除，命令如下：

```
# 查找 mysql 文件夹
find / -name mysql
# 查找 my.cnf 文件
find / -name my.cnf
```

```
# 删除
rm -rf +文件夹名
rm -rf +文件名
```

（2）安装。首先切换到 root 用户，然后通过 yum 安装 mariadb-server（服务器端），默认依赖安装 mariadb（客户端）。命令如下：

```
# 安装
yum -y install mariadb-server
```

（3）启动。安装完成后首先要把 MariaDB 服务开启，并设置为开机自启动，命令如下：

```
# 开启服务
systemctl start mariadb
# 设置开机自启动
systemctl enable mariadb
# 关闭开机自启动
systemctl disable mariadb
```

（4）配置。首次安装需要进行数据库配置，命令如下：

```
# 配置数据库
mysql_secure_installation
# 配置数据库各个选项

Enter current password for root (enter for none):
# 输入数据库超级管理员 root 的密码，注意不是系统 root 的密码，第一次进入直接按 Enter 键

Set root password? [Y/n]                        # 设置密码

New password:                                   # 新密码

Re-enter new password:                          # 再次输入密码

Remove anonymous users? [Y/n]                   # 移除匿名用户

Disallow root login remotely? [Y/n]             # 拒绝 root 远程登录，不管 y 或 n，都会拒绝 root 远程登录

Remove test database and access to it? [Y/n]    # 删除 test 数据库（数据库中会有一个 test 数据库，一般不需要）

Reload privilege tables now? [Y/n]              # 重新加载权限表
```

（5）设置字符集。将数据库的字符集编码格式设置为 utf8，命令如下：

```
# 在 /etc/my.cnf 文件 [mysqld] 标签下添加：
init_connect='SET collation_connection = utf8_unicode_ci'
init_connect='SET NAMES utf8'
character-set-server=utf8
collation-server=utf8_unicode_ci
skip-character-set-client-handshake
# 在 /etc/my.cnf.d/client.cnf 文件 [client] 标签下添加：
default-character-set=utf8
# 在 /etc/my.cnf.d/mysql-clients.cnf 文件 [mysql] 标签下添加：
default-character-set=utf8
# 重启服务
systemctl restart mariadb
# 重新登录，查看字符集
show variables like "%character%";
show variables like "%collation%";
```

查看字符集结果如图 18.8 所示，说明字符集设置成功。

```
MariaDB [(none)]> show variables like "%character%";show variables like "%collation%";
+--------------------------+----------------------------+
| Variable_name            | Value                      |
+--------------------------+----------------------------+
| character_set_client     | utf8                       |
| character_set_connection | utf8                       |
| character_set_database   | utf8                       |
| character_set_filesystem | binary                     |
| character_set_results    | utf8                       |
| character_set_server     | utf8                       |
| character_set_system     | utf8                       |
| character_sets_dir       | /usr/share/mysql/charsets/ |
+--------------------------+----------------------------+
8 rows in set (0.00 sec)

+----------------------+-----------------+
| Variable_name        | Value           |
+----------------------+-----------------+
| collation_connection | utf8_unicode_ci |
| collation_database   | utf8_unicode_ci |
| collation_server     | utf8_unicode_ci |
+----------------------+-----------------+
3 rows in set (0.00 sec)

MariaDB [(none)]>
```

图 18.8　查看数据库字符集

（6）添加用户，设置权限，命令如下：

```
# 创建用户
create user username@localhost identified by 'password';
# 直接创建用户并授权
grant all on *.* to username@localhost indentified by 'password';
# 授予外网登陆权限
grant all privileges on *.* to username@'%' identified by 'password';
```

说明

MariaDB 远程连接与 MySQL 远程连接步骤一样，请参照 18.1.4 节内容。

18.3　PostgreSQL 数据库

18.3.1　PostgreSQL 概述

PostgreSQL 是一个功能强大的开源对象关系型数据库管理系统（ORDBMS），它支持大部分 SQL 标准并提供了很多其他的新特性，如复杂查询、外键、触发器、视图、事务完整性、多版本并发控制等；另外，PostgreSQL 提供了丰富的接口，可以很容易地扩展它的功能，如增加新的数据类型、函数、操作符、聚集函数、索引方法、过程语言等。开发者把它拼读为 post-gress-Q-L。

1．PostgreSQL 的优点

PostgreSQL 的主要优点如下：

- ☑ 操作系统支持 Windows、Linux、UNIX、macOS、BSD。
- ☑ 支持 ACID 特性、关联完整性、数据库事务、Unicode 多国语言。
- ☑ 支持临时表，物化视图可以使用 PL/pgSQL、PL/Perl、PL/Python 或其他过程语言的存储过程和触发器模拟。
- ☑ 全面支持 R-/R+tree 索引、哈希索引、反向索引、部分索引、Expression 索引、GiST、GIN（用来加速全文检索），从 8.3 版本开始支持位图索引。
- ☑ 支持数据域，支持存储过程、触发器、函数、外部调用、游标。
- ☑ 数据表支持 4 种分区，即范围、哈希、混合、列表。
- ☑ 可以更方便地使用 UDF（用户定义函数）进行扩展。

2．PostgreSQL 与 MySQL 对比

作为一个开源的关系型数据库，PostgreSQL 与 MySQL 相比，其优势体现在以下几个方面：

- ☑ PostgreSQL 的稳定性极强，Innodb 等引擎在崩溃、断电之类的灾难场景下抗打击能力有了很大的进步。相较 MySQL 而言，PostgreSQL 在这方面要好一些。
- ☑ 在高并发读写、负载逼近极限的情况下，PostgreSQL 的性能指标仍然可以维持双曲线，甚至对数曲线，到顶峰之后不再下降，而 MySQL 明显会出现一个波峰后下滑。
- ☑ PostgreSQL 多年在 GIS 领域处于优势地位，因为它不仅有丰富的几何类型，还有大量的字典、数组、bitmap 等数据类型，相比之下 MySQL 就差很多。
- ☑ PostgreSQL 的“无锁定”特性非常突出，这个和 PostgreSQL 的 MVCC 实现有关系。
- ☑ PostgreSQL 可以使用函数和条件索引，这使 PostgreSQL 数据库的调优非常灵活，MySQL 没有这个功能，条件索引在 Web 应用中很重要。
- ☑ PostgreSQL 有极其强悍的 SQL 编程能力，有丰富的统计函数和统计语法支持，还可以用多种语言来写存储过程，对于 R 的支持也很好。这一点上 MySQL 就差的很远。
- ☑ PostgreSQL 有很多种集群架构可以选择，同步频率和集群策略调整方便，操作非常简单。
- ☑ 一般关系型数据库的字符串有限定长度（8KB 左右），无限长 Text 类型的功能会受限，而 PostgreSQL 的 Text 类型可以转换，SQL 语法内置正则表达式，可以索引，还可以全文检索，或使用 xml xpath。
- ☑ MySQL 是异步复制，实现同步复制很困难。PostgreSQL 可以做到同步、异步、半同步复制。
- ☑ PostgreSQL 对于 NUMA 架构的支持要比 MySQL 强一些，对于读的性能也要比 MySQL 好些。PostgreSQL 提交可以完全异步，而 MySQL 的内存表不够实用（表锁原因）。

18.3.2　PostgreSQL 安装

在 Linux 服务器上安装 PostgreSQL 数据库的步骤如下。

（1）选择版本。进入 PostgreSQL 官网下载界面，链接地址为 https://www.postgresql.org/download/linux/redhat/，根据自己实际需求选择对应版本及配置信息，如图 18.9 所示。

选择好版本和配置之后单击 Copy Script 按钮，复制脚本命令，留取备用。

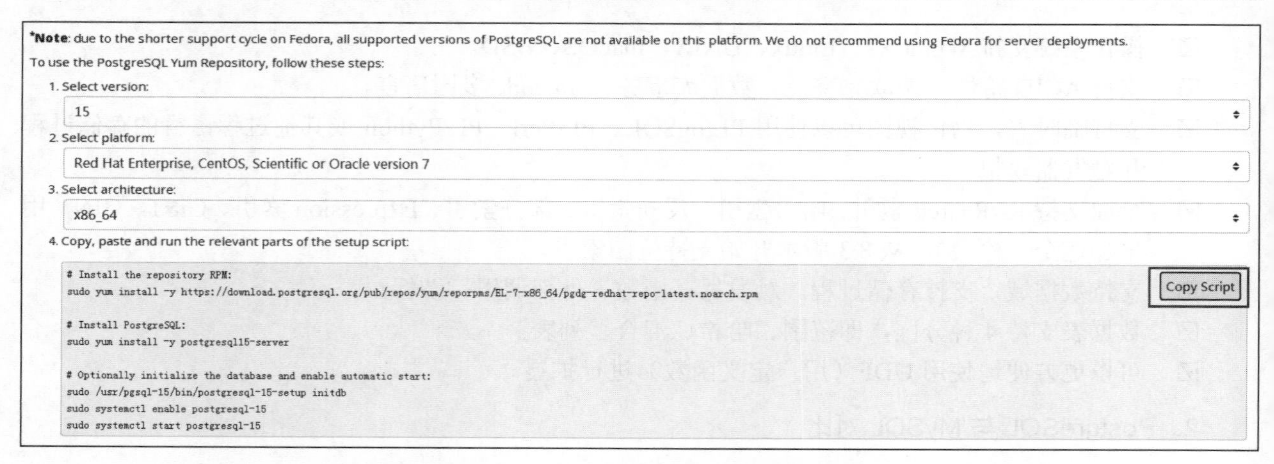

图 18.9　选择 PostgreSQL 版本及配置

（2）安装 yum 源。根据上面选择的版本进行 yum 源安装，命令如下：

```
# 安装 yum 源
yum install -y https://download.postgresql.org/pub/repos/yum/reporpms/EL-7-x86_64/pgdg-redhat-repo-latest.noarch.rpm
```

（3）安装 PostgreSQL。根据上面选择的版本安装 PostgreSQL，命令如下：

```
# 安装 PostgreSQL
yum install -y postgresql15-server
```

安装完成后，终端界面如图 18.10 所示。

```
Installed:
  postgresql15-server.x86_64 0:15.1-1PGDG.rhel7

Dependency Installed:
  libzstd.x86_64 0:1.5.2-1.el7                          postgresql15.x86_64 0:15.1-1PGDG.rhel7
  postgresql15-libs.x86_64 0:15.1-1PGDG.rhel7

Complete!
[root@VM-24-13-centos ~]#
```

图 18.10　PostgreSQL 安装完毕

18.3.3 PostgreSQL 配置

PostgreSQL 数据库安装完成后，需要对其进行配置，具体步骤如下。

（1）初始化数据库。使用下面的命令对 PostgreSQL 数据库进行初始化：

```
/usr/pgsql-15/bin/postgresql-15-setup initdb
```

初始化数据库完成以后，会在/var/lib/pgsql 目录下创建名为 15 的文件夹，15 为数据库版本。如果已经存在对应版本的文件夹，初始化这一步会报错，需要先删除对应的文件夹，再去初始化。

（2）启动设置，命令如下：

```
# 自启动
systemctl enable postgresql-15
# 启动
systemctl start postgresql-15
```

（3）密码设置。安装 PostgreSQL 数据库以后，默认会创建一个名为 postgres 的 Linux 登录用户，这里需要对 postgres 账号的密码进行修改，命令如下：

```
passwd postgres
```

（4）远程连接。目前安装的数据库只能在本机进行登录，我们需要设置一些远程连接信息，允许所有的计算机都能访问该数据库，命令如下：

```
# 进入 data 目录
cd /var/lib/pgsql/15/data
# 对 postgresql.conf 文件进行编辑
vim postgresql.conf
```

找到 listen_addresses 节点，首先把 listen_addresses 前面的#去掉，然后进行如下修改：

```
# 修改前
listen_addresses =   'localhost'
# 修改后
listen_addresses =   '*'
```

最后保存退出。

接下来，在同一目录下，对 pg_hba.conf 文件进行编辑，命令如下：

```
vim pg_hba.conf
```

这里对 IPv4 内容进行修改，修改前文件内容如图 18.11 所示。

```
# TYPE  DATABASE        USER            ADDRESS                 METHOD

# "local" is for Unix domain socket connections only
local   all             all                                     peer
# IPv4 local connections:
host    all             all             127.0.0.1/32            scram-sha-256
# IPv6 local connections:
host    all             all             ::1/128                 scram-sha-256
# Allow replication connections from localhost, by a user with the
# replication privilege.
local   replication     all                                     peer
host    replication     all             127.0.0.1/32            scram-sha-256
host    replication     all             ::1/128                 scram-sha-256
```

图 18.11　修改 pg_hba.conf 文件内容前

修改文件内容后如图 18.12 所示。

```
# TYPE  DATABASE        USER            ADDRESS                 METHOD

# "local" is for Unix domain socket connections only
local   all             all                                     peer
# IPv4 local connections:
host    all             all             0.0.0.0/0               scram-sha-256
# IPv6 local connections:
host    all             all             ::1/128                 scram-sha-256
# Allow replication connections from localhost, by a user with the
# replication privilege.
local   replication     all                                     peer
host    replication     all             127.0.0.1/32            scram-sha-256
host    replication     all             ::1/128                 scram-sha-256
```

图 18.12　修改 pg_hba.conf 文件内容后

最后保存退出。

（5）重启服务。上面步骤对配置文件进行了修改，需要重启数据库服务才能使修改的配置生效，命令如下：

```
systemctl restart postgresql-15
```

（6）修改数据库密码。用 postgres 账号登录系统，并修改数据库用户密码，或者直接 su postgres 切换过去，命令如下：

```
# 登录系统，注意这里 IP 地址要换成你的服务器真实地址
ssh postgres@192.168.1.1 -p 22
或者
su postgres
```

输入如下命令，修改数据库用户密码：

```
# 登录数据库
psql -U postgres
# 修改密码
\password
# 退出
exit
```

（7）远程登录。接下来我们使用客户端工具来测试是否可以连接 PostgreSQL 数据库。PostgreSQL 默认使用的是 5432 端口，测试之前要把 5432 端口加入防火墙中，或者关闭防火墙，命令如下：

```
# 把 5432 端口加入防火墙中
firewall-cmd --zone=public --add-port=5432/tcp --permanent
# 重启防火墙
firewall-cmd --reload
# 关闭防火墙
systemctl stop firewalld
```

使用 Navicat 作为客户端测试连接 PostgreSQL，如图 18.13 所示，表示连接成功。

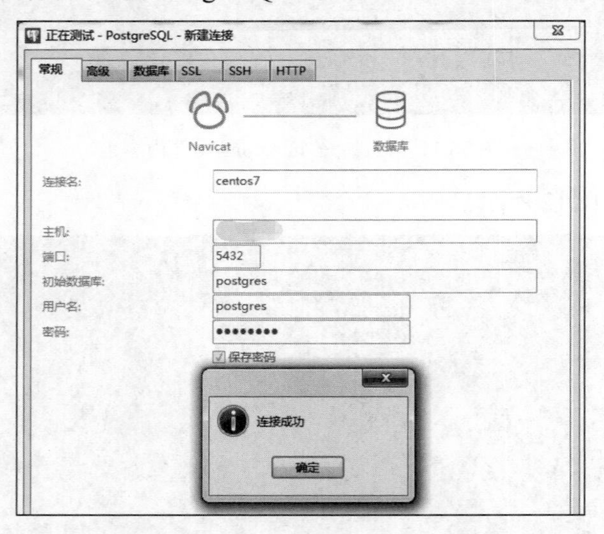

图 18.13　Navicat 连接 PostgreSQL

18.4　Redis 数据库

18.4.1　Redis 概述

Redis 是一个开源的使用 ANSI C 语言编写、遵守 BSD 协议、支持网络、可基于内存也可持久化的日志型、Key-Value 数据库，并提供多种语言的 API。

Redis 通常被称为数据结构服务器，它支持存储的 value 类型包括 string（字符串）、list（链表）、set（集合）、zset（有序集合）和 hash（哈希类型）。这些数据类型都支持 push/pop、add/remove 及取交集、并集和差集等一系列操作，这些操作都是原子性的。

此外，Redis 还支持各种不同方式的排序。为了保证效率，Redis 将数据缓存在内存中，但是 Redis 会周期性地把更新的数据写入磁盘或者把修改操作写入追加的记录文件，并且在此基础上实现了 master-slave（主从）同步。

18.4.2　Redis 安装

在 Linux 服务器上安装 Redis 的步骤如下。

（1）选择安装包。推荐两个官方下载地址：

☑　Redis 官方网站：http://redis.io/

☑　Redis 中文官方网站：http://redis.cn/

我们这里选择 Redis 官方网站的下载页面 https://redis.io/download/，选择 7.0.5 版本并右击，在弹出的快捷菜单中选择“复制链接地址”命令，如图 18.14 所示。

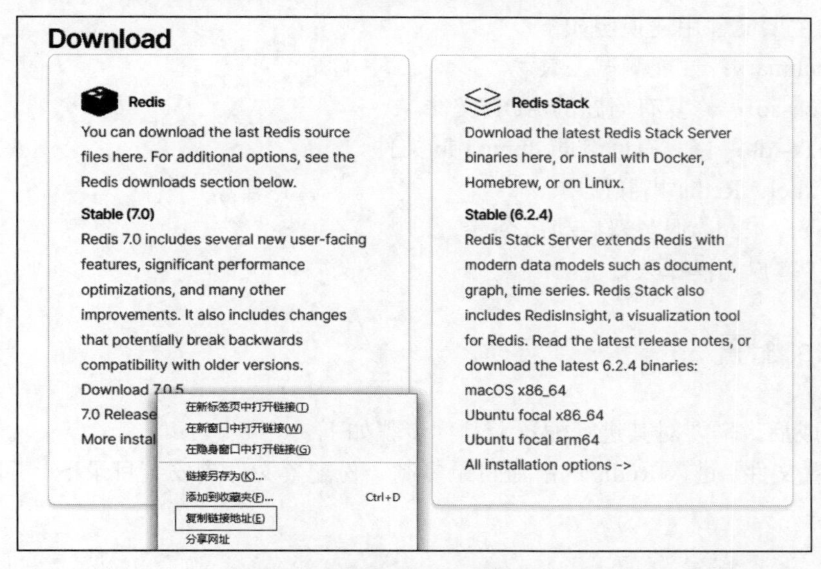

图 18.14　复制 redis 下载链接地址

（2）安装 gcc 环境。由于 Redis 是由 C 语言编写的，它的运行需要 C 语言环境，因此我们需要先安装 gcc。命令如下：

```
# 检查是否有 gcc 环境
gcc --version
# 如果没有安装 gcc，需要安装
yum install gcc
```

（3）安装 Redis，命令如下：

```
# 进入 opt 目录
cd /opt
# 下载 redis 安装包
wget https://github.com/redis/redis/archive/7.0.5.tar.gz
# 解压
tar -zxvf 7.0.5.tar.gz
# 进入目录
cd redis-7.0.5
# 编译
make
# 安装，默认安装在/usr/local/bin 目录下，为了方便管理，这里推荐安装在/usr/redis 目录下
make PREFIX=/usr/redis install
```

（4）查看文件。进入安装目录下的 bin 目录查看文件，如图 18.15 所示。

```
[root@VM-24-13-centos bin]# cd /usr/redis/bin/
[root@VM-24-13-centos bin]# ll
total 21500
-rwxr-xr-x 1 root root  5197832 Nov 23 15:22 redis-benchmark
lrwxrwxrwx 1 root root       12 Nov 23 15:22 redis-check-aof -> redis-server
lrwxrwxrwx 1 root root       12 Nov 23 15:22 redis-check-rdb -> redis-server
-rwxr-xr-x 1 root root  5411032 Nov 23 15:22 redis-cli
lrwxrwxrwx 1 root root       12 Nov 23 15:22 redis-sentinel -> redis-server
-rwxr-xr-x 1 root root 11399048 Nov 23 15:22 redis-server
[root@VM-24-13-centos bin]#
```

图 18.15　默认安装目录下的文件

图 18.15 中的主要文件用途说明如下：

☑　redis-benchmark：性能测试工具。

☑　redis-check-aof：修复有问题的 AOF 文件。

☑　redis-check-rdb：修复有问题的 dump.rdb 文件。

☑　redis-sentinel：Redis 集群使用。

☑　redis-server：Redis 服务器启动命令。

☑　redis-cli：客户端操作入口。

18.4.3　Redis 配置

Redis 安装完成后，需要对其进行配置，具体步骤如下。

（1）设置配置文件。进入 Redis 的解压目录复制一份配置文件到安装目录下，并赋予可执行权限，命令如下：

```
# 进入解压目录
cd /opt/redis-7.0.5
```

```
# 复制配置文件到安装目录下
cp redis.conf /usr/redis/bin/
# 进入安装目录
cd /usr/redis/bin/
# 赋予可执行权限
chmod +x redis.conf
```

（2）设置后台启动。修改配置文件 redis.conf，更改 daemonize（守护进程）默认值 no 为 yes。由于配置文件内容较多，可以通过快速搜索，输入/daem 后按 Enter 键快速定位需要修改的内容，如图 18.16 所示。

```
# By default Redis does not run as a daemon. Use 'yes' if you need it.
# Note that Redis will write a pid file in /var/run/redis.pid when daemonized.
# When Redis is supervised by upstart or systemd, this parameter has no impact.
daemonize yes

# If you run Redis from upstart or systemd, Redis can interact with your
# supervision tree. Options:
#   supervised no      - no supervision interaction
#   supervised upstart - signal upstart by putting Redis into SIGSTOP mode
#                        requires "expect stop" in your upstart job config
#   supervised systemd - signal systemd by writing READY=1 to $NOTIFY_SOCKET
#                        on startup, and updating Redis status on a regular
#                        basis.
#   supervised auto    - detect upstart or systemd method based on
#                        UPSTART_JOB or NOTIFY_SOCKET environment variables
# Note: these supervision methods only signal "process is ready."
#       They do not enable continuous pings back to your supervisor.
#
# The default is "no". To run under upstart/systemd, you can simply uncomment
# the line below:
/daem
```

图 18.16　设置后台启动

这时执行以下命令，Redis 便可以在后台启动。

```
# 启动 redis
/usr/redis/bin/redis-server /usr/redis/bin/redis.conf
# 或者先进入安装目录，在执行以下命令
cd /usr/redis/bin
./redis-server ./redis.conf
```

（3）查看 Redis 是否启动，命令如下：

```
# 查看启动
ps -ef | grep redis
或者
ps -aux | grep redis
```

如图 18.17 所示界面，表示 redis 启动成功。

```
[root@VM-24-13-centos bin]# ps -ef | grep redis
root     19786     1  0 16:30 ?        00:00:00 /usr/redis/bin/redis-server 127.0.0.1:6379
root     20767  8116  0 16:36 pts/0    00:00:00 grep --color=auto redis
[root@VM-24-13-centos bin]# ps -aux | grep redis
root     19786  0.0  0.1 196196  3452 ?        Ssl  16:30   0:00 /usr/redis/bin/redis-server 127.0.0.1:6379
root     20808  0.0  0.0 112812   980 pts/0    S+   16:36   0:00 grep --color=auto redis
[root@VM-24-13-centos bin]#
```

图 18.17　查看 redis 是否启动

（4）设置数据和日志目录。首先在安装目录下（/usr/redis）创建两个文件夹，命名为 data 和 logs，

分别用于存储 Redis 数据和日志，命令如下：

```
# 进入安装目录
cd /usr/redis
# 创建文件夹
mkdir data logs
```

然后修改配置文件 redis.conf，添加如图 18.18 所示两行代码。

```
# 日志文件
logfile "/usr/redis/logs/redis.log"

# 指定data存放路径
dir /usr/redis/data

# To enable logging to the system logger, just set 'syslog-enabled' to yes,
# and optionally update the other syslog parameters to suit your needs.
# syslog-enabled no

# Specify the syslog identity.
# syslog-ident redis

# Specify the syslog facility. Must be USER or between LOCAL0-LOCAL7.
# syslog-facility local0

# To disable the built in crash log, which will possibly produce cleaner core
# dumps when they are needed, uncomment the following:
#
# crash-log-enabled no

# To disable the fast memory check that's run as part of the crash log, which
# will possibly let redis terminate sooner, uncomment the following:
#
/logfile
```

图 18.18　设置 redis 数据和日志目录

（5）设置密码。修改配置文件 redis.conf，在配置文件中找到 requirepass foobared 选项，先把前面的#去掉，然后把 foobared 更改成你的密码，如图 18.19 所示。

```
#
# The requirepass is not compatible with aclfile option and the ACL LOAD
# command, these will cause requirepass to be ignored.
#
# 设置密码
requirepass 123456

# New users are initialized with restrictive permissions by default, via the
# equivalent of this ACL rule 'off resetkeys -@all'. Starting with Redis 6.2, it
# is possible to manage access to Pub/Sub channels with ACL rules as well. The
# default Pub/Sub channels permission if new users is controlled by the
# acl-pubsub-default configuration directive, which accepts one of these values:
#
```

图 18.19　设置 Redis 连接密码

密码设置完成之后，重启 Redis 服务，查看设置的密码是否成功，命令如下：

```
# 连接客户端
/usr/redis/bin/redis-cli
# 输入密码
auth 123456
# 查看密码
config get requirepass
```

如图 18.20 所示界面，表示密码设置成功。

```
[root@VM-24-13-centos bin]# /usr/redis/bin/redis-cli
127.0.0.1:6379> auth 123456
OK
127.0.0.1:6379> config get requirepass
1) "requirepass"
2) "123456"
127.0.0.1:6379>
```

图 18.20　检查密码是否设置成功

（6）设置远程连接。修改配置文件 redis.conf，更改 bind 值为 127.0.0.1，更改 protected-mode 值为 no，如图 18.21 所示。

```
# ~~~~~~~~~~~~~~~~~~~~~~~~~~~~~~~~~~~~~~~~~~~~~~~~~~~~~~~~~~~~~~~~~~~~~~~~~

# 默认绑定
bind 127.0.0.1 -::1

# By default, outgoing connections (from replica to master, from Sentinel to
# instances, cluster bus, etc.) are not bound to a specific local address. In
# most cases, this means the operating system will handle that based on routing
# and the interface through which the connection goes out.
#
# Using bind-source-addr it is possible to configure a specific address to bind
# to, which may also affect how the connection gets routed.
#
# Example:
#
# bind-source-addr 10.0.0.1

# Protected mode is a layer of security protection, in order to avoid that
# Redis instances left open on the internet are accessed and exploited.
#
# When protected mode is on and the default user has no password, the server
# only accepts local connections from the IPv4 address (127.0.0.1), IPv6 address
# (::1) or Unix domain sockets.
#
# By default protected mode is enabled. You should disable it only if
# you are sure you want clients from other hosts to connect to Redis
# even if no authentication is configured.

# 保护模式，默认为yes-外网无法连接
protected-mode no
```

图 18.21　设置 redis 可远程连接

在本地用 Redis Desktop Manager 连接验证远程访问是否设置成功，如图 18.22 所示，表示连接成功。

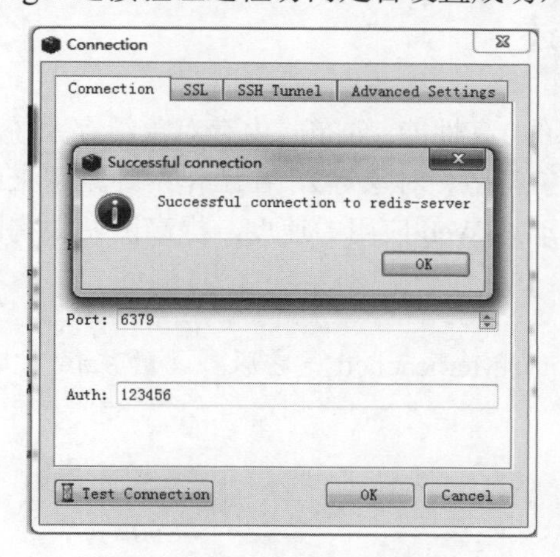

图 18.22　Redis 远程连接成功

（7）关闭 Redis。关闭 Redis 有如下两种方法：

☑ shutdown：连接客户端 redis-cli，首先执行 shutdown 命令，然后查看进程，如图 18.23 所示，表示关闭成功。

```
[root@VM-24-13-centos bin]# /usr/redis/bin/redis-cli
127.0.0.1:6379> auth 123456
OK
127.0.0.1:6379> shutdown
not connected> exit
[root@VM-24-13-centos bin]# ps -ef | grep redis
root      8200 32174  0 14:44 pts/0    00:00:00 grep --color=auto redis
[root@VM-24-13-centos bin]#
```

图 18.23 使用 shutdown 命令关闭 Redis

☑ kill + 进程号：首先查看 Redis 进程，然后执行 kill+进程号命令，如图 18.24 所示，表示关闭成功。

```
[root@VM-24-13-centos bin]# ps -ef | grep redis
root      9001     1  0 14:49 ?        00:00:00 ./redis-server 0.0.0.0:6379
root      9016 32174  0 14:49 pts/0    00:00:00 grep --color=auto redis
[root@VM-24-13-centos bin]# kill -9 9001
[root@VM-24-13-centos bin]# ps -ef | grep redis
root      9072 32174  0 14:49 pts/0    00:00:00 grep --color=auto redis
[root@VM-24-13-centos bin]#
```

图 18.24 使用 kill+进程号命令关闭 Redis

18.5 Memcached 数据库

在传统场景中，多数 Web 应用都将数据保存到关系型数据库中（如 MySQL），Web 服务器从数据库中读取数据并在浏览器中显示数据。但随着数据量的增大、访问的集中，关系型数据库就会出现负担加重，响应缓慢，导致网站打开延迟等问题，从而影响用户体验。这时我们就可以使用 Memcached 数据库来解决此类问题。

18.5.1 Memcached 概述

Memcached 是一个免费开源的、高性能、分布式内存对象缓存系统。它是一种基于内存的 key-value 存储，可以用来存储任意数据（字符串、对象等），在工作中经常用来缓存数据库的查询数据，以减少数据库被访问的次数，从而提高动态 Web 应用的速度，提高网站架构的并发能力和可扩展性。

注意

Memcache 是项目的名称，而 Memcached 是它服务器的主程序文件名。

1. Memcached 工作流程

Memcached 的工作流程如下：

☑ 检查客户端请求的数据是否存在 Memcached 中，如果存在，则直接返回相关数据，不再对数

据进行任何操作。

- ☑ 如果数据不在 Memcached 中，就去数据库进行查询，把从数据库中获取的数据返回客户端，同时将数据缓存到 Memcached 中。
- ☑ 数据库在更新或者删除的同时，也会更新或删除 Memcached 中的数据，从而保持数据一致性。
- ☑ 如果分配给 Memcached 的内存使用完了，会使用 LRU（最近最少使用）算法和过期策略，失效的数据就会先被替换，然后替换最近未使用的数据。

2. Memcached 的特点

Memcached 工作流程的特点如下：

- ☑ 协议简单：使用基于文本行的协议，能直接通过 telnet 在 Memcached 服务器上存取数据，实现比较简单。
- ☑ 基于 libevent 的事件处理：Libevent 是基于 C 语言开发的程序库，Memcached 利用这个库进行异步事件处理。
- ☑ 内置内存管理方式：Memcached 有一套自己的内存管理方式，而且非常高效，所有数据都保存在 Memcached 内置的内存中。当存入的数据占满空间时，会使用 LRU 算法来清除不使用的缓存数据，从而重新使用过期数据的内存空间，但重启服务器数据将丢失。
- ☑ 具有分存式特点：各个 Memcached 服务器之间互不通信，都是独立存取数据，通过客户端的设计让其具有分存式特点，支持大量缓存和大规模应用。

18.5.2　Memcached 安装

在 Linux 服务器上安装 Memcached 数据库的步骤如下：

（1）安装 libevent。

我们需要确认系统中是否已安装 libevent，因为 memcached 依赖这个包。如果已存在，则可以卸载重新安装。命令如下：

```
# 查询
rpm -qa | grep libevent
# 如果有，先卸载
rpm -e --nodeps + 包名称
# 安装
yum -y install libevent libevent-deve
```

（2）安装 Memcached。

首先使用 yum 安装方式安装 Memcached，然后使用 which 命令查看，具体如下：

```
# 安装
yum -y install memcached
# 查看
which memcached
```

注意

如果使用 yum 自动安装的话，memcached 命令通常位于/usr/bin/memcached。

18.5.3 Memcached 使用说明

本节将对 Memcached 数据库的使用进行讲解，包括其常用启动命令参数，以及如何运行、关闭和连接 Memcached 数据库。

1．常用启动命令参数

Memcached 数据库启动时，可以指定多个参数，其说明如表 18.1 所示。

表 18.1 Memcached 启动命令参数及说明

命 令 参 数	说 明
-d	以守护进程（daemon）方式运行服务
-u	指定运行 Memcached 的用户，如果当前用户为 root，需要使用此参数指定用户
-l	指定 Memcached 进程监听的服务器 IP 地址，可以不设置此参数
-p	指定 Memcached 服务监听的 TCP 端口号，默认为 11211
-P	设置保存 Memcached 的 pid 文件，保存 PID 到指定文件
-m	指定 Memcached 服务可以缓存数据的最大内存，默认为 64MB
-M	Memcached 服务内存不够时禁止使用 LRU，如果内存满了会报错
-n	为 key+value+flags 分配的最小内存空间，默认为 48B
-f	块大小增长因子，默认为 1.25
-L	启用大内存页，可以降低内存浪费，改进性能
-c	最大的并发连接数，默认是 1024
-t	线程数，默认为 4。由于 Memcached 采用的是 NIO，所以太多线程作用不大
-R	每个 event 最大请求数，默认是 20
-C	禁用 CAS（禁止版本计数，减少开销）
-v	打印较少的 errors/warnings
-vv	打印非常多的调试信息和错误输出到控制台，也打印客户端命令及响应
-vvv	打印极多的调试信息和错误输出到控制台，也打印内部状态转变

2．Memcached 运行

Memcached 运行分为前台运行和后台运行两种，下面分别讲解。

☑ 前台程序运行，命令如下：

```
# 前台启动
/usr/bin/memcached -u root -p 11211 -m 100 -vv
```

如图 18.25 所示，命令执行后在前台便启动了 memcached，用户为 root，监听端口为 11211，最大内存使用量为 100MB。调试信息的内容大部分是关于存储的信息。

☑ 后台程序运行，命令如下：

```
# 默认参数启动
systemctl start memcached
# 指定参数启动
/usr/bin/memcached -d -u root -p 11211 -m 100 -c 256
```

```
或者
/usr/bin/memcached -d -u root -p 11211 -m 100 -c 256 -P /tmp/memcached.pid
```

```
[root@VM-24-13-centos ~]# /usr/bin/memcached -u root -p 11211 -m 100 -vv
slab class   1: chunk size        96 perslab   10922
slab class   2: chunk size       120 perslab    8738
slab class   3: chunk size       152 perslab    6898
slab class   4: chunk size       192 perslab    5461
slab class   5: chunk size       240 perslab    4369
slab class   6: chunk size       304 perslab    3449
slab class   7: chunk size       384 perslab    2730
slab class   8: chunk size       480 perslab    2184
slab class   9: chunk size       600 perslab    1747
slab class  10: chunk size       752 perslab    1394
slab class  11: chunk size       944 perslab    1110
slab class  12: chunk size      1184 perslab     885
slab class  13: chunk size      1480 perslab     708
slab class  14: chunk size      1856 perslab     564
slab class  15: chunk size      2320 perslab     451
slab class  16: chunk size      2904 perslab     361
slab class  17: chunk size      3632 perslab     288
```

图 18.25　Memcached 前台运行

3．Memcached 关闭

关闭 Memcached 服务的方式有 3 种，需要分别使用 kill 和 killall（或 pkill）命令，下面分别讲解。

（1）kill + 进程号，命令如下：

```
# 查看进程号
ps -ef | grep memcached
# 关闭
kill + 进程号
```

（2）kill + 启动时“-P”参数指定的 pid 文件，命令如下：

```
# 启动多个实例
/usr/bin/memcached -d -u root -p 11211 -m 100 -c 256 -P /tmp/11211.pid
/usr/bin/memcached -d -u root -p 11212 -m 100 -c 256 -P /tmp/11212.pid
# 关闭其中一个
kill `cat /tmp/11212.pid`
```

（3）killall(pkill) memcached，命令如下：

```
# 关闭所有 memcached 实例
killall memcached
或者
pkill memcached
```

4．Memcached 连接

下面介绍如何在 Windows 和 Linux 环境下连接 Memcached 数据库。

☑　Window 环境下，在 DOS 窗口输入如下命令：

```
# 注意下面的 192.168.1.1 要换成你的服务器真实 IP 地址
telnet 192.168.1.1 11211
```

如图 18.26 所示，表示 memcached 连接成功。

☑　Linux 环境下，使用 telnet 连接测试。首先检查是否安装过 telnet，如果未安装需要先安装，命令如下：

```
# 检查是否安装
rpm -qa | grep telnet
# 如果未安装，安装
yum -y install telnet
# 连接
telnet 127.0.0.1 11211
# 测试
stats
```

如图 18.26 所示，表示 memcached 连接成功。

```
STAT pid 26653
STAT uptime 1422
STAT time 1669368044
STAT version 1.4.15
STAT libevent 2.0.21-stable
STAT pointer_size 64
STAT rusage_user 0.012358
STAT rusage_system 0.020598
STAT curr_connections 10
STAT total_connections 14
STAT connection_structures 11
STAT reserved_fds 20
STAT cmd_get 0
STAT cmd_set 0
STAT cmd_flush 0
STAT cmd_touch 0
STAT get_hits 0
STAT get_misses 0
STAT delete_misses 0
STAT delete_hits 0
STAT incr_misses 0
STAT incr_hits 0
STAT decr_misses 0
STAT decr_hits 0
STAT cas_misses 0
STAT cas_hits 0
STAT cas_badval 0
STAT touch_hits 0
STAT touch_misses 0
STAT auth_cmds 0
STAT auth_errors 0
STAT bytes_read 106
STAT bytes_written 70
STAT limit_maxbytes 104857600
STAT accepting_conns 1
STAT listen_disabled_num 0
STAT threads 4
STAT conn_yields 0
```

图 18.26　Memcached 连接测试信息

18.6　MongoDB 数据库

18.6.1　MongoDB 概述

MongoDB 是一个基于分布式文件存储的数据库，由 C++语言编写，旨在为 Web 应用提供可扩展的高性能数据存储解决方案。

MongoDB 是一个介于关系数据库和非关系数据库之间的产品，是非关系数据库中功能最丰富、最像关系数据库的数据库。它支持的数据结构非常松散，类似 JSON 的 BSON 格式，因此可以存储比较

复杂的数据类型。它的特点是高性能、易部署、易使用，存储数据方便。

1．MongoDB 主要功能特性

MongoDB 数据库的主要功能特性如下：

- ☑ 面向集合存储，易于存储对象类型的数据。
- ☑ 模式自由，采用无模式结构存储。
- ☑ 支持动态查询，支持 SQL 中的大部分查询。
- ☑ 支持完全索引，包含内部对象。
- ☑ 支持复制和故障恢复。
- ☑ 使用高效的二进制数据存储，包括大型对象（如视频等）。
- ☑ 自动处理碎片，以支持云计算层次的扩展性。
- ☑ 支持 Golang、Ruby、Python、Java、C++、PHP、C#等多种程序设计语言。
- ☑ 文件存储格式为 BSON（一种 JSON 的扩展）。
- ☑ 可通过网络访问。

2．MongoDB 中的概念

MongoDB 存储数据有 3 个重要的概念，分别是文档、集合和数据库，下面分别介绍。

1）文档

文档是 MongoDB 中存储数据的基本单位，类似于关系数据库中的行（但是比行复杂）。多个键及其关联的值有序地放在一起就构成了文档，我们存储和操作的内容都是文档。

2）集合

集合就是一组文档，类似于关系数据库中的表。集合是无模式的，所以集合中的文档可以是各式各样的。

3）数据库

MongoDB 中由多个文档组成集合，多个集合组成数据库。一个 MongoDB 实例可以承载多个数据库，它们之间可以相互独立，每个数据库都有独立的权限控制。在磁盘上，不同的数据库存放在不同的文件中。MongoDB 中存在以下系统数据库：

- ☑ admin 数据库：一个权限数据库，如果创建用户时将该用户添加到 admin 数据库中，那么该用户就自动继承了所有数据库的权限。
- ☑ local 数据库：这个数据库永远不会被复制，可以用来存储本地单台服务器的任意集合。
- ☑ config 数据库：当 MongoDB 使用分片模式时，config 数据库在内部被使用，用于保存分片的信息。

18.6.2 MongoDB 安装

在 Linux 服务器上安装 MongoDB 数据库的步骤如下。

（1）选择 MongoDB 数据库。

MongoDB 数据库的下载地址为 https://www.mongodb.com/try/download/community。打开链接后，

根据自己实际需求先选择安装的版本、系统以及安装包形式，这里选择 6.0.3 版本，Package 选择 tgz，如果后续需要用到 MongoDB Database Tools，可以选择 MongoDB 4.4 以下版本，或者单独下载 MongoDB Database Tools。然后在 Download 按钮上右击，在弹出的快捷菜单中选择“复制链接地址”命令，如图 18.27 所示。

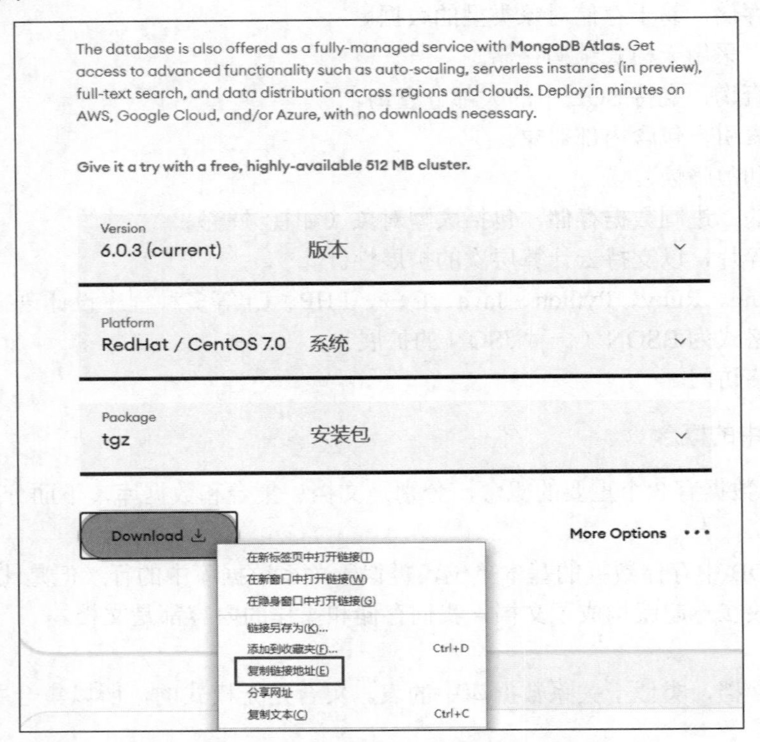

图 18.27　选择 MongoDB 版本

注意

在 MongoDB 版本中，偶数版本为稳定版，通常用于生产环境，如 3.2.x、3.4.x、3.6.x；奇数版本为开发版，通常用于开发环境，如 3.1.x、3.3.x、3.5.x。

（2）下载 MongoDB 数据库。

进入 opt 目录，在线访问第（1）步复制的下载链接，命令如下：

```
# 进入 opt 目录
cd /opt
# 下载
wget https://fastdl.mongodb.org/linux/mongodb-linux-x86_64-rhel70-6.0.3.tgz
# 解压
tar -zxvf mongodb-linux-x86_64-rhel70-6.0.3.tgz
# 重命名
mv mongodb-linux-x86_64-rhel70-6.0.3 /opt/mongo
```

（3）配置 MongoDB 数据库。

配置 MongoDB 数据库需要创建几个目录，分别为 MongoDB 的数据文件目录、配置文件目录、日

志文件目录。这里创建的 MongoDB 数据库目录结构如图 18.28 所示。

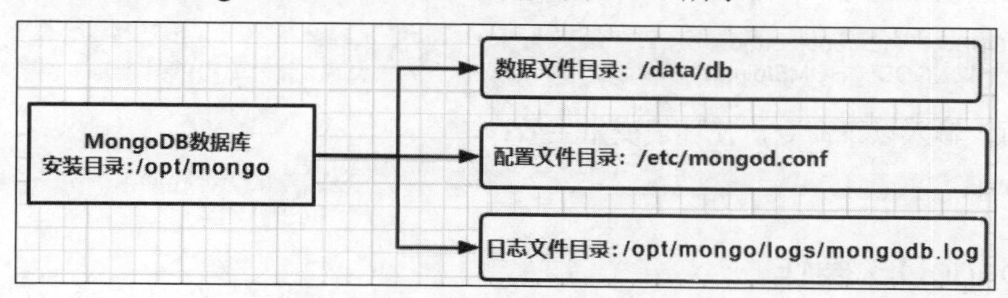

图 18.28　MongoDB 数据库目录结构

创建命令如下：

```
# 创建数据文件目录
mkdir -p /data/db
# 创建日志文件目录
mkdir -p /opt/mongo/logs
# 创建日志文件
touch /opt/mongo/logs/mongodb.log
# 创建配置文件
vim /etc/mongod.conf
```

配置文件内容如下:

```
# mongod.conf

systemLog:
   # 将 MongoDB 发送所有日志输出的目标指定为文件
   destination: file
   # mongod 或 mongos 应向其发送所有诊断日志记录信息的日志文件的路径
   path: "/opt/mongo/logs/mongodb.log"
   # 当 mongos 或 mongod 实例重新启动时，mongos 或 mongod 会将新条目附加到现有日志文件的末尾
   logAppend: true

storage:
   # MongoDB 数据文件的存储目录
   dbPath: "/data/db"
   # 启用或禁用持久性日志以确保数据文件有效和可恢复
   journal:
      enabled: true

processManagement:
   # 启用在后台运行 mongos 或 mongod 进程的守护程序模式
   fork: true

net:
   # 服务实例绑定的 IP，0.0.0.0 表示监听所有 IP（即所有主机都可以访问）
   bindIp: 0.0.0.0
   port: 27017
```

（4）配置环境变量。

配置系统环境变量，命令如下：

```
vim /etc/profile
```

在文件中添加以下配置：

```
export MONGODB_HOME=/opt/mongo
export PATH=$MONGODB_HOME/bin:$PATH
```

保存退出后，输入以下命令，使环境变量生效：

```
source /etc/profile
```

18.6.3　MongoDB 操作

本节将对 MongoDB 数据库的常用操作进行讲解，包括启动、关闭、远程连接等。

1. MongoDB 启动

MongoDB 数据库可以通过命令行、配置文件和 Daemon 共 3 种方式进行启动，下面分别介绍。

☑ 命令行方式启动：环境变量配置成功后，可以直接使用 mongod 命令，无须进入/opt/mongo/bin 目录下。

```
# 命令行启动
mongod --dbpath /data/db --logpath /opt/mongo/logs/mongodb.log
```

☑ 配置文件方式启动（推荐），命令如下：

```
# 配置文件启动
mongod -f /etc/mongod.conf
```

☑ Daemon 方式启动，命令如下：

```
# Daemon 方式启动
mongod --dbpath /data/db --logpath /opt/mongo/logs/mongodb.log --fork
```

注意

使用 Daemon 方式启动时，必须带上“--logpath”参数。

2. MongoDB 关闭

关闭 MongoDB 数据库可以通过标准关闭和快速关闭两种方法实现，下面分别介绍。

1）标准关闭方法

如果 MongoDB 处于连接状态，那么可以通过先切换到 admin 库，然后发送 db.shutdownServer() 指令去关闭，如图 18.29 所示。

```
// 切换到admin库
> use admin;
switched to db admin
// 关闭服务
> db.shutdownServer()
server should be down...
```

图 18.29　标准关闭 MongoDB 数据库

2）快速关闭方法

查找到实例进程后，通过命令 kill -2 pid 或 kill -15 pid 来停止进程，注意这种关闭方法可能会导致数据出错。命令如下：

```
# 查找进程
ps -ef | grep mongod
# 停止进程
kill -2 + pid
```

注意

不要使用 kill -9 pid 来停止 MongoDB 进程，这样可能会导致 MongoDB 的数据被损坏。

3．MongoDB 远程连接

首先我们需要安装 MongoDB Shell 连库工具，因为最新版本的 MongoDB 数据库已不自带连库工具，官方下载网址为 https://www.mongodb.com/try/download/shell，选择配置如图 18.30 所示。

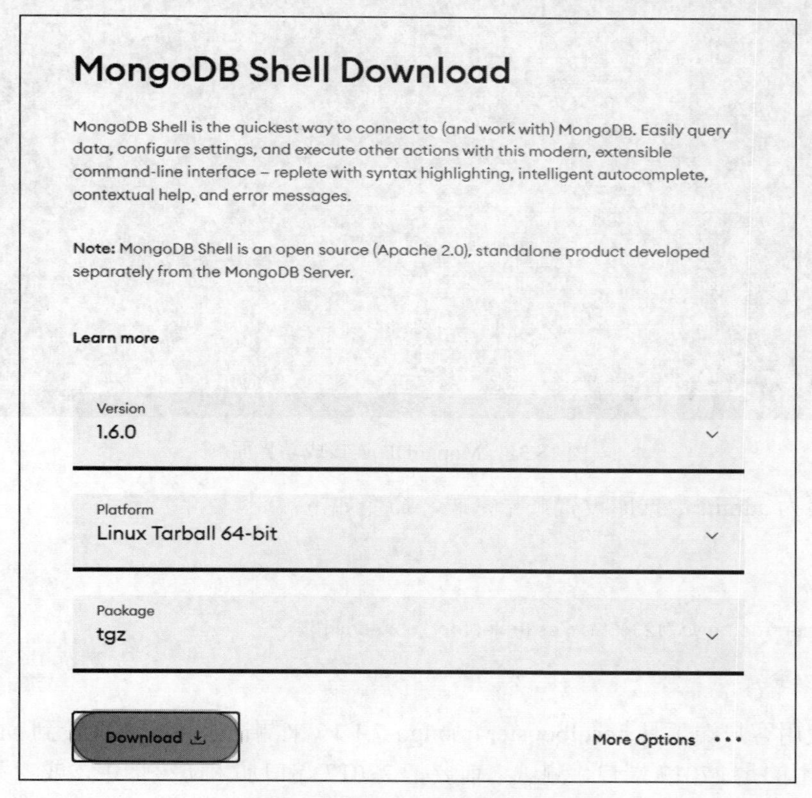

图 18.30　MongoDB Shell 工具

先在 Download 按钮上右击，在弹出的快捷菜单中选择“复制下载连接”命令，然后在线下载，命令如下：

```
# 下载
wget https://downloads.mongodb.com/compass/mongosh-1.6.0-linux-x64.tgz
# 解压
```

```
tar -zxvf mongosh-1.6.0-linux-x64.tgz
# 进入 bin 目录
cd mongosh-1.6.0-linux-x64/bin/
# 启动连接
./mongosh
```

如图 18.31 所示，表示 MongoDB 连接成功。

```
[root@VM-24-13-centos bin]# ./mongosh
Current Mongosh Log ID: 63859a4b8da508931a783048
Connecting to:          mongodb://127.0.0.1:27017/?directConnection=true&serverSelectionTimeoutMS=2000&appName
=mongosh+1.6.0
Using MongoDB:          6.0.3
Using Mongosh:          1.6.0

For mongosh info see: https://docs.mongodb.com/mongodb-shell/

------
   The server generated these startup warnings when booting
   2022-11-29T12:19:01.920+08:00: Using the XFS filesystem is strongly recommended with the WiredTiger storage
 engine. See http://dochub.mongodb.org/core/prodnotes-filesystem
   2022-11-29T12:19:02.893+08:00: Access control is not enabled for the database. Read and write access to dat
a and configuration is unrestricted
   2022-11-29T12:19:02.893+08:00: You are running this process as the root user, which is not recommended
   2022-11-29T12:19:02.893+08:00: /sys/kernel/mm/transparent_hugepage/enabled is 'always'. We suggest setting
it to 'never'
   2022-11-29T12:19:02.893+08:00: /sys/kernel/mm/transparent_hugepage/defrag is 'always'. We suggest setting i
t to 'never'
   2022-11-29T12:19:02.893+08:00: vm.max_map_count is too low
------

------
   Enable MongoDB's free cloud-based monitoring service, which will then receive and display
   metrics about your deployment (disk utilization, CPU, operation statistics, etc).

   The monitoring data will be available on a MongoDB website with a unique URL accessible to you
   and anyone you share the URL with. MongoDB may use this information to make product
   improvements and to suggest MongoDB products and deployment options to you.

   To enable free monitoring, run the following command: db.enableFreeMonitoring()
   To permanently disable this reminder, run the following command: db.disableFreeMonitoring()
------

test>
```

图 18.31　MongoDB 连接成功界面

然后我们需要为 admin 数据库设置账号密码，命令如下：

```
# 选择 admin 库
use admin
# 设置账号密码
db.createUser({user:"root",pwd:"123456",roles:[{role:"root",db:"admin"}]})
# 安全认证
db.auth('root','123456')
```

接下来我们使用客户端工具 nosqlbooster4mongo-7.1.16 来测试是否可以连接到 MongoDB 数据库。MongoDB 默认使用的是 27017 端口，测试之前要把 27017 端口加入防火墙中，或者关闭防火墙，操作方法同 18.3.3 节，这里不再赘述。测试工具官网下载链接：https://nosqlbooster.com/downloads，该工具支持 Windows、Linux 和 Mac OS 操作系统，如图 18.32 所示。

测试工具下载后直接打开，先输入服务器 IP 地址和名称，如图 18.33 所示。

然后输入上文设置好的用户名和密码以及数据库名称，如图 18.34 所示。

图 18.32　nosqlbooster4mongo 测试工具

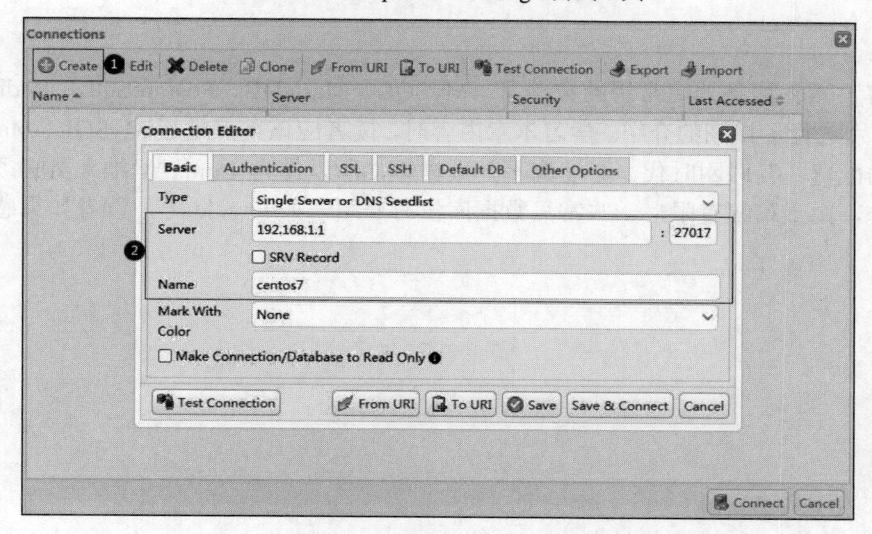

图 18.33　nosqlbooster4mongo 工具 Basic 选项卡界面

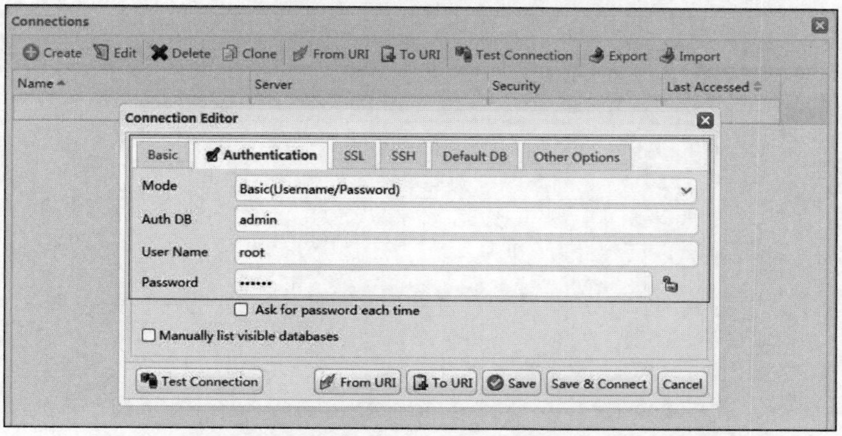

图 18.34　nosqlbooster4mongo 工具 Authentication 选项卡界面

单击 Save & Connect 按钮，出现如图 18.35 所示界面，表示远程连接 MongoDB 成功。

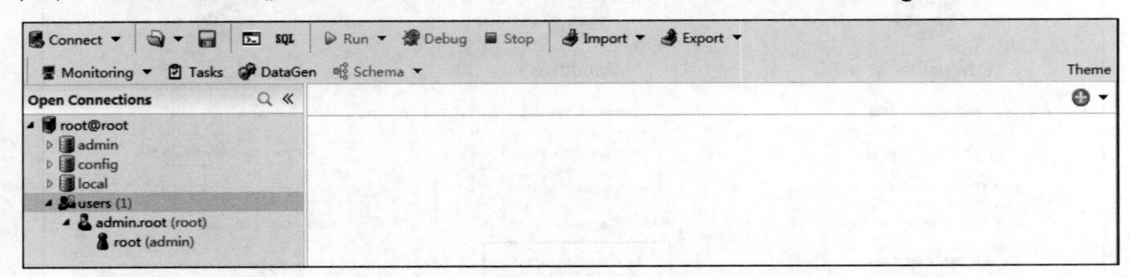

图 18.35　远程连接 MongoDB 成功

18.7　要点回顾

本章对当前 Linux 服务器上常用的数据库：MySQL、MariaDB、PostgreSQL、Redis、Memcached 及 MongoDB 分别进行了详细的介绍。学习本章内容时，读者应该重点掌握 MySQL、MariaDB 和 Redis 数据库的安装与配置。互联网时代，必然离不开数据库，所以作为 Linux 运维人员必须要牢牢掌握它们的使用。此外，由于篇幅有限，一些常见数据库没有介绍，如 Oracle 等，读者如果感兴趣可以自行学习了解。

第 19 章

Linux shell 脚本

在 Linux 系统中，shell 的使用范围非常广，可以说 shell 是管理系统必要的接口，通过 shell 脚本程序可以实现自动化运维，从而大大提高运维效率。

本章知识架构及重点、难点内容如下：

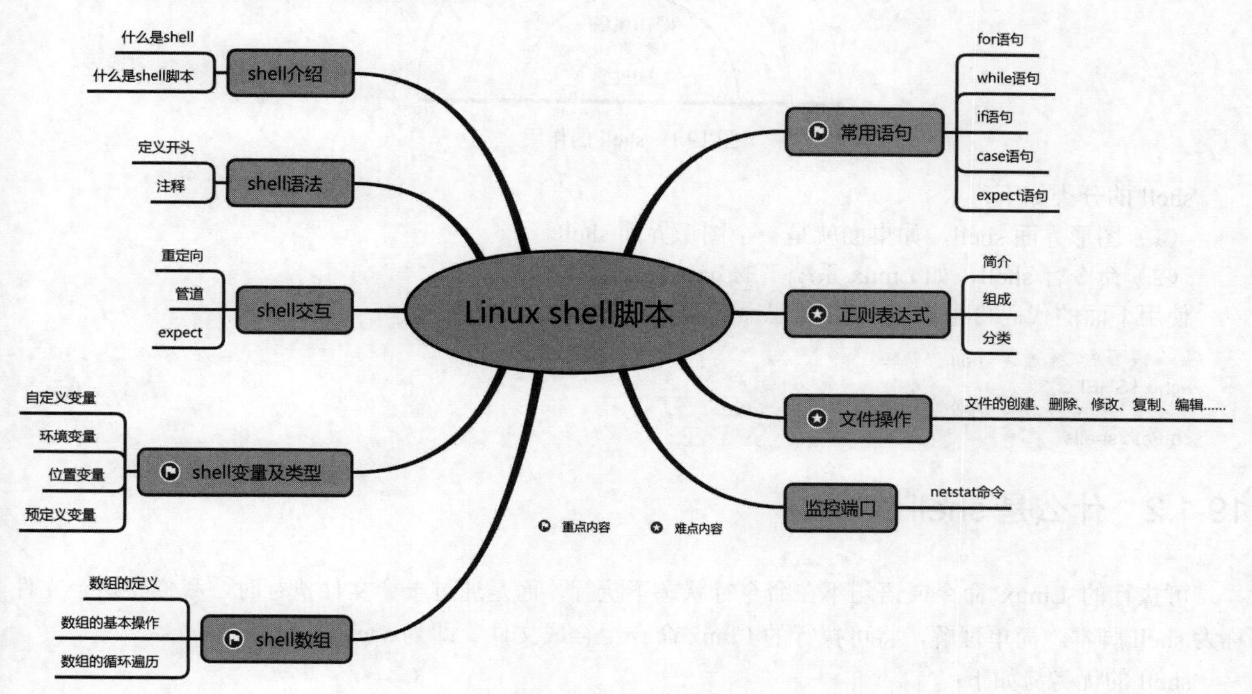

19.1 shell 介绍

shell 是操作系统和应用程序之间的一个命令翻译工具。简单理解，shell 是命令解释器（command interpreter）。Linux 的 shell 命令解释器有很多种，常见的有以下几种：

☑ bourne shell（/usr/bin/sh 或 /bin/sh）。

☑ bourne again shell（/bin/bash）。

☑ c shell（/usr/bin/csh）。

☑ k shell（/usr/bin/ksh）。

☑ shell for root（/sbin/sh）。

本章介绍的主要是 bash，也就是 bourne again shell。由于易用和免费的特点，bash 在日常工作中被广泛使用。同时，bash 也是大多数 Linux 系统默认的 shell。

19.1.1　什么是 shell

shell 位于操作系统和应用程序之间，是它们二者的接口，shell 负责把应用程序的输入命令信息解释给操作系统，同时将操作系统指令处理后的结果解释给应用程序，如图 19.1 所示。

图 19.1　shell 的作用

shell 的分类如下：

（1）图形界面 shell，如桌面就是一个图形界面 shell。

（2）命令行 shell，如 Linux 系统下的 bash。

使用下面的代码可以查看 shell 信息命令：

```
# 查看当前系统默认 shell 解释器
echo $SHELL
# 查看系统中安装的 shell 解释器
cat /etc/shells
```

19.1.2　什么是 shell 脚本

可执行的 Linux 命令或语句不在命令行状态下执行，而是通过一个文件执行时，我们将这个文件称为 shell 脚本。简单理解，将可执行的 Linux 命令组合成文件，即为 shell 脚本。

shell 的优劣势如下：

☑　优势：存在时间长，拥有较多累积（诞生早），编写简单，对环境依赖小。

☑　劣势：无法实现复杂功能，不支持现代编程语言的高级特性，如面向对象等。

下面我们来创建一个简单的 shell 脚本文件，示例代码如下：

```
# 创建 shell 脚本文件，命名为 hello.sh
vim hello.sh
```

在创建的 hello.sh 文件中输入以下代码：

```
1   #!/bin/bash
2   echo 'Hello shell, I’m coming !'
```

保存退出，一个简单的 shell 脚本文件就创建完成了。

shell 脚本创建完成后就可以执行了，其执行方法有以下 3 种。

1．./xxx.sh

使用文件中第 1 行#!指定的解释器解析，如果不存在#！指定的解释器，则使用系统默认的解释器。

2．bash xxx.sh

先使用 bash 解释器解析，如果 bash 不存在，则使用默认解析器。

3．. xxx.sh

直接使用默认解释器解析，不会使用第 1 行#!指定的解释器，但是第 1 行还是要写的。此外还要注意，“.”和文件名之间有一个空格。

现在我们分别用以上 3 种方法，来执行上面创建的 hello.sh 脚本文件，结果如图 19.2 所示。

```
[root@iZ2ze8zi7ua639r5anm1k0Z ~]# ./hello.sh
Hello shell, I'm coming !
[root@iZ2ze8zi7ua639r5anm1k0Z ~]# bash hello.sh
Hello shell, I'm coming !
[root@iZ2ze8zi7ua639r5anm1k0Z ~]# . hello.sh
Hello shell, I'm coming !
[root@iZ2ze8zi7ua639r5anm1k0Z ~]#
```

图 19.2　hello.sh 脚本文件执行结果图

注意

在使用./xxx.sh 方式执行脚本文件之前，需要先给脚本文件赋予可执行权限，代码为 chmod +x hello.sh，否则会报错。

19.2　shell 语法

本节将通过 19.1.2 节中创建的 hello.sh 脚本文件来简单介绍一下 Shell 的基本语法。

19.2.1　定义开头

编写 shell 脚本文件时，第 1 行要标注“#!/bin/bash”，因为 Linux 中不仅仅只有 bash 一个解释器，还有其他的，它们之间的语法会有一些不同，所以最好加上这一行标注，告诉系统要用这个解释器解析。

“#!”是一个约定的标记，告诉系统其后路径所指定的程序即是解释此脚本文件的 shell 程序。

需要注意以下两点：

☑ shell 脚本中将多条命令换行时，命令是从上向下执行的，写在上面的命令即使执行错误，下面的命令也会继续执行。

☑ shell 脚本中将多条命令写在同一行时，使用分号（;）分隔，写在前面的命令即使执行失败，写在后面的命令也会继续执行。

说明

在一般情况下，人们并不区分 bourne shell 和 bourne again shell，所以像“#!/bin/sh”同样也可以改为“#!/bin/bash”。

19.2.2 注释

注释通常用来对代码进行说明，在 shell 脚本文件中同样支持注释，以对 shell 脚本中的命令进行解释说明。常用的注释有单行注释、多行注释，下面分别介绍。

1．单行注释

在 shell 脚本中用单个#号代表注释当前行（除了首行），相当于 C 语言的//注释。

2．多行注释

在 shell 脚本中还有一种多行的注释方法，我们称之为 HERE DOCUMENT 的特性。格式如下：

```
<<xxxx
    注释内容-1
    注释内容-2
    注释内容...
xxxx
```

其中，xxxx 为自定义的字符串，闭合处 xxxx 需要顶格写，中间部分则为注释内容。这种方法经常用来注释函数的用法。

说明

冒号：也可以用作多行注释，但是会存在一些问题和局限性，而且会影响性能，所以一般情况下不建议使用。

19.3 shell 交互

有时候我们可能会需要实现和程序如 ftp、telnet 服务器等进行交互的功能，这时我们需要用到 shell 的自动交互功能，下面列举比较常用的 3 种自动交互方法。

1．重定向

自动交互最关键的就是交互信息的自动输入，在 shell 编程中有这样一种用法：command << delimiter，它的意思是从标准输入中读入，直至遇到 delimiter 分界符。

重定向操作符 command << delimiter 是一种非常有用的命令，shell 将分界符 delimiter 之后直至下一个同样的分界符之前的所有内容都作为输入，遇到下一个分界符，shell 就知道输入结束了。最常见的 delimiter 分界符是 EOF，当然完全可以自定义为其他字符。

例如，我们通过一台 Linux 机器的 ftp 登录到另一台 Linux 机器，进行系列操作后关闭，代码如下：

```
#!/bin/bash

ftp -i -n 192.168.1.1 << EOF
user mrkj 123456
```

```
pwd
cd test
pwd
close
bye
EOF
```

上面代码中使用账号 mrkj，密码 123456，成功登录 192.168.1.1 服务器后，先打印当前目录，然后进入 test 目录，打印当前目录后关闭并退出。输出结果如图 19.3 所示。

图 19.3　test.sh 脚本文件执行结果图

2．管道

如果采用非交互的方式来改变登录用户密码，则用重定向方法无法实现。这时我们用交互信息的另一种自动输入方法——管道，通过 echo + sleep + | 即可实现非交互的效果，代码如下：

```
#!/bin/bash

(echo "curpassword"
sleep 1
echo "newpassword"
sleep 1
echo "newpassword") | passwd
```

通过上面这个脚本，可以直接把当前用户的密码 curpassword 改成新密码 newpassword。注意，curpassword 和 newpassword 要换成实际对应的真实密码。

3．expect

expect 是建立在 TCL 语言基础上的一个工具，常被用于进行自动化控制和测试，可以解决 shell 脚本中交互相关的问题。使用 expect 之前需要先安装，代码如下：

```
# 查看是否安装
rpm -q expect
rpm -q tcl
# 安装
yum install -y expect
```

安装之后，我们结合例子来运用一下。

例如，运行一个 shell 脚本，实现从普通用户直接切换到超级用户 root。这时如果使用重定向或管道方法恐怕难以实现。使用 expect 可以实现这个功能，代码如下：

```
#!/usr/bin/expect
spawn su root
expect "password: "
send "123456\r"
expect eof
exit
```

上面代码说明如下：

（1）首行引入文件，表明使用的是哪一个 shell。

（2）spawn 启动新的进程（监控、捕捉），后面通常跟一个 Linux 命令，表示开启一个会话，启动进程，并跟踪后续交互信息。

（3）expect 用于接收命令执行后的输出，然后和期望的字符串进行匹配，匹配成功则立即返回，否则就等待超时时间后返回。

（4）send 向进程发送字符串，用于模拟用户的输入，该命令不能自动回车换行，一般要加\r 或者\n。

（5）expect eof 结束符表示标识交互结束，等待执行结束，退回原用户，与 spawn 对应。如切换到 root 用户，expect 脚本默认的是等待 10s，当命令执行完后，停留 10s，自动切回原用户。

19.4 shell 变量及类型

shell 变量表示用一个特定的字符串去表示不固定的内容，通常由字母加下画线开头，由任意长度的字母、数字、下画线组成。在 Linux 中，shell 变量共分为 4 种类型：自定义变量、环境变量、位置变量和预定义变量，下面分别进行讲解。

19.4.1 自定义变量

根据需求临时定义的变量称为自定义变量，它可以理解为局部变量或普通变量。

自定义变量的定义及使用方法如下。

☑ 定义：变量名=变量值。注意，等号两边不允许有空格。

☑ 使用：$变量名。

☑ 查看：echo $变量名。

☑ 取消：unset 变量名。

☑ 作用范围：仅限于在当前 shell 中有效。

19.4.2 环境变量

环境变量也可以称为全局变量，它是系统预先定义好的，可以在创建它们的 shell 及其派生出来的任意子进程 shell 中使用。

环境变量的定义及使用方法如下。

☑ 定义：使用 export 命令声明。

☑ 使用：$变量名或${变量名}。

☑ 查看：echo $变量名。

☑ 取消：unset 变量名。

☑ 作用范围：在当前 shell 和子 shell 中有效。

19.4.3　位置变量

位置变量用于在命令行、函数或脚本中传递参数，变量名不用自己定义，其作用也是固定的。在执行脚本时，通过在脚本后面给出具体的参数（多个参数之间使用空格隔开）对相应的位置变量进行赋值。常见的位置变量如下。

☑　$0：代表命令本身。

☑　$1～$9：代表接收的第 1～9 个参数。

☑　$10 以上：需要使用{}括起来，如${10}，代表接收的第 10 个参数。

19.4.4　预定义变量

预定义变量即 shell 已经定义的变量，用户可根据 shell 的定义直接使用这些变量，无须自己定义。所有预定义的变量都由$符和其他符号组成。位置变量也是预定义变量的一种。常见的预定义变量如下。

☑　$0：脚本名。

☑　$*：命令行所有的参数，所有参数视为一个整体。

☑　$@：命令行所有的参数，每个参数区别对待。

☑　$#：参数的个数。

☑　$$：当前进程的 PID。

☑　$!：上一个后台进程的 PID。

☑　$?：上一个命令的返回值，返回值为 0，表示成功。

☑　$$：脚本运行的当前进程 ID 号。

19.5　shell 数组

shell 数组是一种特殊变量，是一组数据的集合，里面的每个数据被称为一个数组元素。当前 bash 仅支持一维索引数组和关联数组，bash 对数组的大小没有限制。

19.5.1　数组的定义

定义数组，即声明一个数组，并为其赋值，下面分别对索引数组和关联数组的定义进行介绍。

1．索引数组

索引数组，即采用数字下标方式访问的数组。索引，也称为下标，分别用 0、1、2、3……等数字表示，也可以是算术表达式，但要求运算的结果是整数。索引数组的定义有以下两种方法：

☑　方法 1：使用下标方式，下标由 0 开始，格式如下。

```
my_array[0]=a
```

```
my_array[1]=b
my_array[2]=c
```

☑ 方法 2：用括号来表示，元素用“空格”分隔开，语法格式如下。

```
array_name=(value1 value2 … valuen)
```

例如：

```
my_array=(A  B  "C"  D  E)
```

2．关联数组

关联数组可以使用非数字作为下标，可以是任意字符串，关联数组的索引要求具有唯一性，但索引和值可以不一样。下面定义一个名为 user_info 的数组，代码如下：

```
# 定义变量属性
declare -A user_info
user_info[name]=mrkj
user_info[age]=23
```

或者

```
user_info=([name]=mrkj [age]=23)
```

注意

在函数外部定义的关联数组为全局变量，在函数内部定义的关联数组为局部变量。

19.5.2 数组的基本操作

在 Linux shell 中，数组的常见操作有获取元素值、长度，以及删除元素值，下面对如何使用代码对数组操作进行讲解。

☑ 获取单个元素的值，代码如下：

```
# 获取第一个元素的值
echo ${my_array[0]}
# 获取最后一个元素的值
echo ${my_array[-1]}
```

☑ 获取所有元素的值，代码如下：

```
echo ${my_array[*]}
```

或者使用下面的代码：

```
echo ${my_array[@]}
```

☑ 获取数组的长度，代码如下：

```
echo ${#my_array[*]}
```

或者使用下面的代码：

```
echo ${#my_array[@]}
```

☑ 获取数组的索引值，代码如下：

```
echo ${!my_array[*]}
```

或者使用下面的代码：

```
echo ${!my_array[@]}
```

☑　删除数组元素/数组，代码如下：

```
# 删除索引数组的第三个元素
unset my_array[2]
# 删除关联数组中索引为 age 的元素
unset user_info[age]
# 删除数组
unset my_array
```

19.5.3　数组的循环遍历

在 Linux shell 中，可以通过 for 循环、for…in 循环和 while 循环对数组进行遍历，下面分别对它们进行介绍。

☑　使用标准 for 循环遍历数组的通用格式如下：

```
# 注意这里用的是双括号
for((i=0; i<${#my_array[@]}; i++))
do
  echo ${my_array[i]}
done
```

☑　使用 for … in 循环遍历数组的通用格式如下：

```
for element in ${array[@]}
do
  echo $element
done
```

或者

```
for i in ${!my_array[@]};
do
 echo "$i" "${my_array[$i]}"
done
```

☑　使用 while 循环遍历数组的通用格式如下：

```
i=0
# 当变量（下标）小于数组长度时执行循环体
while [ $i -lt ${#my_array[@]} ]
do
 echo ${ my_array[$i] }
 let i++
done
```

注意

${array[*]}和${array[@]}的区别：当直接通过 echo 输出数组所有元素时，它们的效果是一样的。但在循环中，${array[*]}会将所有数组元素视为一个整体，而${array[@]}将所有数组元素视为独立的个体，推荐使用${array1[@]}；另外，上面使用到的 3 种循环的详细使用方法可参见 19.6 节。

19.6 常 用 语 句

shell 中的语句用来控制代码的执行流程，常用的有循环结构语句和选择结构语句，其中，循环结构语句有 for 和 while，选择结构语句有 if、case 和 expect。本节将对 shell 中常用的语句进行介绍。

19.6.1 for 语句

for 语句是最常用的一种循环语句，它常用于循环次数已知的情况，其使用形式有两种，下面分别进行介绍。

☑ 形式一：

```
for var in con1 con2 con3 ...
  do
     程序段
  done
```

示例代码如下：

```
# 输出 1~3
for num in 1 2 3
  do
     echo $num
  done
```

或者

```
for num in {1..3}
  do
     echo $num
  done
```

或者

```
for num in `seq 1 3`
  do
     echo $num
  done
# 1~10 每隔 2 个输出
for num in `seq 1 2 10`
  do
     echo $num
  done
```

☑ 形式二：

```
for((初始值;限制值;执行步阶))
  do
     程序段
  done
```

参数说明：

☑　初始值：变量在循环中的起始值。

☑　限制值：当变量值在这个限制范围内时，就继续进行循环。

☑　执行步阶：每执行一次循环时变量的变化量。

示例代码如下：

```
# ! /bin/bash
# 强制把 sum、i 变量设置成 int 类型
declare -i   sum=0
declare -i   i=0
 for((i=0;i<=100;i++))
   do
      sum=$sum+$i
   done
   echo "sum=$sum"
```

说明

declare 是 bash 的一个内建命令，可以用来声明 shell 变量、设置变量的属性。declare 也可以写作 typeset。

19.6.2　while 语句

while 语句用来实现“当型”循环结构，它表示在满足某种条件时执行循环，其语法格式如下：

```
while [ condition ]
  do
     程序段
  done
```

方括号内的内容是判断式，当条件成立时进行循环，直到条件不成立时退出循环。

示例代码如下：

```
# ! /bin/bash
 declare -i   sum=0
 declare -i   i=0
 while [ $i != 10 ]
   do
      sum=$sum+$i
      i=$i+1
   done
   echo "sum=$sum"
```

19.6.3　if 语句

if 语句是一种选择结构语句，它最常用的形式有两种，分别是 if…else 语句和 if…elif…else 语句，它们分别被用在两种选择的情况下和多种选择的情况下，下面分别对这两种形式进行介绍。

（1）if…else 语句语法格式如下：

```
if [ 条件表达式 ]; then
  程序段一
else
```

```
  程序段二
fi
```

当条件表达式成立时，执行程序段一，否则执行程序段二。

示例代码如下：

```
#!  /bin/bash
if [ $1 == 'mrkj' ];then
   echo    "$1 is very good !"
else
   echo    "$1 is good ."
fi
```

（2）if…elif…else 语句语法格式如下：

```
if [  条件表达式 1 ]; then
  程序段一
elif [  条件表达式 2 ]; then
  程序段二
else
  程序段三
fi
```

当条件表达式 1 成立时执行程序段一，当条件表达式 2 成立时执行程序段二，否则执行程序段三。

示例代码如下：

```
#!  /bin/bash
if [ $1 == 'mrkj' ];then
   echo    "$1 is very good !"
elif [ $1 == 'zyk' ];then
   echo    "$1 is very nice !"
else
   echo    "$1 is good ."
fi
```

注意

方括号内条件语句前后一定要有空格，否则会报错。

其中，条件表达式分为如下 3 类，下面进行具体说明。

☑ 文件表达式：
- if [-f file]：如果文件存在。
- if [-d ...]：如果目录存在。
- if [-s file]：如果文件存在且非空。
- if [-r file]：如果文件存在且可读。
- if [-w file]：如果文件存在且可写。
- if [-x file]：如果文件存在且可执行。

☑ 整数变量表达式：
- if [int1 -eq int2]：如果 int1 等于 int2。
- if [int1 -ne int2]：如果 int1 不等于 int2。
- if [int1 -ge int2]：如果 int1 大于或等于 int2。

  - if [int1 -gt int2]：如果 int1 大于 int2。
  - if [int1 -le int2]：如果 int1 小于或等于 int2。
  - if [int1 -lt int2]：如果 int1 小于 int2。
- ☑ 字符串变量表达式：
  - if [$a = $b]：如果 a 等于 b。
  - if [$a != $b]：如果 a 不等于 b。
  - if [-n $a]：如果 a 非空（非 0），返回 0。
  - if [-z $a]：如果 a 为空。
  - if [$a]：如果 a 非空，返回 0。

19.6.4　case 语句

case 语句是一种多分支的选择结构语句，它可以匹配多个变量内容，能够根据匹配的变量值使程序选择多个分支中的一个分支去执行，语法格式如下：

```
case $变量名称 in
    "第一个变量内容")
        程序段一
        break
    "第二个变量内容")
        程序段二
        break
        ...
    *)
        程序段 N
esac
```

当变量的值与第一个变量内容相等时，执行程序段一；当变量的值与第二个变量内容相等时，执行程序段二；当变量的值和所有变量内容都不相等时，执行程序段 N。

示例代码如下：

```
#! /bin/bash
case $1 in
    "1")
        echo "I like Python ."
        ;;
    "2")
        echo "I like Java ."
        ;;
    "3")
        echo "I like C ."
        ;;
    *)
        echo "I like Linux shell ."
esac
```

19.6.5　expect 语句

expect 是一种特殊的选择结构语句，它允许执行交互命令的时候捕捉指定内容，然后输入指定的内容。

expect 先接收命令执行后的输出，然后和期望字符串匹配，若匹配成功则执行相应的 send 分支来发送交互信息。

expect 语句语法格式如下：

```
#! /usr/bin/expect                # 脚本中首先引入文件，表明使用的是哪一个 shell
set timeout time                  # 设置会话超时时间，若不限制超时时间则应设置为-1
spawn command                     # 后面跟一个命令，开启一个会话
expect                            # 有多个分支，就像 switch 语句一样
{
    "$case1" {send "$response1\r"}
    "$case2" {send "$response2\r"}
    "$case3" {send "$response3\r"}
}
expect eof                        # 等待执行结束，若没有这一句，可能导致命令还没执行，脚本就结束了
interact                          # 执行完成后保持交互状态，这时可以手动输入信息
```

使用 expect 语句时，需要注意以下 3 点：

（1）expect eof 与 interact 二选一即可。

（2）执行脚本前要先安装 expect 工具。

（3）执行脚本要使用./xxx.sh 形式。

示例代码如下：

```
#! /usr/bin/expect
set timeout -1
set ip 192.168.1.1                # 注意这里的 IP 要换成你的服务器 IP
set user root
set password 123456               # 注意这里的 password 要换成你的服务器登录密码
spawn ssh $user@$ip
expect {
        "yes/no" { send "yes\n";exp_continue }
        "password" { send "$password\n" }
  }
expect "]#" { send "useradd test\n" }
expect "]#" { send "echo 123456|passwd --stdin test\n" }
send "exit\n"
expect eof
```

19.7 正则表达式

Linux shell 本身不支持正则表达式，但 shell 中的很多工具和命令普遍使用了正则表达式。了解基本的正则表达式和扩展正则表达式中元字符的意义和用法，对熟练使用 shell 编程很有好处。

19.7.1 简介

正则表达式 RE（regular expression）是由普通字符和元字符构成的一个字符串，主要功能是文本查询和字符串操作，它可以匹配文本的一个字符或字符集合，用于数据流处理，完成数据过滤。

正则表达式的优缺点如下：

☑ 优点：语法简练，功能强大。

☑ 缺点：晦涩难懂，不好记忆。

19.7.2 组成

正则表达式由字符类、数量限定符、位置限定符及一些特殊字符组成。

1. 字符类

字符类在模式中表示一个字符，取值范围是一类字符中的任意一个。常用的字符类如表 19.1 所示。

表 19.1　字符类

字　符	含　义	举　例
.	匹配任意一个字符	abc.可以匹配 abcd、abc9 等
[ ]	匹配括号中的任意一个字符	[abc]d 可以匹配 ad、bd 或 cd
-	在[ ]括号中使用，表示字符范围	[a-zA-Z]可以匹配任意字母
[^]	匹配除了括号中字符以外的任意字符	[^ab]可以匹配除了 ab 以外的任意字符
[[:xxx:]]	grep 工具预定义的一些命名字符	[[:digit:]]可以匹配一个数字，等价于 0～9

2. 数量限定符

数量限定符控制字符出现的次数。常用的数量限定符如表 19.2 所示。

表 19.2　数量限定符

字　符	含　义	举　例
?	紧跟在它前面的单元匹配零次或一次	[0-9]?匹配 0、1、2、…、9 或者空
+	紧跟在它前面的单元匹配一次或多次	[0-9]+可以匹配 0、1、22、333、55555 等
*	紧跟在它前面的单元匹配零次或多次	[0-9][0-9]*匹配至少一位数字
{N}	紧跟在它前面的单元精确匹配 N 次	[1-9][0-9]{2}匹配从 100 到 999 的整数
{N,}	紧跟在它前面的单元匹配至少 N 次	[1-9][0-9]{2,}匹配三位以上（含三位）的整数
{,M}	紧跟在它前面的单元匹配最多 M 次	[0-9]{,1}相当于[0-9]?
{N,M}	紧跟在它前面的单元匹配至少 N 次，最多 M 次	[0-9]{1,2}匹配从 0 到 99 的整数

3. 位置限定符

位置限定符描述各种字符类以及普通字符之间的位置关系。常用的位置限定符如表 19.3 所示。

表 19.3　位置限定符

字　符	含　义	举　例
^	匹配行首的位置	^mrkj 匹配行首为 mrkj 的行
$	匹配行末的位置	$zyk 匹配行末为 zyk 的行；^$匹配空行

续表

字　符	含　义	举　例
\<	匹配单词开头的位置	\<th 匹配以 th 开头的单词，如 this、that
\>	匹配单词词尾的位置	oo\>匹配以 oo 结尾的单词，如 zoo、too
\b	匹配单词的开头或者结尾的位置	\bat\b 匹配 at，但不匹配 cat、batch 等
\B	匹配非单词开头或者结尾的位置	\Bat\B 匹配 batch，但不匹配 cat、hat 等

4．特殊字符

有时正则表达式会使用到一些特殊字符，如表 19.4 所示。

表 19.4　特殊字符

<table>
<tr><th>字　符</th><th>含　义</th><th>举　例</th></tr>
<tr><td>\</td><td>转义字符，普通字符转义为特殊字符，特殊字符转义为普通字符</td><td>普通字符“<”写成“\<”表示单词开头的位置，特殊字符“.”写成“\.”当作普通字符来匹配</td></tr>
<tr><td>()</td><td>将正则表达式的一部分括起来组成一个单元，可以对整个单元使用数量限定符</td><td>([0-9] {1, 3}\.) {3} [0-9] {1, 3}匹配 P 地址</td></tr>
<tr><td>|</td><td>连接两个子表达式，表示或的关系</td><td>n(o|eow) 匹配 no 或 now</td></tr>
</table>

19.7.3　分类

POSIX 规范制定的两种正则表达式分别为基本正则表达式和扩展正则表达式，Linux 支持基本正则表达式。

1．基本正则表达式

基本正则表达式（basic regular expression，BRE）又称为标准正则表达式，是最早制定的正则表达式规范，仅支持最基本的元字符集。基本正则表达式支持的工具有 grep、egrep、sed、awk，常用的元字符如表 19.5 所示。

表 19.5　基本正则表达式常用元字符

字　符	含　义	举　例
\	转义字符，用于取消特殊符号的含义	\^、\$、\.、*
^	匹配字符串开始的位置	^a、^b、^c
$	匹配字符串结束的位置	sh$、tar$、conf$；^$匹配空行
.	匹配除\n 之外的任意一个字符	go.d、g..d
*	匹配前面子表达式零次或多次	go*d、fo*d
[list]	匹配 list 列表中的一个字符	go[ol]d、[abc]、[a-z]、[0-9]
[^list]	匹配任意非 list 列表中的一个字符	[^0-9]、[^a-z]、[^a-zA-Z]
\{n\}	匹配前面子表达式 n 次	go{2}d、'[0-9]{2} '
\{n,\}	匹配前面子表达式不少于 n 次	go{2,}d、'[0-9]{2,} '
\{n,m\}	匹配前面子表达式 n 到 m 次	go{2,3}d、'[0-9]{2,3} '

注意

egrep、awk 使用{n}、{n,}、{n,m}匹配时，“{}”前面不用加“\”。

2．扩展正则表达式

扩展正则表达式（extended regular expression，ERE）支持比基本正则表达式更多的元字符，但是扩展正则表达式对有些基本正则表达式所支持的元字符并不支持。扩展正则表达式支持的工具有 egrep、awk，扩展正则表达式中增加的一些元字符如表 19.6 所示。

表 19.6　扩展正则表达式增加的元字符

字　符	含　义	举　例
+	匹配前面子表达式 1 次以上	go+d，匹配至少一个 o
?	匹配前面子表达式 0 次或 1 次	go?d，匹配 gd 或 god
()	将括号中的字符串作为一个整体	g(oo)+d，匹配 oo 整体 1 次以上
|	以或的方式匹配字符串	g (oo|la)d，匹配 good 或者 glad

19.8　文 件 操 作

在 shell 脚本编写中，时常会对文件进行相关操作。常见的文件操作包括文件的创建、删除、修改、读取、写入等。

1．文件的创建

创建一个文件实际上是在文件系统中添加了一个节点（inode)，该节点信息将保存到文件系统的节点表中。常用的文件创建命令如下：

```
touch regular_file                              # 创建普通文件
mkdir directory_file                            # 创建目录文件，目录文件里可以包含更多文件
ln regular_file regular_file_hard_link          # 创建硬链接，是原文件的一个完整复制
ln -s regular_file regular_file_soft_link       # 创建软连接，类似一个文件指针，指向原文件
mkfifo fifo_pipe                                # 创建管道，fifo 满足先进先出的特点
mknod fifo_pipe p                               # 创建管道
mknod hda1_block_dev_file b 3 1                 # 创建块设备，b 表示块设备，3 表示主设备号，1 表示次设备号
mknod null_char_dev_file c 1 3                  # 创建字符设备，c 表示字符设备，1 表示主设备号，3 表示次设备号
```

通过 ls 命令或者 tree 命令可以浏览创建的文件。

```
ls 当前目录
```

或者

```
tree 当前目录
```

2．文件的删除

删除文件的命令为 rm，如果要删除空目录，可以用 rmdir 命令。命令格式如下：

```
rm regular_file                        # 删除普通文件
rmdir directory_file                   # 删除目录文件
rm -rf directory_file_not_empty        # 递归强制删除目录文件，r 表示递归，f 表示强制
```

3. 修改文件名

修改文件名实际上仅是修改了文件名标识符，可以通过 mv 命令来实现修改文件名操作，即文件重命名。命令格式如下。

```
mv regular_file regular_file_new_name  # 原名称在前面，新名称在后面
```

4. 文件的复制

文件的复制通常是指文件内容的“临时”复制，可以用 cp 命令常规地复制文件，复制目录时需要加-r 选项。命令格式如下。

```
cp regular_file regular_file_copy
cp -r diretory_file directory_file_copy
```

5. 文件的编辑

编辑文件实际上是操作文件的内容，对于普通文本文件的编辑，这里主要涉及文件内容的读、写、追加、删除等。命令如下：

```
# 创建一个文件并写入 abcde
echo "abcde" > new_regular_file
# 往上面的文件中追加一行 fghij
echo "fghij" >> new_regular_file
# 按行读一个文件
while read LINE; do echo $LINE; done < new_regular_file
```

如果要把包含重定向的字符串变量当作命令来执行，请使用 eval 命令，否则无法解释重定向。例如：

```
redirect="echo \"abcde\" >test_redirect_file"
$redirect                              # 这里会把 > 当作字符 > 打印出来，而不会当作重定向解释
eval $redirect                         # 这样才会把 > 解释成重定向
```

6. 文件的压缩/解压缩

压缩和解压缩文件在一定意义上来说是为了方便文件内容的传输，这里介绍几种常见的压缩和解压缩方法，命令如下。

```
# tar 命令
tar -cf file.tar file                  # 压缩
tar -xf file.tar                       # 解压

# tar.gz 命令
tar -zcf file.tar.gz file              # 压缩
tar -zxf file.tar.gz                   # 解压

# tar.bz2 命令
tar -jcf file.tar.bz2 file             # 压缩
tar -jxf file.tar.bz2                  # 解压

# gz 命令
gzip -9 file                           # 压缩
```

```
gunzip file                                     # 解压

# bz2 命令
bzip2 file                                      # 压缩
bunzip2 file                                    # 解压
```

7. 文件的搜索

文件搜索是指在某个目录层次中找出具有某些属性的文件在文件系统中的位置。

find 命令提供了一种“及时的”搜索办法，它根据用户的请求，在指定的目录层次中遍历所有文件直到找到需要的文件为止，用法如下。

```
find path test action
```

- ☑ path：要搜索的路径。
- ☑ test：测试条件，多个用空格隔开。
- ☑ action：对于搜索结果要执行的操作。

代码示例：

```
# 搜索当前目录（含子目录）中所有以 my 开头的文件
find . -name 'my*'
# 搜索当前目录中，所有以 my 开头的文件，并显示它们的详细信息
find . -name 'my*' –ls
# 搜索当前目录中，所有过去 10 分钟更新过的普通文件
find . -type f -mmin -10
```

除了 find 命令，Linux 下还有命令查找工具 which 和 whereis，前者用于返回某个命令的全路径，而后者用于返回某个命令、源文件、man 文件的路径。例如，查找 find 命令的绝对路径：

```
which find                                      # 结果为 /usr/bin/find
whereis find                                    # 结果为 find:  /usr/bin/find   /usr/X11R6/bin/find   /usr/bin/X11/find
```

8. 文本内容搜索

文本内容搜索，即在指定文件中搜索相应的文本内容，它可以正则表达式搜索文本，也可从一个文件的内容中搜索关键字。使用 grep 命令来实现，举例如下。

```
# 查找 /etc/passwd 文件中是否存在 mrkj 用户信息
grep "mrkj" /etc/passwd
# 查找 test.txt 文件中是否存在 zyk 字符串
grep "zyk" test.txt
# 查看网卡信息，只查看 IP 地址所在行信息
ifconfig | grep netmask
```

19.9　监 控 端 口

一般服务器上都会运行多种服务，服务正常运行对企业来说非常重要，所以要实时监控这些服务，本节我们通过端口的监听来判断服务的运行状态。

Linux 服务器上的 netstat 命令可以用来查看当前系统开放了哪些端口、哪些进程以及用户正在使用的端口，常见参数如下。

- ☑ -a（all）：显示所有选项，默认不显示 LISTEN 相关。
- ☑ -t（tcp）：仅显示 tcp 相关选项。
- ☑ -u（udp）：仅显示 udp 相关选项。
- ☑ -n：拒绝显示别名，能显示数字的全部转化成数字。
- ☑ -l：仅列出有在 Listen（监听）的服务状态。
- ☑ -p：显示建立相关链接的程序名。

不加任何参数，执行 netstat 命令后，输出结果如图 19.4 所示。

图 19.4　netstat 命令输出结果

netstat 的输出结果可以分为如下两个部分：

- ☑ Active Internet connections：称为有源 TCP 连接，其中 Recv-Q 和 Send-Q 指的是接收队列和发送队列。这些数字一般都应该是 0。如果不是 0，则表示软件包正在队列中堆积。
- ☑ Active UNIX domain sockets：称为有源 Unix 域套接口。Proto 显示连接使用的协议，RefCnt

表示连接到本套接口上的进程号，Type 显示套接口的类型，State 显示套接口当前的状态，Path 表示连接到套接口的其他进程使用的路径名。

如果想查看所有 TCP 连接，可以使用 netstat -at 命令，输出结果如图 19.5 所示。

```
[root@VM-24-13-centos ~]# netstat -at
Active Internet connections (servers and established)
Proto Recv-Q Send-Q Local Address           Foreign Address         State
tcp        0      0 0.0.0.0:ssh             0.0.0.0:*               LISTEN
tcp        0      0 VM-24-13-centos:ssh     212.6.48.119.adsl-:7289 ESTABLISHED
tcp        0     64 VM-24-13-centos:ssh     212.6.48.119.adsl:64910 ESTABLISHED
tcp        0      0 VM-24-13-centos:37110   169.254.0.138:8186      ESTABLISHED
tcp        0      1 VM-24-13-centos:35972   10.148.188.201:http     SYN_SENT
tcp        0      0 VM-24-13-centos:52548   169.254.0.55:lsi-bobcat ESTABLISHED
tcp        0      0 VM-24-13-centos:57878   169.254.0.55:http       ESTABLISHED
tcp6       0      0 [::]:ssh                [::]:*                  LISTEN
```

图 19.5　查看所有 TCP 连接

我们以监听 MySQL 服务端口为例，MySQL 的默认端口为 3306，脚本如下。

```
#!  /bin/bash
# 监控 MySQL 服务是否开启，wc -l 为统计行数
port=`netstat -nlt | grep 3306 | wc -l`
if [ $port -ne 1]
then
   /etc/init.d/mysqld start
else
   echo "Mysql is running."
fi
```

19.10　要点回顾

本章对 Linux shell 脚本的概念、语法、交互、变量及类型、数组、常用语句、正则表达式、文件操作及监控端口进行了详细的讲解。学习本章内容时，读者应该重点掌握 Linux shell 脚本的语法、变量及类型、正则表达式和文件操作。关于 Linux shell 的内容还有很多，由于篇幅有限，本章只介绍了其中一些常用的命令和相关知识，希望读者在日后学习或者工作中继续深造，早日掌握 Linux shell 的精髓，成为一名优秀的 Linux 运维工程师。